# 城市公共景观的
# 互动式营造

邱慧 易欣◎著

化学工业出版社

·北京·

# 内 容 简 介

本书从互动视角提出了城市公共景观的营造方法，并从城市公共景观的内部运行机制（软件）、外部实践路径（硬件），以及评价指标体系（反馈）三个方面构建基于互动视角的城市公共景观营造的完整理论框架。书中重新梳理了城市公共景观营造中的各种互动关系，通过强化现有互动，修复受损关联，缝合丢失联系，很好地解决了现代城市公共景观项目中出现的诸多问题，扩展了城市公共景观营造的外延，弥补了营造过程中营造理念的不足，确保了城市公共景观建设为公共利益服务的初衷。

本书通过构建基于互动视角的城市公共景观营造评价指标体系并采用科学的量化评价方法，准确、有效地刻画了城市公共景观营造中的互动情况，发现景观建设和运行过程中普遍存在的问题，为改善城市公共景观营造的互动性提供有效建议，适于园林景观专业的师生及相关学者进行阅读。

**图书在版编目（CIP）数据**

城市公共景观的互动式营造 / 邱慧，易欣著 . — 北京：
化学工业出版社，2020.10
 ISBN 978-7-122-37675-6

Ⅰ.①城…　Ⅱ.①邱…　②易…　Ⅲ.①城市景观-景观设计　Ⅳ.① TU-856

中国版本图书馆 CIP 数据核字（2020）第 165785 号

责任编辑：吕梦瑶　　　　　　　　　　　装帧设计：王盈智
责任校对：刘　颖

出版发行：化学工业出版社（北京市东城区青年湖南街13号　邮政编码100011）
印　　装：大厂聚鑫印刷有限责任公司
710mm×1000mm　　1/16　印张15½　字数306千字　2020年10月北京第1版第1次印刷

购书咨询：010-64518888　　　　　　　　　　售后服务：010-64518899
网　　址：http://www.cip.com.cn
凡购买本书，如有缺损质量问题，本社销售中心负责调换。

定　　价：78.00元

# 前　言

　　城市公共景观作为城市生态、社会、经济、文化以及人们日常生活的重要载体，不断地与城市、周边以及人之间发生着相互影响、相互依存、相互促进的互动关系。出于对当前城市公共景观项目中常常出现的各种忽视相互关联的、静止孤立的城市公共景观营造策略的反思，本书提出了城市公共景观的互动式营造概念。基于互动视角的城市公共景观营造研究将复杂的城市公共景观营造归纳成一系列交互作用的结果，是对城市公共景观与城市、城市公共景观与周边以及城市公共景观与人的相互作用、相互影响这种本质关系的深度剖析，也是对城市公共景观未来营造模式的探索。

　　本书以城市公共景观为对象，以公共景观营造过程中的各种"互动"关系的梳理和建立为目的，以互动式营造的相关理论为依据，以多学科的定性和定量方法为手段，指导构建了基于互动视角的城市公共景观营造理论框架。并通过"多元""缝合""整合"和"更新"互动策略的实施，找寻丢失联系、修复受损关系、强化现有关联、激活潜在互动，在城市公共景观营造中实现运行机制公平高效、城市公共景观与城市宏观环境协调呼应、城市公共景观与周边中观布局多义整合以及城市公共景观与人亲切互动。最后，通过对株洲市的三个典型城市公共景观项目进行实证研究，验证了该理论框架的有效性，并发现了景观系统建设和运行过程中存在的管理和实施问题，从而为改善公共景观建设指明方向。

　　研究成果主要包括：第1章阐述了研究的背景、目的及意义；第2章和第3章剖析了基于互动视角的城市公共景观存在的基础；第4章在相关研究的基础上，构建了基于互动视角的城市公共景观营造的理论框架；第5~8章围绕营造理论框架提出内部运行机制和外部实践路径两个部分，提出了基于互动视角的城市公共景观营造策略；为了更好地验证理论框架的有效性，实现公共景观建设中的互动效果，第9章建构了城市公共景观营造的互动性评价指标体系并进行案例实证研究。

　　本书出版得到国家林业局"十三五"重点学科资助项目（[2015]44号）、湖南省教育厅"十二五"重点学科资助项目（2011-76）和中南林业科技大学引进人才科研启动基金（2016YJ017）的资助。

邱　慧

2020年8月

# 目　　录

# 第 1 章

# 绪 论

## 1.1　中国城市公共景观建设现状及研究价值

### 1.1.1　中国城市公共景观建设的蓬勃发展

"人们来到城市是为了生活。人们居住在城市是为了更好的生活。"亚里士多德如是阐述了人与城市的关系。如画的景色、热闹的街市、惬意的人群……对美好生活的追求是永恒的话题。城市公共景观展示着城市个性的轮廓与独特的魅力，它让城市蕴含了艺术的气质，积淀了历史的厚重，使城市拥有了诗意的栖居。中国城市公共景观建设在政府与市民的共同关注下正以前所未有的速度蓬勃发展。

1981~2000 年，中国城市公园绿地面积❶从 21637 公顷（1 公顷 =1 万平方米，下同）增达 143146 公顷，城市环境在短期内大有改观❷。进入 21 世纪，政府对于城市环境的建设更趋理智，其进一步调整策略，将增强城市软实力、优化城市环境、彰显城市品牌形象和提升城市综合竞争力作为未来城市建设的重要目标。与此同时，市民对周边景观环境的重视程度也在不断增加，随着对环境的主人翁意识的增强以及日益增长的大众闲暇需求，对景观环境的要求也从无到有，从低到高。在新形势下，改善城市生态环境与城市形象的城市公共景观得到了极大的关注和发展，从政府到市民都愈加清晰地认识到城市公共景观建设的重要性，并对城市公共景观建设提出更高的要求。诸多城市自发地提出建设"国际花园城市""国家园林城市""生态园林城市""山水城市"等目标。到 2012 年，中国已有 225 个城市与地区获得"国家园林城市"称号，14 座城市、13 个县区获得"国际花园城市"称号。2000 年，

---

❶ 根据最新《城市用地分类与规划建设用地标准》（GB 50137—2011）公共绿地概念剥离生产绿地部分改名为公园绿地。

❷ 参考《中国城市建设统计年鉴（2014）》。

为了鼓励和推动城市高度重视人居环境的改造与建设，表彰在城乡建设和管理中坚持以人为本，不断加强城乡基础设施和生态环境建设，提升城市现代形象，切实改善人居环境的城市，中华人民共和国住房和城乡建设部（后文简称为住建部）设立了中国人居环境建设领域的最高荣誉奖项——中国人居环境奖，到 2017 年已有 43 个城市获得了此项殊荣（表 1-1）❶。

### 表1-1　中国人居环境奖获奖名单

| 序号 | 获奖年份 | 数量/个 | 获奖城市 |
|---|---|---|---|
| 1 | 2001 | 5 | 广东省深圳市、辽宁省大连市、浙江省杭州市、新疆维吾尔自治区石河子市、广西壮族自治区南宁市 |
| 2 | 2002 | 3 | 山东省青岛市、福建省厦门市、海南省三亚市 |
| 3 | 2004 | 3 | 海南省海口市、山东省烟台市、江苏省扬州市 |
| 4 | 2005 | 1 | 山东省威海市 |
| 5 | 2006 | 2 | 浙江省绍兴市、江苏省张家港市 |
| 6 | 2007 | 3 | 江苏省昆山市、山东省日照市、河北省廊坊市 |
| 7 | 2008 | 2 | 江苏省南京市、陕西省宝鸡市 |
| 8 | 2009 | 1 | 浙江省安吉县 |
| 9 | 2010 | 5 | 宁夏回族自治区银川市、江苏省无锡市、安徽省黄山市、江苏省吴江区、山东省寿光市 |
| 10 | 2011 | 3 | 山东省潍坊市、江苏省江阴市、江苏省常熟市 |
| 11 | 2012 | 2 | 山东省泰安市、江苏省太仓市 |
| 12 | 2013 | 5 | 江苏省镇江市、安徽省池州市、山东省东营市、江苏省宜兴市、浙江省长兴县 |
| 13 | 2015 | 3 | 江苏省常州市、江苏省宿迁市、河南省济源市 |
| 14 | 2016 | 3 | 江苏省徐州市、浙江省诸暨市、山东省青州市 |
| 15 | 2017 | 2 | 江苏省如皋市、安徽省六安市 |

2008 年北京奥运会和 2010 年上海世博会的会场建设将城市公共景观建设推向了新的高潮。各类具有代表性的"城市公园""城市广场""景观大道""滨水公园""商业步行街"等城市公共景观如雨后春笋般在城市的建设规划中展现，不断地吸引着人们的视线，逐渐融入百姓的生活（表 1-2）。到了 2011 年，全国城市公园绿地面积已经达到 482620 公顷，是 1981 年的 22 倍，比 2000 年增加了 237%❷。

2012 年 11 月，党的十八大中更是明确提出了要建设"美丽中国"的目标。十八大后，住建部迅速出台《关于促进城市园林绿化事业健康发展的指导意见》，意见中指出风景园林是有生命的绿色基础设施，是构建生态文明空间载体和重要实体的要素，具有城市景观展示和形象塑造功能的城市公共景观的建设成为城市实现上述目标的重要途径。从中央到地方打造美丽中国，大力发展城市公共景观建设，布局谋篇正在展开。

---

❶ 中华人民共和国住房和城乡建设部网站 [EB/OL].http：//www.mohurd.gov.cn/.
❷ 参考中华人民共和国住房和城乡建设部编著的《中国城市建设统计年鉴（2013）》。

表 1-2　2004~2011 年中国城市公共景观建设概况

| 年份 | 城市园林绿地面积 / 公顷 | 城市公园绿地面积 / 公顷 | 城市公园面积 / 公顷 | 城市公园数 / 个 | 道路广场建设用地面积 / 平方千米 | 公路绿化里程 / 千米 | 城市园林绿化基础设施建设投资 / 亿元 |
|---|---|---|---|---|---|---|---|
| 2004 | 1322000 | 252286 | 134000 | 6427 | 2988.83 | 993900 | 359.5 |
| 2005 | 1468000 | 283263 | 158000 | 7077 | — | 1026300 | 411.3 |
| 2006 | 1321000 | 309544 | 208000 | 6908 | 3377.5 | 1235800 | 429 |
| 2007 | 1709000 | 332654 | 202000 | 7913 | 3668 | 1423900 | 525.6 |
| 2008 | 1747000 | 359468 | 218000 | 8557 | 4030.5 | 1676900 | 649.8239 |
| 2009 | 1993000 | 401584 | 236000 | 9050 | 4368.92 | 1772900 | 914.8554 |
| 2010 | 2134339 | 441276 | 258177 | 9955 | 4679.9 | 1943400 | 2297.0392 |
| 2011 | 2242856 | 482620 | 285751 | 10780 | — | 2044500 | 1546.2473 |

　　此外，城市公共景观建设的相关法律保障也逐步走向完善。1989 年，中国首次颁布了《中华人民共和国城市规划法》，2008 年，新的《中华人民共和国城乡规划法》经过修正颁布。其中《城市绿化条例》《城市绿线管理办法》以及《中华人民共和国环境影响评价法》等的颁布从法律上进一步明确了城市发展建设过程中保护和改善城市环境的要求。除了全国性的法律法规，为了配合《城市绿化条例》及《城市绿线管理办法》的具体实施，北京、天津、苏州等城市以及湖南、贵州、陕西、山东、青海等省份分别制定了有针对性的、具体的绿化管理和实施办法。同时，对于城市公共景观的综合管理日趋规范化，重庆、上海、哈尔滨等城市先后颁布了城市景观环境综合管理条例等。

## 1.1.2　城市公共景观营造存在的主要问题

　　近些年来，由于现代城市景观规划、设计理论方法与管理手段仍落后于时代，众多城市公共景观建设问题日益突显。随着中国城市化进程的不断深入，城市数量和规模迅速扩大，大量资金的投入、鳞次栉比的高楼、模块化的街道、"似曾相识"的开发区正让各地的城市丢弃自我，宛如克隆的细胞一样到处蔓延。这情景仿佛电影《黑客帝国》中所营造的未来世界 —— 呆板、程序化、夸张的尺度却了无生趣。仔细分析中国城市公共景观建设的现状和发展、伦理观与价值影响下的人与自然、公共景观的分裂，会发现景观建设管理中各部门间有效沟通的缺乏，景观建设实践上的片段化、布景化与同质化，城市文化与场所感缺乏，快餐式建设背后的城市性格的丢失等问题。造成上述现象的原因固然是多方面的，寻根究源可以从以下几个方面来探寻。

（1）城市公共景观营造伦理价值中互动的缺失

① 人类与自然的分裂。人类的历史是一个通过斗争不断改变自然条件的历史。当今城市中植被的大面积破坏，空气和水体的高度污染等生态危机深深根植于历史悠久的人统治人的社会结构。人类社会的组织方式和等级制度决定了人与人之间的关系，并产生了一系列统治形式、思考方式和生活方式，同时也直接影响了人类对自然的态度。人类粗暴地对自然资源进行着掠夺，经年累月不断地改善着自己的居住环境、生活方式，而从不反思人类与自然的关系。

与此同时，现代科技的高度发展与机械制造的迅速崛起，让人类在最大程度上避免了自然力量的侵害，并赋予人类主宰、征服、统治自然的外在能力。人类的思维模式与技术力量在人类与自然之间构筑了一道无形的鸿沟，这道鸿沟割裂了人类与自然和谐共处的相互关系。但随着时代的发展，众多生态危机让人类束手无措，此刻，我们需要走出自己生活的领域，在深层次上重新思考人类与自然的关系，找回像"土拨鼠建造家园、海狸筑坝"一样的基本智慧。自然环境是人类赖以生存与发展的基础，以往全面侵略和征服自然、破坏地球生态系统的行为需要得到控制和改变。人类需要重新认知并且研究自然界的运作规律，保护不可再生资源，自觉发展人类与自然的和谐关系。

② 自古以来中国公共意识的淡薄。公共意识不仅是一种重要的社会资本，也是一种稀缺的资源。公共意识体现为对强制性和单一性原则的否定，在一个富有公共性的鼓励互动与参与的公民社会中，城市才能成为一种可亲可及的公共生活场所。公共意识不仅是现代和谐社会构建的重要驱动力，也是当代社会发展的必然方向。

然而，自古以来中国的公共意识均较为淡薄。首先，中国长期的封建社会对公共空间始终采取遏制的态度——里坊制、宵禁制等都造成了城市公共空间极不发达的现状。其次，改革开放后伴随市民社会在中国的兴起，产生了一种新的主宰城市形态的"利益集团"——开发商，在缺乏公共决策和监督机制的状况下，城市公共空间往往沦为开发商营利的空间，城市公共景观的公共性很难真正表达出来。再次，市民很少思考自己在公共领域中的定位，很少思考建构城市公共景观对自身发展的积极影响。孔子曾经在《论语》中通过"不在其位，不谋其政"表达人们对公共事务的态度。在这种文化熏陶下成长起来的一代又一代人，更喜于沉浸在自己的一方宅院天地，而避免暴露在公共场所中，他们对公众的东西不感兴趣，更不用说参与公共事务了——公共意识的淡薄使得市民与政府之间缺乏相互平等的沟通渠道。营建城市公共景观应重建市民的公共意识，激发起他们对城市生活的热情，并主动参与到城市的公共生活中来。

（2）城市公共景观营造管理中互动的缺失

城市公共景观营造涉及众多领域，它不是单一部门的终极产品的建设，而是多部门相互联系、沟通的工作过程。目前存在相关部门规章制度众多，缺乏相互整合的景观规划设计法律体系；参与部门众多，但部门之间缺乏横向联系、协同管理与有效沟通等问题。

① 缺乏明确的景观管理法律法规与政策支持。现阶段中国尚未形成明确、系统的城市公共景观规划管理法律法规体系，只能从相关法规及政策中寻求参照依据，通过城市规划、城市设计、管理措施等对城市环境进行行政干预和引导。城市规划管理部门依据城市总体规划、分区规划和详细规划等国家法律法规将有关城市形态（地块的建筑高度和密度以及建筑容积率、形式、色彩等）的研究及一系列规划措施纳入控制之中，对城市景观的形成起到了一定的控制作用。许多城市的市政市容委员会根据住建部颁布的《城市容貌标准》，从建筑、街道、灯光照明、园林绿化、户外广告牌等方面制定了各自的地方性法规条例以实现城市公共景观控制的目的，如：《上海市城市容貌标准规定》《杭州市城市市容和环境卫生管理条例》《深圳市城市容貌标准》等。作为城市公共景观重要的组成部分，城市园林绿化有城市绿地系统规划以及《公园设计规范》《居住区环境景观设计导则》等行业技术标准作为指导依据。

虽然有众多相关法律法规，但在实际的城市公共景观营造实践中依然存在诸多问题。首先，国内可用于指导实践的法律法规还有待进一步深入完善。例如虽然控制性详细规划中会提出一些关于景观设计的控制性指标和设计条件，但在实践中却很难囊括所有的城市公共景观营造内容，特别是有关城市景观风貌以及美学等方面，无法从中找到管理的依据。其次，目前中国的控制性详细规划常常只注重指令性的指标，而忽略指导性意见。审查建设项目时，城市规划管理部门大多只关注建筑密度和容积率等开发强度指标，缺乏对城市公共景观艺术性、协调性以及人性化等内容的指导性审查管理文件。

② 政府部门多头管理，责权不明。城市公共景观涉及范围较广，牵涉到多种用地类型、多个归属部门以及相关的各类型规划。城市绿地系统规划、城市夜景灯光照明规划、城市市容景观规划和园林绿化行业技术标准等分属于不同部门，各自为政，普遍采取的是谁建设谁管理的方式，无法有效衔接，更别谈系统性地指导城市公共景观建设了。在实际工作中，由于归口不一，多头分散管理，出现问题时各部门往往会相互推诿、缺乏协调。此外，实际项目建设中有些区域、部门间各自为政，重复建设的问题时有出现，造成城市整体发展无序，城市发展区域性问题加剧，整体规划失控。由此可见，中国公共景观建设的管理机制有待完善。

（3）城市公共景观实践中互动的缺失

城市公共景观系统是由多种元素组成的有机体，其中蕴含着城市与自然、城市景观特征与社会过程、营造的社会主体等之间的多重互动关系，是一系列相互参与、相互影响、相互制约和相互作用的结果。然而在实践中城市公共景观营造中的互动却往往被忽略了。

①"设计决定论"忽视了互动的存在。在建筑界，"设计决定论"一度占据主流地位，这种论断把建筑与设计看作是人的行为的唯一成因，并且认为通过建筑设计等空间物质范畴的努力，人们可以克服一些社会问题。不少建筑师认为良好的住宅和环境能从本质上治愈社会的疾病，柯布西耶和霍华德是"设计决定论"的积极推崇者，他们以"设计决定论"为基础完成了"光明城市""印度昌迪加尔城"等的规划设计。20世纪初期的美国则有佩里的"邻里单元"理论，这一理论相信通过设施的布局可以活跃居民间的交流。在设计界独领风骚的包豪斯学派认为，设计师可以通过设计一个理想的容器来造就一个更为美好的大同社会。英国学者莫里斯·布罗迪更是认为自然结构决定社会行为，这两个因素的关系是单向联系，在这种关系中社会行为是因变量，良好的自然设计对社会行为的作用有益而无害[1]。

然而，如此多的理论和学派却忽略了一个重要问题，即人自身具有主观能动性，建成环境在改变人的同时也会被人的行为所影响。如果将城市公共景观简化为图案的方案，人对城市空间的体验就会变成一种唯视觉的抽象活动，人与城市空间互动关系的缺乏直接导致了城市的人文环境恶化，文化特征和内聚力丧失等一系列城市问题。人与环境的相互作用论的关键在于其提高了使用者的主体地位，更重视人及人行为活动的重要性，使原本单向的、灌输型的、取消了人能动性的设计过程有所改观[2]。行为并不是由环境决定的，环境只是行为发生的背景，关键在于环境提供的机会与人的选择的共同作用。城市公共景观作为城市自然环境和人工环境的集合体，其与人之间的影响不是单向的，不能仅把人置于"环境的反映者"这样一个尴尬的角色中，而要充分认识人与周边环境的相互影响与互动过程。

②公众参与有效途径缺失，参与力度不够。中国景观建设中存在个别"形象工程""政绩工程"，症结在于公众很少有机会参与到城市公共景观项目的规划建设中来。首先，中国城市公共景观规划的编制过程的一般做法是直到规划编制工作完成后才开始公众参与的环节，结果使得规划师、设计师与各方主体互动的有效性不够（图1-1）。在城市景观决策、规划选择、实施和管理过程中，政府机构和开发商占据着主导地位，公众有效参与的缺乏使得城市公共景观建设难以达到市民所期望的效果。但是，政府与相关管理部门逐渐意识到公众参与对于景观建设的重要性，并进行了有益的尝试，如举行公开听证、进行民意调查等。其

次，城市公共景观建设涉及生理学、心理学、社会学、建筑学、城市规划学、园林规划与设计、人文地理学、文化人类学和生态学等多门学科，由于公众在城市公共景观建设方面缺乏专业知识，很难在实质性公共景观建设和管理中发表自己的见解并被采纳，参与管理的结果没有得到足够重视，也使公众失去了参与的兴趣。

图1-1 公众听专家讲授众方案

漫画中的专家说："我们需要真正的社区参与来做决定。方案 A 太昂贵，方案 C 无效率可言，那么你们同意哪一个方案呢？"

上述问题和原因无疑对中国城市公共景观规划设计理论界和实务界提出了巨大的挑战，同时也突显了中国城市公共景观营造过程中对多元互动关系研究的重要性和紧迫性。

## 1.1.3 基于互动视角的城市公共景观营造研究的价值

互动是一种最基本、最普遍的事物联系的方式，无论是在自然界还是在工程技术领域，或是社会、经济领域，互动现象都普遍地存在着。随着时代的发展和社会的进步，交往范围、交往手段不断发生着深刻的变化，人际之间、事物之间、系统之间的相互影响和渗透无论是在广度还是深度上都达到了新的层次，互动概念的使用、互动关系的营造涉及越来越多的领域。将复杂的事物及其发展看成是不同互动现象交互作用的结果，对我们认识和把握当代世界的各种复杂的科学技术、社会、经济问题都具有一定的意义。城市公共景观的互动式营造是基于互动视角的城市公共景观营造研究，将公共景观的边界打开，以开放的视角综合运用城市规划、城市设计、生态学以及环境学等多学科知识，重新有效梳理、建立城市公共景观营造运行和实践中的各种关系，将更加有助于城市公共景观营造实践的有效实施，其具体价值如下所示。

（1）城市公共景观营造外延的扩展

① 促进了景观设计、城市规划和建筑学三门学科的相互渗透。景观设计与建筑学、城市规划联系密切——在实践上相互涵盖，在理论上也有众多的相似之处。三个专业虽然有各自的领域，但核心都是处理人类聚居环境中的人与环境的关系，三者相互独立、互相渗透。然而，随着城市发展程度的深化，城市环境的日益复杂，城市关系的日渐多样化，城市新的

发展总是超出人们的预期。传统的先由城市规划师规划，然后建筑师在地块红线内设计建筑，最后由景观设计师来填空的独立分工方式将城市环境割裂开，已显出诸多不足。基于互动视角的城市公共景观营造研究是在城市环境建设的研究中，将景观设计和城市规划、建筑学紧密联系在一起，通过学科间的相互渗透形成实现城市环境可持续发展的综合手段。

② 公共景观营造理念的提升有助于城市建设的实践。20世纪，由于全球城市无计划扩张导致了城市布局的日益松散、难以控制，给城市带来一系列结构和形态上的问题。在新的城市背景与现实问题上，现代景观设计开始从一个全新的视角来重新界定城市。雷姆·库哈斯提出："除开建筑，日益增多的景观元素对城市秩序起到了主导作用[3]。"20世纪60年代，伊恩·麦克哈格在《设计结合自然》一书中阐述了新的景观生态学规划方法，推动了景观设计在传统城市设计领域的拓展[4]。随后，景观都市主义被进一步提出。越来越多的城市设计与改造项目，如西雅图奥林匹克雕塑公园、纽约高线公园、多伦多当斯维尔公园等城市公共景观的时代之作，都昭示着景观作为一种媒介具有解决城市问题的能力。通过景观设计激活相关地块，提升当地居住环境品质，真正带动城市规划的发展与重生。这些实践转变了传统景观理念，将当代城市景观设计置于一个更为丰富、综合与现实的背景下。景观设计结合多领域的实践与探索，在新的城市环境下展示无限的潜力，具有非常强的实践与现实意义。

（2）城市公共景观营造中各种关系的重新有效建立

认知在互动过程中不断趋同又不断分化与超越。互动使各种不同表征的认知系统相互作用，联结建构成具有差异的统一体。英国规划师戈登·卡伦认为"景观是一门'相互关系的艺术'"[5]。在城市公共景观营造过程中的系统与系统之间，或系统内部的各部分之间都在不断地相互关联、相互作用、相互共生，并彼此影响。

"互动"概念的提出有助于全面、系统地认识城市公共景观与城市发展、城市公共景观与周边以及城市公共景观与人的相互作用，协调景观营造过程中政府、开发商、设计师和公众之间的关系。首先，将互动引入景观营造领域能够保证不孤立、片面地研究城市公共景观，通过研究营造中互相作用的过程，实现优化人居环境、优化资源配置、优化城市公共景观的目的。其次，基于互动视角的城市公共景观营造是对城市公共景观营造中复杂关系的二次梳理，其不只停留在对城市公共景观表面形态特征和元素的分析，而是更系统地进一步探索其内在的运行机制模式和不同尺度下的外部实践方式，是对城市公共景观营造系统的有机整合。基于互动构建的新的协调机制和管理模式势必加强相关部门的合作与互动，在城市公共景观营造参与主体与部门之间建立起一种系统、动态、合作的高效互动关系网络，改善原有的旧体制和办事方式，提高工作效率，提高政策的质量与效益；加强相关法律法规的建立，增强管理与强化管理依据；增加市民参与城市公共景观营造的机会，使城市景观建设更好地达到规划设计的效果，实现应有的公共景观资源价值。

（3）城市公共景观营造实践的有效实施

从来就不存在脱离当时社会、文化和经济环境的城市公共景观，城市公共景观的每个变化也对社会的各个层面产生影响。同时，人们在城市公共景观中工作生活，相互依存。城市公共景观实践的实施涉及对各种相互关系的均衡协调，忽视营造中的各种相互关系会使城市公共景观营造问题不断，不能有效实施。从互动角度研究城市公共景观的营造，是对城市公共景观与城市、城市公共景观与周边以及城市公共景观与人的相互作用、相互影响这种本质关系的深度剖析。城市公共景观营造的参与者（规划设计者、开发商、政府管理部门和市民）将目光停留在城市公共景观本身的同时，要纠正其被动塑造的思想误区，真实地分析社会发展趋势，明确项目定位以及了解公众的实际和潜在要求，最终塑造现代城市新形象。这样有利于解决众多复杂的城市建设问题，增强城市活力，合理安排城市公共景观布局，并且增强公众对城市公共景观的认同感和利用率，促进城市与人的和谐共存。

① 有利于对城市公共景观系统内部资源的合理利用。系统的存在离不开元素之间的相互关联，互动视角打破了过去城市公共景观系统单一、散乱的局面，创造了多层次的有机城市公共空间景观体系，有利于城市公共景观资源的有效利用。

② 有利于公众参与景观营造的编制和实施。互动视角强调了城市公共景观营造过程中公众意见的重要性，其通过建立公众参与规划编制和实施监督的体制，将公众融入城市公共景观营造的过程中。通过树立全民的规划意识、保护公众的利益和发言权，让城市公共景观真正体现公众的意见和福利，解决相当一部分因项目建设而造成的对周边居民利益影响的矛盾。

③ 有利于城市生态修复。城市生态系统是一个不断进行着物质循环、能量转换和信息传递的系统，无处不体现着互动性，因此，以孤立的思想研究城市生态势必适得其反。在城市大格局的背景下，运用互动思想建立城市公共景观与城市、周边和人之间和谐的关系，是城市生态修复的关键。

④ 有助于城市交通、集散等问题的缓和。首先，互动强化了城市公共景观系统中各要素之间的联系，提高了公共景观空间的运转速度和工作效率。其次，不同功能公共景观空间的交混互动产生了新的城市功能，大型交通枢纽、立体街区的空间立体化与功能复合化设计，不仅大大节省了城市空间，还有效地缓解了城市交通集散等问题。

⑤ 有利于城市的现代生活和社会交往。 基于互动视角的城市公共景观实践更加关注城市公共景观与人之间的相互关系，充分考虑了人的需求的城市公共景观旨在营造安全、轻松的空间环境，为市民提供更多样化的活动场所，搭建起人与人之间积极的、良性沟通的桥梁，对改善现代生活和社会交往起到积极作用。

城市公共景观的营造不能只限于工程技术和物质建设层面，而应扩大视野，在城市宏观政治、经济、文化、生态融合的背景下，通过多学科交叉进行系统性的研究，城市公共景观才会具有勃勃生机。 建设好城市公共景观这样艰巨的事业需要长期持续不断地创新与实践。

# 1.2　相关研究综述

城市公共景观营造是一个跨越历史、跨越学科的研究，这一复杂的课题仅从个别学科角度进行研究及指导实践是不够的。 就目前学术界的研究状况来看，无论是城市公共景观研究的学者，还是从事历史学、经济学、社会学、城市地理学、城市规划、建筑学、风景园林等研究的学者，其研究的进程均横跨了有关美学、形态学、城市规划设计理论、文化研究等学科。

## 1.2.1　城市公共景观营造

### 1.2.1.1　城市公共景观营造的美学视角

鲍姆嘉通和黑格尔认为美学是以美的方式去思维的艺术，是关于美的艺术的理论。 景观的生成在于主体与对象物的审美关系的建立，因此从一开始，景观营造就从美和艺术中汲取了丰富的形式语言。 对于寻找城市公共景观形式语言的设计师来说，艺术无疑提供了最直接、最丰富的源泉。

中国景观与美和艺术有着不解之缘。 童寯先生曾说过："中国造园首先从属于绘画艺术。"[6] 钱学森在给吴良镛的信中曾提到"能不能把中国的山水诗画和中国古典园林建筑融合在一起。"[7] 历来的文人、画家多有参与造园的习惯，不少园林作品直接取于绘画作品，因此形成了中国"以画入园，因画成景"的传统。 通过对障景、框景、借景、隔景等艺术手法的运用，塑造园林的物境、情境及意境。

同样，西方景观设计的精髓也表现为对同时期艺术和美学等的理解[8]。 英国景观设计师"万能"的布朗受到英国画家威廉·荷加斯的《美的分析》和伯克的《关于我们崇高与美观念之根源的哲学探讨》的启发，摒弃了古希腊时代以来规整的几何形式，将荷加斯推崇的蜿蜒的"美的线条"运用到造园实践中[9]。卡米诺·西特在《遵循艺术原则进行城市建设》一书中运用艺术原则对城市空间的实体与空间的相互关系及形式美学的规律进行了深入的探讨。19 世纪末的哥伦比亚世界博览会带来的"城市美化运动",希望通过城市艺术、城市改革和城市修葺来实现城市美化的目的。

到了 20 世纪,西方艺术界的新思潮不断涌现,从早期的工艺美术运动、新艺术运动,到现代艺术的各种风格,再到后来的极简艺术、波普艺术和大地艺术等,每一种艺术思潮和形式都为景观设计师提供了可借鉴的设计思想和艺术语言。

国内众多学者对城市公共景观营造的艺术视角也做了大量研究。王向荣、林菁的《西方现代景观设计的理论与实践》[10]、刘滨谊的《现代景观规划设计》[11]、朱建宁的《西方园林史》[12]等著作系统地介绍了西方艺术思潮对城市公共景观营造的影响。同时,曾伟的《西方艺术视角下的当代景观设计》[13]、张纵的《中国园林对西方现代景观艺术的借鉴》[14]、刘晓光的《景观美学》[15]从国内城市公共景观营造的美学视角对规划设计、形式、意境和意蕴营造到具体设计等都做了大量研究。王昕皓等的《生态美学在城市规划与设计中的意义》[16]、秦嘉远的《景观与生态美学——探索符合生态美之景观综合概念》[17]、杨世雄的《环境美学下的城市公园景观设计研究》[18]、李哲的《生态城市美学的理论建构与应用性前景研究》[19]等进一步从环境美学、景观美学和生态美学等美学新视角研究了城市公共景观的营造。还有学者对当代景观营造中的艺术形态做了批判式探讨。俞孔坚在《回到土地》[20]《足下文化与野草之美》[21]等著作中批判了中国景观建设的"城市化妆运动",提出要走向"新美学"的观点,将艺术和维持生存、培育土地、保护物种结合起来,倡导纯美学向生态美学的转变。董晓龙的《景观美学思想演变与生态美学》[22]也体现了同样的观点。

现代艺术的思想与表现形式对公共景观设计有着深远的影响,但与纯艺术不同,城市公共景观营造面临着更为复杂的社会问题和使用问题的挑战,艺术作为限制和机遇的一个系统,应该让外延扩展,形成多元途径,使城市公共景观设计的思想和手段更加丰富,从而在具体的实践应用层面解决当前中国城市公共景观营造中的问题。

### 1.2.1.2　城市公共景观营造的形态学视角

形态学研究事物的组织结构与功能结构的演进以及演进过程中的相互关系。空间形态是城市公共景观空间组织结构与功能的表现,空间营造是城市公共景观营造的主要内容之一,从城市景观的宏观规划布局到微观使用空间的具体设计,丰富的城市设计、景观设计理论与实践是城市公共景观空间布局的有益支持。

城市景观的宏观形态营造实践最早可以追溯到 2000 多年前的"匠人营国"，其对城市功能和空间布局做了非常具体的安排，影响着历代的城市设计实践。柏拉图在《理想国》中指出，"理想国"是用绝对的理性和强烈的秩序建立起来的，布局上由圆形与放射形结合产生[23]。之后的古希腊的希波丹姆斯模式中认为城市规划应该探求几何与数的和谐，强调以棋盘式的路网为城市骨架并构筑明确、规整的城市公共中心[24]。古罗马的维特鲁威也在《建筑十书》中对城市形态提出了精辟的见解，简单几何形状的城市外廓、占据主导地位的城市几何中心以及其他各部分之间存在的明确视线或轴线关系，这种处理形成了城市景观的基本构架[25]。

19~20 世纪，受到多元思潮的影响，西方在城市与景观空间形态的研究中出现了众多学派、理论、模式和优秀的作品，城市景观形态更是千姿万态，归纳起来为以下七种类型，详见表 1-3。

表 1-3　城市景观营造的形态学观点

| 类型 | 主要观点 | 代表人物及其代表成果 |
| --- | --- | --- |
| 城市历史研究 | 除了详尽地描述了西方城市历史形态演变过程之外，亦讨论了引起其变化的原因 | 培根——《城市设计》<br>吉尔德恩——《工业化之前的城市》<br>科斯托夫、芒福德——《城市发展史：起源、演变和前景》<br>拉姆森、斯乔伯格等 |
| 市镇规划分析 | 建立了基本的市镇规划分析体系<br>提出了规划单元、形态周期、城镇边缘带等概念 | 斯卢特——形态基因等<br>康泽恩——《市镇规划》<br>安尼克——《诺森伯兰郡"市镇规划分析"》研究<br>伯贝、斯梅尔斯等 |
| 城市功能结构理论 | 城市形态是人类社会经济活动在空间上的投影<br>从社会经济学角度研究城市用地发展关系的城市形态方法 | 伯吉斯——同心圆理论<br>霍伊特——扇形区理论<br>哈里斯、尤曼——多核心城市理论<br>伯特·路易——城市边缘带学说<br>克里斯塔勒——中心地理论等 |
| 政治经济学的方法 | 社会文化因素与经济因素同等重要并影响着城市环境的形成过程 | 哈维——"资本循环"理论<br>鲍尔——建筑供给结构模型<br>艾伦——自组织模型<br>登德里诺斯和马拉利——动态变化的随机模型<br>弗洛斯特——城市系统动力学<br>卡特——地租理论等 |
| 环境行为研究 | 建立了人类行为与物质环境关系的理论<br>客观、科学的方法代替了旧的个人直观的行为研究传统<br>城市意象五要素 | 林奇——心智地图和城市意象<br>拉波波特——"环境行为研究"的方法等 |
| 建筑学的方法 | 基本的空间形式、空间的秩序和基本空间要素之间的关系<br>文脉研究着重于对物质环境的自然和人文特色的分析，其目的是在不同的地域条件下创造有意义的环境空间 | 弗朗西斯科——《建筑：形式空间和秩序》<br>日本芦原义信——《外部空间的设计》<br>田园城市<br>广亩城市<br>带型城市等 |
| 空间形态研究 | 城市由基本空间元素组成，它们构成了不同的开放与围合空间和各种交通走廊等<br>描述和定量化这些基本元素以及它们之间的关系 | 马奇和马丁——城市形态与用地研究中心<br>史泰德蒙——《建筑形态学》和矩形解剖<br>希利尔和汉森——空间句法<br>米切尔——建筑语汇等 |

在城市景观微观空间的营造中，尤其是在传统景观中，形态是当之无愧的主角。"诗情画意"是中国古典园林的精髓，发展于山水田园诗画的园林，形态上旨在对自然的描绘，正如计成在《园冶注释》中说的"多方胜景，咫尺山林"[26]。随着禅宗思想从中国传入日本，室町时代出现了以石组、白砂等构成的"枯山水"式庭园，著名的龙安寺石庭中用置石和白沙展现了涓涓细流绕过山谷汇入大海的景象[27]。日本园林以简朴自然的形态引发观者内心的思考。

欧洲景观从意大利台地园到法国规则式园林，再到英国自然式园林都具有各自强烈的形态、风格与特点。意大利位于欧洲南部的亚平宁半岛上，境内多山地和丘陵。夏季的谷地和平原上异常闷热，这一地理地形和气候特点迫使人们思考如何在高处的台地上建园。法国位于欧洲大陆的西部，国土面积大，且地形较为平坦，有利于大面积平面式园林的展开，通过宽阔的园路引导，展现意大利园林中无法看到的恢宏景象。城市公共景观的建设要合理利用所处地形以及周边地形，创造出多维性的景观空间和观景空间，丰富城市公共景观的层次和形式。18 世纪，英国造园中引入了对自然的认知，再加上对浪漫主义的追求，形成了优美的风景园，形式上以自由流畅的湖岸线、平静的水面和疏林草地为标志。

近年来，国内学者对城市景观形态展开了大量研究，早在 1982 年，齐康就在《城市的形态》一文中指出城市形态不仅要能表现出城市外部形式的总体特征，还要能够展现城市内部空间特质[28]。1995 年，胡俊在《中国城市：模式与演进》一书中以空间结构的内在秩序为研究点，对城市空间进行了从历史到当代、从肌理到模式、从理论到案例的深入剖析和探究，进而系统地提出了中国城市空间结构发展的理论构架[29]。1997 年，唐子来在《城市规划汇刊》上发表了综述文章《西方城市空间结构研究的理论和方法》[30]；2001 年，谷凯在《城市规划》杂志上发表了《城市形态的理论与方法 —— 探索全面与理性的研究框架》[31]等文章。之后，杨永春[32]、段进[33]、顾朝林[34]、王建国[35]等学者对城市空间形态结构做了更为严谨细致的剖析。刘滨谊和刘谯在《景观形态之理性建构思维》和《景观形态之感性建构思维》中分别探讨了景观设计中形态设计的理性和感性思维与设计方法[36, 37]。吴伟等在《美国景观形态规范概述》一文中将景观形态规范概念引入，通过控制物质形态，建立可预测的公共领域，实现特定的城市形态，具体包括：控制规划、公共空间标准、建筑形态标准、政府行政管理和术语表达[38]。同时还有不少期刊论文、学位论文对有关城市景观形态的其他专项研究做了深入研究。

1.2.1.3 城市公共景观营造的生态学视角

1866 年，德国生物学家恩斯特·海克尔首创了 "Ecology" 一词，并认为这是一门 "研究有机体及其环境相互关系的学科"[39]。而景观营造的初衷就寄托了人们对改善人与自然、人与生命之间关系的美好愿望，因此，生态学很自然地成为景观营造的重要途径与核心内容。

从古至今，生态思想的每次发展都对景观营造的理念和实践方法产生不小的影响。最初的 "施法自然" "自然是最好的园林设计师" 到现代的景观生态学、生态美学，景观营造的生态学理论与方法也逐渐成熟和完善，归纳起来可以总结为三个层次：科学思想观念层次、技术层次和哲学伦理层次[40]，或者说：理解框架、科学、生存哲学[41]。

基于经验主义的生态学观点，19 世纪，以改善城市环境为目的的公园建设使城市中心的大片绿地、林荫大道以及国家公园体系等应运而生，奥姆斯特德的纽约中央公园取得了极大的成就。19 世纪 30~40 年代，"斯德哥尔摩派" 的公园思想中也强调了生态原则的重要性。同时，霍华德和赖特等一批建筑学家也在尝试通过环境和生态理念的运用来解决城市面临的诸多问题，分别提出了 "田园城市" 和 "广亩城" 的概念，并积极实践。

20 世纪初，查尔斯·埃利奥特在波士顿大都市公园体系规划中从专业化和生态化的层面提出了景观调查分析方法，突破了以往景观营造仅注重艺术表达、自然模拟和空间营造的局限。在埃利奥特理论的基础上，景观设计师沃伦·曼宁和生物学家帕特里克·盖迪斯结合了地理学、经济学及生态学等相关学科的理论，在分析自然、经济、文化信息的基础上对区域景观资源、人类活动趋向、经济结构及文化积淀等之间的相互关系进行了分析与归纳。景观规划方法转变了长久以来的主观意识指导设计实践的局限，进而形成了一套科学的实践方法与原则[42]。

20 世纪 60~70 年代，在美国兴起的 "宾夕法尼亚学派" 为 20 世纪的景观规划提供了有既定步骤和流程的、更加系统的、科学量化的生态学工作方法。其中，菲利普·列维斯、乔治·安格斯·希尔和伊恩·麦克哈格逐步量化了场地现状调查与分析过程，提出了生态规划的基本理论及方法。卡尔·斯坦尼兹和弗雷德里克·斯坦纳等人突破了地图叠加技术的局限性，研究生态原则下的景观规划理论和规划步骤，使景观规划由科学量化向综合化、多元化的发散性发展方向转变。

1996 年，斯图亚特·考恩和西蒙·范·迪·瑞恩提出了生态设计的概念，即设计要与生态过程相协调、尊重物种多样性、减少对资源的掠夺、维持生物栖息地质量，以实现改善人居环境及创造健康的生态系统的目标[43]。

其后，景观的生态实践方法越来越大胆，形式也呈现出多样化的趋势，在解决生态问题的基础上，通过地形塑造或植物恢复，以夸张、醒目的方式激发人们的环境意识，如德国鲁尔区北星公园、罗伯特·史密森的"螺旋形防波堤"、哈格里夫斯设计的加利福尼亚州拜斯比公园等。一些后工业景观设计在生态修复的基础上，通过对遗留在场地上的建筑、铁路、设施及植被等要素的着力表现，体现了对人类工业化进程的纪念，也很好地将生态学原理与美学相结合，如德国鲁尔区埃姆舍景观公园、西雅图煤气厂公园等。

"寂静的春天""环境危机""公有资源的悲剧"以及"地球资源的极限"都警示了人类生存的危机，因此，国内景观学者、生态学家和设计师们对国外景观设计的理论和方法进行了深入探索，并结合中国景观建设发展的现状，提出了具有中国特色的生态学理论和途径。

1992 年，由芮经纬翻译的《设计结合自然》一书出版，在国内引发了巨大的反响和自然观的转变。2001 年，俞孔坚等提出了生态设计的概念，并从能源、材料利用、污染、设计指标、文化敏感度、空间尺度、整体系统、参与性等 18 个方面，对常规设计和生态设计做了详细的比较，总结了景观生态设计的四条基本原理[44]。

同年，刘滨谊提出了风景园林设计的"三元论"：视觉景观形象、环境生态绿化、大众行为心理。而与之对应的便是景观美学理论、景观生态学理论和景观社会学理论，三者相辅相成，缺一不可[45]。

2003 年，王向荣、林箐在《艺术、生态与景观设计》一文中探讨了在景观营造中艺术与生态的关系，并提出了生态主义是对景观设计内在和本质的考虑，而不是论文和图纸上的空谈，也不是先锋实验[46]。

2005 年，俞孔坚等在《"反规划"途径》一书中以可持续发展观及建设和谐人地关系为指导思想，以关怀土地与土地上的自然、生命和人文过程为理论基础，提出城市与区域发展的"反规划"途径[47]。2006 年，他在《定位当代景观设计学：生存的艺术》一书中提出了"景观艺术是生存的艺术"的观点，在解决环境与生态危机、精神文化缺失等方面，生态主义思想对当代景观起着引导作用[48]。俞孔坚在中山岐江公园、永宁公园、天津桥园等一系列土人的项目中实践了其生态主张。至此，在国内的现代风景园林设计领域，生态主义思想得到了充分表达。

此外，国内其他学者也对城市景观的生态学途径进行了多样的研究，主要分为以下三个方向：生态景观规划设计与生态管理、城市绿地布局和结构研究、城市绿地和植物群落的恢复建设研究。刘海龙发表的《从当代多元"生态"视角反观风景园林的生态基础》中剖析了当代景观营造中的科学、思想意识和哲学等多元生态视角，以及这些多元视角在风景园林理论与实践中的影响和表现（表1-4）[49]。于沁冰、黄志新和尹建强等对生态主义思想对景观的影响与发展趋势进行了探讨；祁素萍、李娟娟和刘惠民等对景观设计中的生态学方法进行了系统总结；汪思龙、刘耀武、苏平和王祥荣等对城市的生态管理进行了有益的探索。

**表1-4 多元"生态"理解下的LA实践特征**

| 类型 | 含义 | "生态"内涵 | 特征 | 表现 | 背景人群 |
|---|---|---|---|---|---|
| 生态功能主义设计 | 基于生态学知识的设计，以维护生态系统的功能和价值为目标，积极应用生态学的科学原理和方法 | 科学、技术 | 客观的、外在的、理性的、实验的、可证的 | 适宜性分析、生态决定论、保护性设计、恢复性设计、乡土设计 | 生态学家、生态规划师、环境保护主义者、环境管理者 |
| 生态经验主义设计 | 基于回归自然的理念，遵循自然经验，采取模拟自然形式和风格的方式，从审美、情感及自然观念角度塑造景观 | 思想观念、经验审美、形式、情感 | 主观的、内在的、感性的、经验的 | 自然式设计、浪漫主义景观、古典园林 | 地方土著、环境保护主义者、大众、设计师 |
| 生态表现主义设计 | 基于对生态问题的科学解决、传达设计者的环境观念和哲学理念，积极担负环境教育职责，并产生新的形态及审美 | 哲学、伦理、教育、宗教 | 超越的、普世的、抽象的、隐喻的、哲理的 | 大地艺术、后工业景观、艺术与科学的结合、超现实主义艺术 | 环境伦理学者、环境艺术家、哲学家 |

生态主义理念的不断更新和完善以及多样的生态规划方法和理论的提出，为实现人与环境的可持续发展提供了具有现实意义的科学依据、理论基础和实践经验。

**1.2.1.4 城市公共景观营造的社会学视角**

城市公共景观是人类社会中的景观，城市公共景观营造是一项社会的活动，社会中的阶级、公共政策、人文主义、环境行为方式等都影响着城市公共景观的建设。

社会发展的主要动力来源于人，社会发展的结果是为了让人更好地生活，毋庸置疑，无论是景观实践的起点还是归宿，都应以人文社会的和谐发展为核心。城市公共景观的社会学视角的核心是以人为本，具体可以从三个方面来实现，一是人性化，二是公众参与，三是景观管理。

（1）人性化

中国古代的"天人合一"思想应该算是最早的对于人与环境的思考，"天地与我并生，万物与我为一"简朴地阐述了人与自然和谐共存的思想。

20 世纪 50~60 年代，现代环境心理学的研究分化出三个领域。其一是伊特尔森等人研究的环境对病人行为的影响和作用。其二是环境对意象形成的影响。1960 年，凯文·林奇出版了《城市意象》一书，通过调查归纳得出著名的城市空间意象的"五要素理论"[50]；挪威建筑师诺伯舒茨认为，每一个建筑都是一个场所，每一个场所都应该包含结构和精神两个部分，并在《场所精神：迈向建筑现象学》一书中提出了"场所精神"的概念[51]；阿摩斯·拉普卜特认为外界空间是人心理再现形成的知觉图示，是一种超越语言的交流，并出版了《建成环境的意义：非言语表达方法》[52]。其三是环境与行为的关系。爱德华·霍尔的《隐匿的尺度》[53]、扬·盖尔的《交往与空间》[54] 和《人性化的城市》[55]、克莱尔·库珀·马库斯与卡罗琳·弗朗西斯编著的《人性场所：城市开放空间设计导则》[56]、高桥鹰志的《环境行为与空间设计》、美国的阿尔伯特·J.拉特利奇的《大众行为与公园设计》等专著针对环境中人的行为展开系统的分析调查研究，进一步揭示人类在环境中的行为与心理[57]。

中国在这一领域的研究起步较晚，直到 20 世纪 70~80 年代才有学者涉及。清华大学建筑学院首任院长李道增的《环境行为学概论》[58] 是国内首本研究环境行为的专著。1982 年，建筑学教授常怀生将环境使用后评估理论引入国内，著有《环境心理学与室内设计》[59] 一书。同济大学的徐磊青等相继发表了《环境与行为研究和教学所面临的挑战及发展方向》[60]《广场尺度与空间品质——广场面积、高宽比与空间偏好和意象关系的虚拟研究》[61] 等论文。2002 年，第五届环境行为研究国际学术研讨会（EBRA）在国内召开，收集了百余篇优秀论文，并出版了论文集《都市的文化、空间与品质》。

（2）公众参与

公众参与的主旨是保证公众表达意愿和诉求的权利。1969 年，谢莉·安斯汀在《市民参与阶梯》中将市民参与分为三个层次、八种等级，为公开参与城市规划提供了一个解决问题的结构框架[62]。

近年来，公众参与已成为中国景观设计、城市规划和城市设计等领域中众多学者研究讨论的话题。《论我国城市规划的公众参与》[63]《公众参与城市设计》[64] 等文章从社会发展和城市建设等角度阐述了公众参与的重要性，并简要地提出中国该如何开展城市建设中的公众参与。在城市公共景观建设领域，公众参与意识也在慢慢觉醒。《一种有效推动我国风景园林规划设计的方法——公众参与》[65]《城市化背景下城市景观公共空间的公众参与问题》[66] 和《让市民参与园林建设，让公众发表园林评论》[67] 等文章分析了中国当前城市公共景观规划设计过程中存在的问题，并提出应对的策略是积极发展公众参与。《风景园林实践中（城市绿地规划）公众参与的对策研究》[68]《公众参与在现代景观中的实践——以西雅图滨水地区景观设计为例》[69]通过实证研究对公众参与城市公共景观建设进行了有益的探索。中国的公众参与城市建设还处于刚刚起步的阶段，因此，很多研究与实践都尚在摸索中。

（3）景观管理

城市公共景观规划管理是城市规划管理的一部分，是指政府通过城市规划、城市设计、管理措施等手段，对城市建成环境的公共干预，主要是针对城市形态的建立和发展及城市公共景观形成的公共价值领域。崔云兰等在论文中指出越来越多的城市将城市景观控制纳入城市管理中，并介绍了英国、法国、日本以及中国香港等地的景观控制管理经验[70]。陶伟等梳理与探讨了康泽恩和怀特汉德、拉克姆以及斯莱特提出的城镇景观保护与管理的方法和政策框架，为中国进一步完善城市景观保护管理的理论和方法论提供有益的借鉴[71]。尹海林等通过深入研究城市形态和背景，以发达国家的规划设计控制体制和方法作为借鉴，探讨如何在中国的城市规划体系中建立有效的城市公共景观设计控制保障机制和科学的实施方法，城市公共景观在形成过程中通过规划管理得到有效的控制和引导，从而改变和缓解当前城市中普遍存在的文化丧失、特色湮灭等危机[72]。吴涛等介绍了中国城市景观规划管理理念与内容研究，分析了城市景观规划控制中的问题和差距，从城市设计理论研究、建筑、建筑环境、文化表达等方面提出了加强城市景观规划管理的对策[73]。刘夕瑶分析了中国城市景观规划管理的现状及存在的问题，提出城市景观规划应从思想观念、法制保证、运行机制、管理模式等方面管理的思路[74]。赵佩佩等通过剖析浙江千岛湖的城市视觉景观控制实践，思考面向规划管理的城市景观控制方法[75]。

### 1.2.1.5 城市公共景观营造的科技视角

上天入地一直是人类的理想，古巴比伦的空中花园是对人类在景观营造中奇思妙想的见证。进入工业社会以来，随着科技水平的不断提高，人们的思维更加活跃、想象力更加丰富，设计师们试图用科技赋予他们的创造力解决当今城市问题。

美国建筑师利布斯·伍茨的设计作品"地下柏林"和"空中巴黎"中使用了现代技术、结构、材料和新工程学知识，如表面张力、空气动力、磁悬浮的磁场空间等，构想出各种奇特的城市景象。英国建筑师海龙设计了"行走城市"，使整个城市可以移动，是一种模拟生物形态的金属矩形构筑物，有望远镜形状的可行走的腿，可在起点上从一个地方移到另一个地方。弗里德曼设计了"装配城市"，先在地面上建起一个间距为60米的空间结构网络，然后在这些网络中安装各种房屋，这样城市的建立就不用改变地球原有的自然环境了。伊奥拉斯设计的"漏斗城市"将建筑都设计成上大下小的漏斗状，充分利用空中空间，节省城市用地，并且居住者也免于噪声和污染气体的困扰。还有很多类似的设计，如"双层城市""树形城市""海底城市""太空城市"等，均依靠技术描绘了未来的城市景观[76]。

这些设想也许在短期内难以实现，但现代科技正在不断地刷新着我们对于城市公共景观的想象。罗伯特·查尔斯·文丘里等所著的《向拉斯维加斯学习》[77]、埃特·玛格丽丝和亚历山大·罗宾逊的《生命的系统：景观设计材料与技术创新》[78]从环保和可持续发展的角度，概念性地探讨了新材料运用形态以及功能的可行性问题，为设计师们开拓了思路。菅原进一的《环境·景观技术设计》结合大量景观案例，介绍当代城市景观中运用的材料，是日本城市景观营造中材料技术的理论著作，美中不足的是由于缺乏对新材料深入的研究，对新材料只是初步的介绍。中国的很多学者也系统研究了城市景观中新材料的运用问题，主要可以归纳为两方面：一方面是城市景观中材料与技术的运用[79~83]，另一方面是与设计实践相结合的新材料特性的研究[84]，包括新型合金材料、新型合成材料以及其他类型的新材料等。

## 1.2.2 互动营造研究

"互动"最初出现于社会学研究中，法国思想家埃德加·莫兰认为互动是一种天然之性，并将互动定义为"在场的或在影响范围内的成分、物体、对象或现象相互改变对方行为和性质的作用[85]"。在城市公共景观营造与互动相关的研究中，学者从不同角度对城市营造中的互动关系进行了初步的研究与实践。

（1）从管理机制和硬件实践角度

唐纳德·米勒和吉特·德鲁曾在《城市环境规划》一书中通过"三心图"形象地描述了城市环境规划中的多重互动关系[86]。如图 1-2 所示，其中的三个圆分别是硬件、软件和心件。硬件概念是指城市的物质肌理，如城市基础设施、建筑、铁路、港口等；软件概念是指法律法规、政策，但也包括人们的习俗、道德规范、传统的行为规范；心件概念是指决定城市中个人的需要、欲望和期望的情感机制与行为，它也决定了个人对周围环境的体验和感觉。"软件"和"硬件"通过多元的互动策略，强化城市环境规划建造过程中的现有互动，修复受损关联，缝合丢失联系。

王鹏在《城市公共空间的系统化建设》中指出，城市公共空间系统是城市各子系统的相

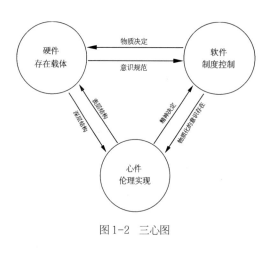

图1-2 三心图

互作用关系在城市土地上的投影，城市系统中各要素的相互作用决定了城市公共空间系统的结构、状态和运行。并提出了从外在形态到内在机制的系统化研究框架，建立了由空间形态体系研究（硬件部分）和内在运行机制研究（软件部分）所构成的城市公共空间系统化研究框架[87]。

（2）景观营造参与主体之间的互动关系

劳伦斯·鲍尔在大卫·哈维"资本循环"理论的基础上，提出了"建筑供给结构"模型，模型包括项目建设过程中的相关社会元素，如发展商、规划管理和服务对象等，定量实证分析了元素之间的动力作用及相互关系[88]。

尤根·哈贝马斯在20世纪70年代初提出了交往理论，主张政府-公众-开发商-规划师之间的多边互动，并提出参与规划的各个主体在决策的过程中应相互理解与沟通，建立一种友好的互动关系[89]。

唐萌在《迈向互动式公众参与理念 —— 环境法中公众参与制度化研究》中指出环境法中公众参与方面的两点不足：一是缺乏体系性；二是缺乏实效性。并提出应确立一种能够突显行动主体能动性和互动性的新的制度化的公众参与理念[90]。

（3）城市公共景观与城市互动的角度

伊利尔·沙里宁认为城市是人类创造的一种有机体，其通过观察有机生命体得到启示："所有生命的生命力都取决于个体质量的优劣以及个体相互协调的好坏"，进而形成有机理论。《城市：它的发展、衰败与未来》一书中总结归纳了城市发展中的三个重要原则：表现的原则、相互协调的原则、有机秩序的原则[91]。其中相互协调是指相互配合、相互协作，而相互协调的原则可用来指导城市和自然之间、城市各部分之间、城市建筑群之间的建设。通俗说来，即城市或城市景观的衰败是城市组成元素间、人与城市之间缺乏互动、缺乏交流、缺乏协调的结果。缺乏相互影响、相互沟通的城市建设给城市带来的是互不相关的风格与形式和互不协调的观点与分歧。中世纪城镇之所以有如此生动的面貌，得益于城市各种形式上的互动。

1899年，奥地利建筑师、历史文化学家卡米诺·西特在《城市建设艺术》一书中批判了城市设计的刻板模式，并强调了城市空间要和自然环境相协调与互动[92]。芒福德从系统的角度指出城市内部各要素间是相互联系的，还强调了城市与环境之间的相互作用对城市发展的影响[93]。约翰·波特曼的"城市编织"理念强调了城市和区域的相互交织和互动，在中国经济快速发展与日益复杂的城市格局下，该理念很有借鉴意义[94]。

同济大学教授卢济威[95]及其博士研究生刘婕[96]等在城市设计过程中提出了整合的概念，即通过相互结合、相互渗透，将城市的各个要素联系在一起并形成有机的统一体，才能真正实现城市机能的高效性和景观的宜人性。权伟从明初南京山水形势与城市建设互动的视角出发，研究了城市建设的内在规律与特点[97]。

（4）城市公共景观与周边互动的角度

20世纪30年代，地理科学的发展使景观的概念进一步拓展，并揭示出景观是由许多复杂要素相联系构成的系统。以克里斯塔勒为首的地理学家们探索了区域内城市空间布局及其相互作用的规律[98]。哈奇斯在《区域勘测导言》中展示了一张图表，一旦改变图表中景观轴上的任一元素，所有元素都会随之改变，并且景观系统之间也会互相影响[99]。

英国城市设计者F.吉伯德在《市镇设计》中提出，在城市设计中设计者不仅必须考虑物体本身的设计，而且要考虑一个物体与其他物体之间的关系[100]。美国城市设计学者杰拉尔德·克莱恩在《城市设计的实践》中也指出，城市设计是研究城市组织中各主要素互相关系的设计[101]。

齐康、金俊等在"城市建筑"[102]系列丛书的《理想景观：城市景观空间系统建构与整合设计》中概括了城市形态的内涵及其构成的"核""架""轴""群""皮"的五要素，提出了八类深层次的逻辑思维，"互动"便是其中之一。《城市道路景观与市民的"共生、融合、互动"——上海市金山区中央大道道路景观设计》一文通过对上海金山区中央大道道路景观的系统化设计，实现了道路景观与周边环境的互动，与市民之间营造一种"共生、融合、互动"的关系[103]。

（5）城市公共景观与人互动的角度

同时，也有学者从城市公共景观与人的相互关系中对景观营造的互动进行了研究。帕特里克·盖迪斯关注景观的特征与社会过程之间的联系及其相互作用关系，提出城市的自然资源与人类的各种生活、生产和建设活动是一个紧密互动的关系[104]。

朱伯等通过研究提出了景观认知的互动过程模式，认为景观认知是人与景观环境的互

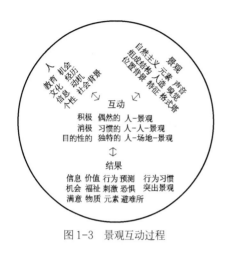

图1-3 景观互动过程

动函数，包含人、景观、互动与结果四个部分，如图1-3所示，是人理解和获得环境意义的过程[105,106]。

蒋涤非在《城市形态活力论》中指出人与城市空间互动关系的缺乏成为当代城市缺乏生机的主要问题之一[107]。城市设计的终极目标之一应该是关注人与城市空间的互动，营造具有活力的宜人城市。书中总结了交混原则、公共生活原则、自组织原则、人车交融的街道、多种活动与事件的广场、营造双尺度城市等促进人与城市空间互动的城市设计原则与手法。

姚雪艳在《我国城市住区互动景观营造研究——构建"人—人""人—植物""人—动物"互动共生的和谐景观》中基于中国城市住区景观建设中所出现的住区景观乏味、平淡、无意义，公共设施使用率低，居民交流缺乏等一系列问题，提出了开展互动景观营建的理念和途径[108]。

李斌在《环境行为学的环境行为理论及其拓展》一文中介绍了由环境决定论、相互作用论和相互渗透论三大理论构成的环境行为理论，并以相互渗透论为基础，提出了人、环境和文化相互关系的理论模型[109]。

覃阳在《城市公共开放空间与行为塑造的互动性研究》中提出城市公共空间与人的行为之间存在"互动"的关系，在整体性、环境优先、地域性和以人为本等原则的指导下，提出互动设计思想并加以实践[110]。《突破观赏走向互动——现代城市互动景观设计探析》中作者指出在现实生活中，大量景观设计欠缺人文关怀，提出景观设计应该突破单纯的观赏，营建"互动景观"，推动人与景观相互独立的现状的改变[111]。刘洋等在《互动式人文景观研究》中阐述了在快节奏生活压力下，互动式人文景观存在的重要性，并提出要通过互动式景观的规划与设计，给人们一定的参与空间，增加休闲的趣味性，提升城市印象，塑造城市品牌[112]。

## 1.2.3 研究现状分析

城市公共景观营造经历了一个不断演变的过程，它顺应了科学技术的发展并满足了社会的需求。作为一个开放的领域，与大多数实践性学科类同，变革发展成为景观学科自我完善的根本途径。公共景观设计的变革与高速发展的社会文化、经济以及科学技术的震荡相伴，基于对上面的研究回顾，我们能清晰地了解到促进现代公共景观营造变革的五个主要动因：

①美学及艺术思潮直接或间接影响着公共景观设计理念；

②现代空间理论的探索塑造城市公共景观新形态；

③生态意识的普及改变着人们的世界观；

④人性意识的觉醒影响着公共景观营造的社会形态；

⑤相关科学技术的发展改变着公共景观营造的传统观念。

公共景观营造领域的开放和相互渗透使得多学科影响景观设计理念。当代公共景观设计已经超越单纯追求美观或是纯粹生态至上的界限，在科学的基础上，强调感性与理性的结合，表现人工与自然的融合成为现代公共景观设计的发展趋势。然而，面对当今公共景观营造中仍层出不穷的问题，我们需认识到现代公共景观营造提供的不单是一个美好的构想，亦必须是对问题本质的思考。随着研究的深入，关于城市公共景观营造的探讨已经不再局限于其自身属性和内部构成元素之间的关系，而是将视角拓展到城市公共景观营造过程中的多种互动关系的探索。纵观国内外关于城市公共景观与互动的研究成果，可以发现以往的研究大致可以归纳为五种角度：

①城市公共景观营造管理与实践的系统化互动研究；

②城市公共景观营造参与主体之间的相互关联；

③城市公共景观与城市之间的相互促进；

④城市公共景观与周边之间的相互协调；

⑤城市公共景观与人行为的相互构建。

国内外的研究成果为基于互动视角的城市公共景观营造的深入探讨提供了重要的理论参考和范例指导。检视已有的研究成果，虽然研究者们对于城市公共景观营造的互动性进行了一定的积极、有益的多方面探索，但以往的研究仍存在以下几方面的不足。

①理论研究上的欠缺。城市公共景观营造的理论研究局限于传统的城市规划学、建筑学和景观设计学，大部分研究受限于学科的框架，较多关注城市公共景观的空间形态设计和景观建筑营建等内容，而缺乏与经济学、社会学、地理学等其他城市科学理论的结合，跨学科研究少，演绎分析少，没有更深层次的探讨。

② 整体性研究的缺乏。城市公共景观是城市大系统中一个有机结构单元，在促成城市整体良性发展中的作用十分重要。然而在项目建设中，城市公共景观营造的整体性体现得不够充分，缺乏对城市公共景观营造的内部运行机制（软件）和外部实践路径（硬件）的统一思考。同时在外部实践路径中，也缺乏从宏观到中观再到微观的整体的系统性研究。

③ 影响机制与实践效果的研究尚缺。迄今为止，对于城市公共景观营造过程中多方的互动性效果如何，理论界尚未予以深究。关于"参与主体间"的互动以及"城市公共景观-城市"的互动、"城市公共景观-周边"的互动和"城市公共景观-人"的互动的综合评价研究尚属空白。

本书的研究旨在打破以往研究的局限，尝试结合经济学、地理学、规划学、建筑学以及系统论等多学科的理论和方法，从系统的角度切入，将城市公共景观营造中涉及的复杂的、基于互动视角的内部运行机制和基于互动视角的实践路径进行尽可能深入、全面的揭示，以达到为决策提供参考依据，对城市公共景观开发建设起到指导作用的目的。并通过对城市公共景观营造互动性指标体系的建立，运用区间数 AHP 和 Vague 集理论构建的城市公共景观营造的互动性评价模型，改进传统的模糊综合评价方法，以期更加有效地刻画城市公共景观营造中的互动情况，为改善城市公共景观互动性的科学决策提供建议。

# 1.3 研究目标

通过前面对相关文献综述的研究，相信城市公共景观的互动式营造研究能为中国城市公共景观研究提供一定的创新价值。本研究预期达到以下目标。

① 促进城市公共景观营造思维的转变与方法调整。通过运用过程性、动态性、开放性的研究方法，将互动作为城市景观营造的机制与手段中的重要部分贯穿始终，构建一个框架、一套原则、一组手法，形成一个系统，以转变当今城市公共景观营造中多注重形式的把玩，而忽略了城市公共景观的营造不仅受设计师、决策者的影响，所有的城市公共景观参与主体，如政府、开发商、公众等也同样影响着城市公共景观的建设。并且，城市公共景观对人的影响也不局限于对身处其中的人的个体行为，城市公共景观的附加效益与周边的文化、经济、社会等也紧密互动着。

② 探索基于互动视角的城市公共景观营造的理论框架与实现途径。为了使城市公共景观营造的参与主体之间、城市公共景观与城市发展、城市公共景观与周边以及城市公共景观与人

之间形成良性的互动关系，研究通过理论分析和实践调研两个层次，探索城市公共景观互动营造的内部运行机制、外部实践路径与评价反馈机制，将研究和设计紧密联系在一起，为城市公共景观建设提供理论依据和实践指导，用于解决当代城市公共景观营造中存在的具体实际问题。

③ 构建城市公共景观营造互动性评价指标体系。为了更深入地探析城市公共景观营造过程中的互动效果，全面剖析互动营造给城市社会、经济、生态，城市公共景观布局以及人类行为带来的互构，根据基于互动视角的城市公共景观营造的理论框架选取相关指标，建立互动性评价指标体系，综合运用集成各种定性与定量方法，力求解决研究过程中由于定性评判而导致的大量不确定数据、概念和信息不完全问题，使研究更为准确地反映真实情况。并以实际城市公共景观项目为例进行互动性实证分析，验证基于互动视角的城市公共景观营造理论框架和实践途径的有效性，为以后的相关研究提供参考。

## 1.4 研究内容

### 1.4.1 研究范畴

本书研究对象为城市公共景观，城市公共景观是一个范围宽泛、综合又难以准确定义的名词。中国现阶段对城市景观学概念以及体系构建等方面的争议较多，风景园林学、生态学、城市规划和建筑学对城市景观的研究范围与侧重点不尽相同。本书研究的城市公共景观包括四个方面：一是城市自然景观，包括山丘、湖泊、海洋等；二是城市建筑及其周边环境，包括商业区景观、办公环境景观、街道景观、公共场馆景观以及城市小品，如广告栏、灯具、喷泉、垃圾箱以及雕塑等；三是城市绿地景观，包括城市广场、街头绿地、滨水区以及各种公园；四是公众使用及意识，如群体凝聚力、社会心理气氛、群体决策等。

蓬勃发展的城市公共景观为研究基于互动视角的城市公共景观营造提供了大量的案例和宝贵的实践检验平台。景观建设中存在的主要问题明确了基于互动视角的城市公共景观营造的着眼点。城市公共景观营造不是单纯的方案设计和施工，还涵盖了一系列综合复杂的社会、经济与人的研究。城市公共景观营造过程中的"营造参与主体"之间的相互联系以及"城市公共景观-城市""城市公共景观-周边"和"城市公共景观-人"之间的相互促进与相互影响，启发人们思考其间的多元互动关系以及城市公共景观的未来营造模式。

### 1.4.2 学术构思与研究思路

国内外多领域、多角度的城市公共景观和互动性的研究成果，以及大量城市公共景观实践案例，为城市公共景观营造过程中互动的认知提供了理论基础和事实依据。在发现城市公共景观营造问题的基础上，通过探析找到解决当代城市公共景观营造的对策，提出基于互动视角的城市公共景观营造策略。接着，运用概念特征叠加法对城市公共性景观的互动特性进行层层分析，从规划和设计的角度重新剖析实体构成元素，并对其表征、内部机制和外部表现进行表层和深层的系统研究，重新勾画城市、人和公共景观的完整互动理论框架与实施策略。本研究从内部运行机制和外部实践路径两个方面具体探讨和全面实践促进城市发展的、具有互动性的城市公共景观营造理论框架，形成提升景观价值、面向景观城市的规划设计方法的调整。

为了验证该理论框架和实施策略的有效性，在此基础上，创新性地综合集成各种定性与定量方法，构建互动性评价指标体系并结合实际城市公共景观项目案例进行实证研究。由于人对城市公共景观感知与互动概念的高度不确定性，导致大量的不确定数据、概念和信息不完全，可运用区间数 AHP 和 Vague 集理论等方法研究城市公共景观营造过程中的多元互动关系。区间数 AHP 和 Vague 集理论是对模糊理论的一种推广，其对模糊信息的分析处理较普通模糊集更强、更灵活也更准确。

本书的研究是建立在理论思维和实证分析的基础上，因此在研究思路的发展上，体现出以下特征。

① 以问题为导向的发展轨迹。对于当前城市公共景观建设的主要问题的提出、分析以及最后结合景观控制和案例探讨相应的规划对策。

② 以理论为指导的发展轨迹。研究过程中以现代景观规划设计理论为主线，先后引入系统理论、生态理性、管理理论、活力理论、空间理论、现代城市的发展理论和空间组织理论、行为理论等相关理论等。

③ 以实践为导向的发展轨迹。在基于互动视角的城市公共景观营造框架的建构过程中，从实践出发逐步建立实现框架和评价体系。

### 1.4.3 研究内容

在研究背景分析、概念辨析和国内外综述的基础上，将本书分为三个部分共 9 章。

第一部分（第 1 章）：在揭示了城市公共景观营造过程中出现的亟待解决的问题后，根据中国城市公共景观营造的现实背景提出研究课题——基于互动视角的城市公共景观营造研究。在充分阐明本研究课题的应用价值的同时，进一步说明本研究课题的意义、目的、方法及内容，并对相关概念做了界定。

第二部分（第 2 章、第 3 章）：城市公共景观与互动的关系解析。第 2 章通过对城市公共景观发展的历史进行追溯，回顾中西方城市公共景观发展历程，展示了城市公共景观的发展与城市政治、经济、文化之间的紧密关联，并且深入分析了城市公共景观类型、功能、内部特征以及营造参与主体。接着，通过对互动概念的多维度解析，本书从城市公共景观与城市、城市公共景观与周边、城市公共景观与人和城市公共景观营造参与主体四个方面进一步探讨了城市公共景观营造中的多维互动关系，总结了现代城市公共景观营造的"多元角度互动"的发展趋势。第 3 章通过对基于互动视角的城市公共景观营造相关理论的研究，以此作为本书研究的主要理论依据指导构建基于互动视角的城市公共景观营造体系，包括内部机制和外部实践路径。

第三部分（第 4~9 章）：基于互动视角的城市公共景观营造框架建构与实施策略。城市公共景观营造是一个极为复杂的过程，要把握这个过程，研究不能只停留在对表面形态特征和元素的分析上，而是要更进一步地探索其内部运行机制、外部实践路径以及评价体系。基于互动视角的内部运行机制以互动为核心理念，试图在城市公共景观建设过程中的各个主体、部门之间建立一种系统、动态、合作的高效互动关系网络，改善原有的旧体制和办事方式，从而持续和逐步地营造良好的城市人居环境。基于互动视角的外部实践路径通过对城市公共景观系统的"城市公共景观-城市"（宏观）、"城市公共景观-周边"（中观）以及"城市公共景观-人"（微观）的互动营造，以期实现城市公共景观与城市环境的宏观呼应、城市公共景观空间的中观布局整合以及城市公共景观要素亲切宜人。基于互动视角的城市公共景观营造是一个庞大的系统工程建设，其内部因素众多，相互作用复杂。为了更好地提高公共景观营造中的互动效果，需要构建一个科学的量化评价模型，不但能准确地评估出互动现状，还能通过评价发现景观系统建设和运行过程中存在的问题。根据基于互动视角的城市公共景观营造的理论框架和实施策略，本书选取了具有代表性的指标，建立了基于互动视角的城市公共景观营造评价指标体系，并基于区间数 AHP 法和 Vague 集理论，提出城市公共景观的互动性评价方法，有效地刻画城市公共景观营造中的互动情况，为改善城市公共景观互动性的科学决策提供建议。

# 1.5  研究方法

本书立足于城市规划、城市地理学、城市社会学、区域经济学、管理学、系统学、环境经济学、生态学和行为心理学等学科已有的研究成果、相关理论和方法，将定性分析与定量分析相结合，对城市公共景观与人的相互关系进行较为深入的探索。

①  文献研究与实地调研相结合法。本书通过对大量城市规划、景观设计、建筑学及环境心理学等相关文献资料和项目的解读，分析城市公共景观发展问题以及对国内外城市公共景观营造研究的成果进行系统总结，为研究论点的提出打下基础。

②  系统分析法。把城市公共景观营造视为一个互相影响的系统过程，通过研究城市公共景观互动体系的构成要素、要素间的相互作用，探究其内部运行机制和外部实践路径以及反馈体系。

③  比较分析法。通过纵向和横向的比较分析，将国外理论方法的提出背景与中国国情和当前发展阶段进行比照，提出经验借鉴的思路和方法。

④  案例分析法。在理论研究的同时，结合国内外相关实例进行分析。

⑤  实证分析法。针对实际的城市公共景观项目进行定量实证研究，依据城市公共景观营造的理论框架和实施策略，构建城市公共景观互动性评价指标体系，收集和整理相关统计数据，运用区间数 AHP 以及 Vague 集理论，提出城市公共景观营造的互动性评价方法。

# 1.6 研究框架

本书研究框架如图 1-4 所示。

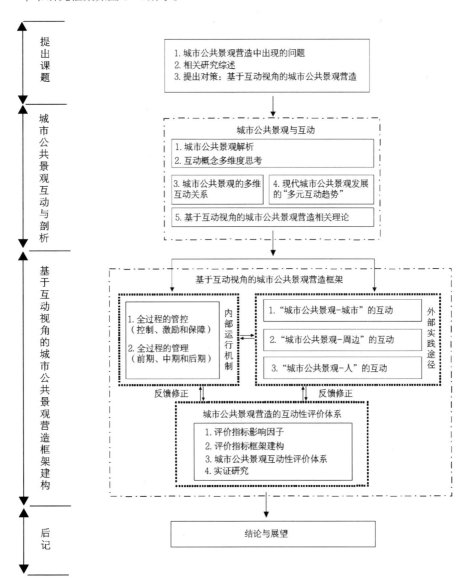

图 1-4 研究框架

# 第 2 章

# 城市公共景观与互动

城市公共景观营造是一个极为复杂的过程，要把握这个过程，研究就不能只停留在对表面形态特征和元素的分析上，本章首先对城市公共景观定义、发展历程和景观内涵进行深度剖析，然后分析、总结、归纳公共景观营造过程中的各种相互依存、相互支撑、相互联系的多维互动关系，最后通过对现代城市公共景观发展的多元互动趋势的归纳，为第3章和第4章基于互动视角的城市公共景观营造的理论基础研究以及框架的建构提供研究的方向与切入点。

## 2.1　城市公共景观

### 2.1.1　城市公共景观的定义

作为一个新兴的词汇，城市公共景观并没有明确定义，其范围宽泛、综合又难以准确描述。中国现阶段对城市公共景观概念以及体系构建等方面的争议较多，风景园林学、生态学、城市规划和建筑学对其研究范围与侧重点不尽相同。因此，我们不妨从城市公共景观一词的演变来辨析城市公共景观的内涵（表2-1）。

景观概念存在由来已久，并在不断地发展变化。希伯来人的《圣经》旧约全书中首次运用了"景观"一词来描绘所罗门皇城（耶路撒冷）的瑰丽景色。到了17世纪，"景观"一词被专门用于描述"风景"和"景色"等。随后，"景观"同"园林""建筑"和"园艺"联系起来，成为美好休闲环境和理想场所的代名词。

19世纪的地质学家和地理学家用"景观"一词代表一大片土地，即指地球表面各种地理事物的综合体[113]。20世纪，景观生态思想的产生使景观的概念发生了革命性的变化[114]，该思想中认为景观是人类生活环境中物质和视觉的统一[115]，以更为整体的视角研究与人类相关的社会经济和生态变化，提出了基于场地土地类型、景观格局和敏感性分析的景观生态规划方法[116]。

### 表 2-1 景观概念的发展与研究对象

| 景观概念 | | 研究对象 |
| --- | --- | --- |
| 作为美学意义上的概念 | | 作为审美的对象，指美丽的景色，注重研究景观特征的艺术性及作为视觉的景色，与风景同义 |
| 作为建筑、规划、园林设计的概念 | | 作为建筑学、城市规划及园林学研究的对象，通过对地形、水体、植物加以利用形成的休憩之地，主要研究空间布局和构成元素 |
| 地学概念 | 与"地形""地物"同意 | 作为地理学的研究对象 | 由地理和生态能力决定的，经过人类活动影响而产生的部分领土，主要研究空间结构和演化 |
| | 与"文化"相联系 | | "文化"或"人类发展"对景观的影响 |
| 生态学概念 | | 由相互作用的生态系统构成的一个平衡的整体，主要研究景观空间结构及其历史演替，以及景观的结构、功能和动态方面 |
| 社会学范畴的概念 | | 人类活动的表述和社会发展的反映 |

20 世纪 50 年代，"景观"作为哲学范畴在德波、范内格姆、德赛托等人创立的情境主义国际（或境遇主义国际）概念被首次提出。他们认为"景观"是对人类活动和社会发展的描述，包括权力、政治、批判创造、思想和行动等[117]。

纵观景观概念的发展，人们对景观的认识已从单纯的风景、美景逐渐过渡到对复杂的自然过程和人类活动的研究，景观不仅被看作客观存在的景物景色或在大地上的烙印，而且是多种功能和过程的载体，其反映了一个特定社会发展阶段的意识形态。

城市景观一词最早出现在 1944 年的第一期《建筑评论》上，当时的标题是《外部空间的装饰：塑造城市景观的艺术》，该文章中讨论了城市家具和铺装对于城市景观艺术性的影响[118]。之后，关于城市景观的研究开始涉及众多方面，英国规划师戈登·卡伦在《城镇景观》中提出城市景观是城市中各视觉事物及事件与周围空间组织关系的艺术。沃尔夫在《意大利城镇景观》中讨论了景观与人的行为、心理之间的关系[119]。随后，城市景观的研究逐渐扩展到对更多社会因素的关注，如柯林·罗和弗雷德·柯特的《拼贴城市》[120]，格雷迪·科雷的《如何阅读美国城市》[121]和凯文·林奇的《城市意象》[122]等。正是基于此，美国城市规划逐渐展开了一场由自上而下的工程式规划，后转为自下而上的社会式规划的大变革。波德莱尔是一位以城市生活为题材的城市诗人，其诗歌中的城市景观可以归纳为：人物形象、空间场所、商品意象和商业活动四大类[123]。与景观概念的发展一样，人们对城市景观的研究也趋向于对城市的空间形态、经济和文化等本质问题的探索，而不再是单纯的美学欣赏。

城市公共景观在城市景观的基础上叠加了公共的概念。公共一词在英文中为"Public"，意为"公共的""公众的""公共事物的"，以及"社会服务的"。因此，城市公共景观的"公共"不仅指城市公共景观空间所具有的公共性和开放性，还指服务公众的社会公共性、公众参与及表达意见的自由与开放性[124]。19世纪，奥姆斯特德设计了著名的纽约中央公园，为市民提供了一个休憩和交往的公共性场所。到了20世纪中期，人类社会逐渐朝着现代化、城市化及民主化的方向发展，人们生活中的休闲时间变得越来越多，城市公共景观所起到的作用也越来越重要，处处体现着对大众的人性关怀[125]。

基于以上分析，本书研究的城市公共景观是城市公共空间，即市民平日休憩、交往和游赏的场所中所展现的城市自然与人工环境，以及在这些城市物质形体中承载的公共生活方式与特定的文化活动。具体由以下四个方面组成：一是城市自然景观，包括山丘、湖泊、海洋等；二是城市绿地景观，包括城市广场、街头绿地、滨水区以及各种公园；三是城市建筑及其周边环境，包括商业区景观、办公环境景观、街道景观、公共场馆景观以及城市小品，如广告栏、灯具、喷泉、垃圾箱以及雕塑等；四是公众使用及意识，如时代风貌、社会心理氛围、经济活动、群体决策等。城市公共景观是一个城市的物质文明与精神文明共同发展的体现。

## 2.1.2　城市公共景观的原生特征

（1）形态的地域性

地域性是在一定地理环境中形成并显示出来的地理特征或乡土特色。如意大利多山地、气候温和、阳光明媚的特点造就了意大利文艺复兴时期别墅多建造在台地上的特点。英国丘陵起伏的地形地貌和大面积的天然草地、森林、树丛构成了优美的自然风景景观。中国江南地区以低山丘陵为主，盛产叠山石材，如太湖石具有瘦、漏、透、皱的特点。其单独植立于庭中，玲珑多姿；堆叠在一起，所营造的假山玲珑剔透。北方地区地势平坦，叠山取石一般就地取材，主要以北太湖石、青石为主，其外形浑厚凝重，所营造的假山山体面积较大、高度较高，以雄伟、壮丽为美。但随着现代建筑和材料技术的革新，多样的信息交流方式以及发达的交通运输模式，使得布景化、同质化的景观空间开始大量地在城市中出现，城市公共景观的地域特色正面临着丧失的危险。

（2）结构的系统性

城市公共景观由点、线、面空间构成，交织成网状。空间结构上布局均衡、联系紧密，功能上协调互补的城市景观系统，能充分发挥城市公共景观的触媒作用，维护城市的景观生态安全格局，加强城市公共景观之间以及城市公共景观和其他用地之间的整合强度，形成有机的城市空间结构。然而，虽然目前国内以城市绿地系统规划为代表的城市公共景观的系统化建设已经进行了许多年，但是从城市公共景观规划设计而言，城市公共景观缺乏系统、整体的大局观，从而在一定程度上弱化了城市公共景观价值的发挥。

（3）文化的多样性

文化作为城市的烙印，是城市形象和特色的反映。城市公共景观的文化性不仅体现城市的过去，也书写城市的现在和将来。城市公共景观空间作为人们的公共聚集处，是文化信息传递之地。利用信息媒介的职能，凭借其张力和诱惑，使城市公共景观空间成为激发城市市民活动的触媒，强化该空间区域的场所精神，使其更具有文化感染力。例如，现代城市公共景观不只利用传统的海报、文化墙，还利用投影、灯光、声音、3D 动画等多种手段加强信息的表达和文化的感染力。另外，一些传统建筑的复兴以及高技术建筑形式的兴建也可以作为一种文化多样性的表达，而对周围地区产生触媒效应。此外，城市公共景观中的各种节目表演的安排也是城市文化表达的多样形式之一。当代城市公共景观可以利用其多样性的文化特点，成为激发现代都市生活、制造时尚、引导城市文化生活格调的重要媒介。

（4）使用的公共性

城市公共景观是市民共同拥有的财富与文化生活的载体，它平等地向公众提供了广泛的社会、生态和美学等功能。随着时代的发展，现代人紧张的工作压力需要丰富多彩的公共生活来消解，因此市民更乐意在闲暇之余到城市广场、公园、河滨等地方唱歌、跳舞、散步和聊天。使用的公共性是全体市民利用城市公共景观的必要条件，也是城市公共景观具有多重功能的前提条件。此外，使用的公共性对于整个社会和谐气氛的营造有着不容忽视的潜在意义。

（5）功能的多元共生性

现代城市公共景观已不再只是大家脑海中的单一山体、公园、街头绿地或街心广场，而是成为人们闲暇之余散步、休憩、交流、跳舞、购物等的地点，还包括集中大型商业、表演、休闲等于一体的城市复合型绿色公共开放空间。这种复合也在现代城市庞大的尺度和复杂的功能下，以一种新的平衡方式体现。功能的复合性需要多元共生性的设计与之匹配。多层次、多功能、多方位组合的城市公共景观设计能产生更大使用效益和灵活性来满足众多的功能需求，吸引大量人流，激发出丰富多彩的社会活动，从而真正成为催生城市发展的媒介。同时这也是整合城市空间片段化和功能区块割裂现象的重要形式，但不应该是各个功能的简单相加，而是一种结合场地特性和周边环境特色的优化设计。

（6）空间的多界面性

中介即两者当中的媒介。城市景观所处空间的中介性决定一个好的城市景观具有多界面性，只有多界面才能与其周边各个不同的界面和系统更好地有机衔接，并相互作用与反作用，发挥其触媒的效应。城市是人类利用、改造自然的产物，即人工环境、社会环境与自然环境的综合体。城市公共景观以点、线、面三种不同的空间形态存在于这三个环境空间的重叠交叉部分，既限定了其自身的空间，也勾勒出周边空间。这种重叠交叉关系使得城市景观既受人工环境、社会环境和自然环境的多重影响，也影响着这三个环境系统，起着衔接、协调这三部分的重要作用。此外，多界面也是城市景观公共性的保障。与西方相比，中国城市历史上比较缺乏公共性的概念，空间多喜欢以栅栏、墙来围和圈定出自己的私人领地，但现代的城市景观是市民的公共财富，空间的多界面性保证了市民进入城市公共景观的可能性，即保证了城市景观的公共性。越来越多的公园、绿地等将其硬质的围墙拆除，取而代之的是柔化的、模糊的、形式多样的边界，形成一个城市景观多界面的状态。

（7）设计的人本性

现代城市公共景观设计受到城市美化运动的影响，容易为了效果而忽略使用者的场所感受。城市公共景观空间和公共生活之间有相互依赖性：一方面，城市公共景观可以为城市生活提供空间；另一方面，也可以对人们的活动起到制约作用。也就是说，人类活动与城市公共景观空间之间有一种互动的关系，即特定的公共空间形式、场所可以引发特定的活动和用途，满足人性化需求的多元空间可以激发出多样性的城市生活，从而使城市公共景观空间充满生机与活力。

（8）展示的媒体性

景观与媒体本来是不相关的两个概念，但到了近代，两者却发生了奇妙的联系。随着信息化社会的发展，这种关系也越来越紧密。媒体指传播信息的介质，传统的四大媒体分别为电视、广播、报纸杂志和户外媒体。户外媒体即环境媒体，是在环境中真实存在、可以进入体验的空间。城市公共景观是提供信息接收和发布的传播平台，其成为一定时期内社会文化的自然体现。客观真实的景观最终和信息文化一样，成为被流通和消费的对象。反过来，城市公共景观作为源媒体就像一面媒体的镜子，映射某一时期的社会风貌，如同读一本书，赏一幅画，看一部电影、一个电视节目、一帧广告片。同时，城市公共景观的营造作为源媒体，容易产生媒体事件，成为公共领域内具有公开性、公益性和公共性价值的议题事件。

## 2.1.3 城市公共景观的功能

（1）环境服务功能

现代城市土地资源稀缺，在经济利益的推动下，建筑见缝插针，城市密度飞速攀升，室外公共景观空间正在被逐步吞噬。作为城市公共景观重要组成部分的公共绿地、公园和广场等不仅可以净化空气、减弱噪声、降低城市热岛效应、改善日益恶化的城市生态环境、提高城市环境质量，还能在人口稠密、建筑林立的环境中降低城市平均密度，营造开敞宜人的户外空间，成为市民休闲锻炼、散步闲谈、文化展示、沟通交往的场所。

（2）多样社会功能

在人类社会中，空间环境的营造与社会发展息息相关，景观的改变可以推动社会发展、调整社会关系并有着极强的时代教育意义，具有暗示、感化、启示和警示四种社会功能。首先，城市公共景观用不同于语言的方式，使人产生感知、思想和联想，进而发挥暗示作用。比如，街边具有良好视线和服务设施的小游园能让身处其中的人产生安全和舒适的感知与联想，从而乐于停留下来。其次，各种具有教育意义和公益性的城市公共景观，如英雄纪念碑、文化墙和名人雕塑等，会对人的心理产生积极的意向与作用，起到感化、教育的功能。再次，由于城市环境的直观性、形象性以及单向性特征，具有潜移默化的启示作用，使人处于一种接收的状态，逐渐领悟到环境形式的内在含义。最后，通过公共景观环境的设置能起到警示人们注意安全的作用，以便将危害人身安全、危害社会的行为控制在萌芽状态。

（3）多途径信息传递功能

城市公共景观展示的媒体性使其具有了信息的传递功能。城市公共景观作为一个信息场，通过视觉、听觉以及触觉的方式向使用者传达不同的情感信息，比如亲切的、安全的、有趣的抑或是空旷的、危险的、乏味的。城市公共景观是否受到人们欢迎取决于传达的信息内容。同时，城市公共景观这个信息场因为人的反馈而得以加强，增加的信息内容和使用频率会使城市公共景观的功能和内涵更为丰富，从而吸引更多观赏者和使用者。此外，城市公共景观为公众提供了无关身份、地位或者收入的任何人都可以进入的城市空间。在这里，公众可以进行自发的日常文化休闲活动，也可以进行有组织的商业、文化、政治集会。城市公共景观为公众留有多种选择的自由性和层次性，增加了人们交往的概率，也使得人与人之间的交流和信息的传递自然地发生。

（4）体现公共空间的经济价值

城市公共景观在美化环境、改善气候、提高环境质量的同时，也体现出不容忽视的经济价值。公园、大型绿地、步行街周边的房地产开发火爆，价格不断上涨。优秀的城市公共景观项目能改善城市环境，提升城市形象，进而带来新的投资以及项目，影响城市住宅、产业的经济格局调整。正如亚历山大·加文所说的，我们通过将公园作为独立且统一体系的一部分进行构思和设计，可以把商业活动引导到特定的地区，而不是其他地区，以此形成这些地区的商业活动框架，控制或刺激人口的迁移。高质量的城市公共景观项目可以成为一个增长极，并发挥触媒以及乘数效应，促进环境与经济协调发展，从而影响周边土地价值。景观资源的开发还有助于旅游产业的发展，进而促进产业结构完善，调整第一、第二、第三产业的比例构成。

## 2.2　互动

### 2.2.1　互动的定义

"互动"一词在英文中出现较早，英文为"Interaction"。"Inter"是拉丁语前缀，意思是"相互的"，"Action"是行动、活动、功能的意思。对互动概念的理解可分为三个层次：首先，互动是物体间行动或影响的往复或交互[126]，具体为相互影响、相互配合和相互作用；其次，互动还包括了人与人在相处过程中产生的相互交流与沟通[127]；再次，互动不仅介于物体与物体以及人与人之间，还涉及体系内部的相互作用，一系列简单的相互作用能够引起令人意想不到的新现象[128]。互动是最基本、最普遍的现象，是事物联系的基本方式之一。随着时代发展和社会进步，人际之间、事物之间、系统之间的相互影响和渗透无论在广度与深度上都达到了新的层次，互动关系的研究涉及越来越多的领域。

## 2.2.2 互动的类型

根据互动发生客体的差异，可以将互动分为同质互动、异质互动和局部互动、整体互动四种[129]。

① 同质互动：是指在一定的时空条件下，具有相似特征的个体之间的相互作用。

② 异质互动：是指在一定的时空条件下，具有不同特征的个体之间的相互作用。

③ 局部互动：是指互动对象基于局部信息与其空间或时间上相邻的对象之间发生的相互作用。

④ 整体互动：是指系统基于自我状态与系统所处的环境之间发生的相互作用。

## 2.2.3 互动的效益

根据互动产生的结果，其效用可以分为良性的（或共性的）互动效应、恶性的（或共退的）互动效应、平衡的（或稳定的）互动效应、经济的（或扩大的）互动效应和损耗的（或缩小的）互动效应五种，在城市公共景观的建设和管理过程中要充分发挥互动的良性和经济性效应，避免恶性的和损耗性效应的产生。

## 2.2.4 互动概念多维度思考

互动是一种最基本、最普遍的现象。正是在互动的基础之上，人类才一层层地建筑起整个变化万千的世界。互动在不同的学科领域蕴含着不同的意义。

（1）生命学视角 —— 互动是智慧模式的外显

生命起源于互动，在高级半膜胞体富集的液态水环境里，众多种类的有机物分子和无机物分子得到了进一步相互接触的机会。其中，对生命起源最重要的核苷酸与氨基酸之间，以及核酸与蛋白质（构成生命躯体及其运转的主要成分）之间，都形成了互动作用和互动关系（包括直接互动和间接互动）。事实表明，正是这些互动奠定了生命的基础，并且这种互动行为已经超出了"自组织"范畴。因为物理学和化学里所说的自组织现象仍然处在直接信息阶段，只要条件具备时就会出现自组织现象，这种现象既没有目的，也没有智力。对比之下，裸体基因与蛋白质的互动行为已经在使用间接信息，并形成某种目的，表现出某种智力，而这正是生命与非生命的分水岭。

（2）哲学视角 —— 互动是内在的相互关联

中国古代哲学中闪烁着互动的智慧光芒。《周易》中，"阳爻有七、九之分，阴爻有六、八之别。九为阳动爻，七为阳静爻。六为阴动爻，八为阴静爻。"阴阳之间彼此相互承担、互为补充，成为一个整体[130]。近代哲学的对立统一理论同样体现出这一观点。换而言之，事物之间的矛盾正是它们互动关系的外在表现，它们互相关联、互相依存，存在有效的动态关系。因此，互动的多样性和动态性被认为是各种事物的内在关系，并以此维持自然稳定。

（3）生态学视角 —— 互动是整合的关键

突出整体与关联是生态学的基本视角，它既要体现个体对环境的依赖，又要展现环境内部所有个体之间的关联。个体间相互作用的结果使整体环境成为一个统一整体，而这个整体的功能绝非每项关联个体功能的简单相加，而是明显大于它们的功能线性求和。生态环境内不同个体间的相互关联特性正是互动作用的明确表现，具有"牵一发而动全身"的特征，也充分说明生态行为的产生会受到其他因素影响。因此，自然生态环境中的个体都具有多维度和多层次的关联性，互动恰是它们功能的有效整合，也是整体效应的充分表现。

（4）系统论视角 —— 互动是系统完善的内在动力

系统论提出互动机制是系统自组织的作用方式和能力，而在系统不同的演化阶段，其主要影响因素存在一定差异性，系统的完善具有显著的时序特征。一方面，伴随着主要影响因素的转换，旧系统功能逐渐衰退直至体系瓦解，新系统功能激活、结构稳定并最终产生；另一方面，通过主要影响因素的有效协调，系统从无序到有序，并维持新的稳定有序状态。因此，在时空演化过程中，不同时间段上的系统将产生不同的互动机制，使系统不断更新升级。

（5）社会学视角 —— 互动是人本主义的认知过程

20 世纪初，社会互动这一概念由德国社会学家格奥尔格提出。在社会学研究领域，互动是指在一定的社会关系下，人与人、人与群体、群体与群体等在心理、行为上相互影响、相互作用的动态过程，具体包括感官、情绪和行为互动等[131]。与此对应的社会互动则表现为交换、合作、冲突、竞争和强制。在社会互动中除了要具备两方以上的主体以及主体间存在语言（或非语言）的接触外，更重要的是各主体不仅能明确对方所发出"符号"（即语言和非语言的各种媒介）的实际意义，而且要能对此积极回应[132, 133]。正是在社会的互动过程中，人们通过不断学习各种知识、角色借用和理解他人想法，从而产生情感共鸣，使文化得以建构和变迁。因此，互动是人类自身认知的基本过程。

（6）设计学视角——互动是使用者导向的实践方法

互动设计是一个新的领域，其所关心的设计包含这些技术是否能给予服务，以及和它们互动经验的质量。互动设计是在人与科技之间通过一个循环合作的过程，其侧重于有意义的媒体通信。一个成功的互动设计是简单清楚的，并且有明确的目标和目的性。其由六个主要部分组成，包括用户控制、影响性、即时交互、连通性、个性化和趣味性。激浪派艺术对互动设计的起源有着重大的影响，其有以下12个核心的基本思路[134]。

全球化—— 这意味着文化应该是没有国界的；

艺术与生活的结合—— 激浪派艺术主张消除艺术与生活的界线；

中间媒体—— 如果没有艺术和生活之间的界限，艺术形式的界限也会随之消失，我们可以运用不同的媒体设计出新的产品；

经验主义—— 尝试新的事物并且得出结论；

机会—— 一个可选择并且随机的机会；

游戏性—— 它包含了思想的发挥，自由的实验过程，自由的社团，游戏的范式转移；

朴素—— 我们可以用一种简单明了的方法表达自己的思想；

含蓄—— 理想化的激浪派作品隐含着很多寓意；

例示—— 是指作品的品质解释了理论和结构的意义；

专一性—— 艺术品应当具有专一性和鲜明的特点；

应时性—— 艺术品应当具有应时性；

音乐性—— 艺术品就像音乐一样，作曲家是作品的创作者，但任何人都可以自由地解读，甚至用与原作者截然不同的方式。

本书中研究的互动是相互作用、相互影响、相互制约、相互配合的一种城市公共景观营造机制和实践过程，是一种使对象之间相互作用而产生积极改变的过程，是一种双向理念的效应。从互动的实现"过程"和内部"结构"及其运行机制等方面剖析城市公共景观营造，探索城市公共景观互动营造的理论框架与实现途径。

## 2.3　城市公共景观的多维互动关系分析

城市公共景观的营造是一个复杂的过程，城市政治、经济、文化和生活影响着城市公共景观空间的塑造以及各元素形态的雕琢。同时，城市公共景观对城市的发展以及市民的生活也有着积极的反馈作用，多种关系交织的相互影响和相互促进推动着城市公共景观的发展。

### 2.3.1　城市公共景观与城市的共同发展

为了追求更高品质的生活，人们不断地改造着城市的环境，其中城市公共景观的建设在城市建设发展中占有极为重要的地位。世界各个国家和地区的政治、经济、文化对城市公共景观的发展产生了极其深远的影响，并在一定程度上决定了城市公共景观的类型特点、内容以及形式。与此同时，城市公共景观也深刻地阐述了一个民族的社会、历史、文化、经济，生动地反映出一个城市的历史文化传统。

#### 2.3.1.1　中国古代城市公共景观与城市的互动

（1）城市公共景观与政治和社会秩序的互动

《考工记》中记载的 2000 多年前的营国策略是一套比较系统的、服务于政治的规划理念（图 2-1），其对后来城市设计的实践有着重要的影响和启发意义，这种影响主要体现在历朝历代的都城建设方面。此外，封建国家的等级制度和礼仪制度对城市的设计和发展也起到了很大的指导作用。帝王将相的统治机构和一些宗教集聚地的建筑往往都是处于城市布局中的中心位置，在整体建筑规模中占有重要的地位，同时还向人们展示着"至高无上"的皇权思想。

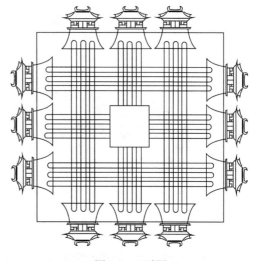

图 2-1　王城图

明清时期北京城的布局蕴含着与其统治相适应的思想，最突出的特点是皇城位于中心位置，皇城的左边是寺庙等建筑，右边主要是社稷坛，玄武门位于皇城的北边，每月的农历初四都要进行开市活动，后来被称为"内市"，由此可以看出，这与"左祖右社，前朝后市"的思想是一致的。同时，在城市空间布局方面，重点十分醒目和突出，主要建筑和次要建筑风格清晰有别，布局主要是采用了轴线的设计方式，形成壮阔豪迈的形象。永定门到钟鼓楼中间有着 7900 米的中轴线，在这条中轴线上分布着一系列建筑，主要有朝堂、华表和城阙等，还包括了各具特色的广场，显得都城更加壮阔辉煌，从而象征着统治者"天赋人权"的思想和皇权的至高无上、神圣不可侵犯。与西方城市的中心广场不同，宫城或皇城前的宫廷广场不向百姓开放，不供公共活动使用，还要回避肃静。广场布局多呈现 T 形，在纵向设有千步廊，并集中部署中央各级衙门；广场三面入口有重门，市民一般不允许进入其中，更加突显了宫廷管理森严的氛围（图 2-2）。

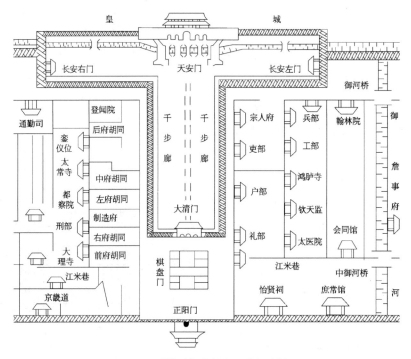

图 2-2 明清时期北京的 T 形宫廷广场

其次，在中国古代繁华的都市中，人们居住的环境一般都是采用"里坊制度"，建造里坊的目的主要是便于封建统治者能够更好地对市民进行管理。在隋唐时期，里坊制度在当时的都城长安发展得已经非常成熟，最突出的特点就是宫殿的建设与市民的居住地区明显分开。据有关历史资料显示，到了宋代，里坊制与隋唐时期有着很大的区别，都城开封城里不再设

立坊墙和坊门，不施行严格管理的里坊制。到明清时期，人们普遍居住的地区集中在统治者
都城的周围，并且居住的地方被胡同分成长条形。严格的城市居住等级景观强化了封建帝王
对臣民的管理与控制，这也是为什么中国古代有些城市的公共景观所呈现的一大形态特点不
是适应自然的需要演变的原因，虽然历经多年，却没有很大的突破。其变化主要表现为在原
来城市景观的基础上进一步丰富和完善，并且越来越具有系统完整性和传承的连续特征，等
级观念深深地烙印在建筑布局和方式上。

（2）城市公共景观与经济发展的互动

中国古代城市空间长久以来受政治因素的主导，直到北宋时期，由于市民经济发展的需
要，城市空间布局和景观面貌才发生一定程度的变化，出现了繁荣的商业街道，还有供人们
娱乐的"瓦子"等，这些使城市的面貌产生了巨大的变化，基本上和近代的封建社会城市空
间很接近。

在江南地区的发展历史上，江南城镇的建设和布局相对来说更为灵活，受政治因素的影响
较小，主要考虑的是社会和经济的发展。江南地区水网密布、水运发达，河流运输是主要的运
输方式，对当时人们生活和城市发展有着重要
的意义。所以，江南地区的商业街道主要是
围绕河道建立起来的，商业中心则大多在河道
交叉点附近，店铺沿河开设，后门用于进货，
前门临街营业（图2-3）。

明清时期资本主义取得一定的发展，商
品经济的繁荣在促进城市经济发展的同时，
还带动了城市布局和建设规模的变化，突出
的特点便是市集商业空间的形成。有些市集
规模较大，具有固定的场所，集聚了各种商
号、手工作坊和娱乐休闲场所等；有的市集
则设立在人流量较大的地方，如大型庙宇中，
并与寺院的宗教活动、庙会结合起来。

城市是社会经济发展到一定程度的产
物，这种发展必然会使城市空间结构和形态
面貌发生不同形式以及内容的变化。建筑上

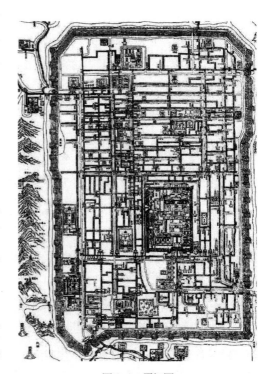

图2-3 平江图

具有商业特点的各色匾额、楹联、招牌、幌子等丰富了城市街道公共景观，使得城市的商业街市更具商业特征。同时，商业辨识度的提高有利于吸引顾客，增加店铺经济收入，也进一步加速了商业的聚集，繁荣城市经济。

（3）城市公共景观与宗教和历史文化的互动

① 宗教。佛教在东汉即已传入中国，而且流行范围很广。当时出现了大规模建造寺院的情景，寺庙一度成为城市中最重要的建筑群体和城市景观特色。著名的唐朝诗人杜牧用"南朝四百八十寺，多少楼台烟雨中"的诗句描述了当时的这种城市景象。北宋时期，都城开封的相国寺由于地理位置优越、交通状况良好的缘故，成为当时开封城里交易规模最大的市场。历史上的苏州城拥有一百多座寺庙，较大的寺庙还建有高塔，如虎丘云严寺塔等。这些寺庙不仅占地面积庞大，而且皆处于路旁或尽端等城市的重要位置上，一方面，体现了它们地位的特殊；另一方面，园林与城市道路及河道空间相互协调，构成和谐美丽的城市公共景观风貌。

② 自然山水观。中国古代劳动人民崇拜自然的力量，城市景观建设除了受到政治、礼法和宗教的影响外，也积极考虑自然的因素，追求城市建设与自然协调统一，积累了整体山水观、阴阳平衡观等城市景观建设理论。在这些城市景观建造理论的指导下，形成了独具特色的城市公共景观，这种公共景观把人的情感与山水巧妙地联系在一起。老舍先生认为，北京的魅力不在于拥有很多漂亮的建筑，而是在于到处都有"空儿"的存在。建筑物的周围也存在许多空地，从很远的地方都能清晰地看见城楼和牌楼，在北平的大街上还能看到北山上的情景。到处有"空儿"主要强调在历史上北京城有很多城市公共景观空间，并且提供了很好的与自然山水相呼应的和谐观景视廊和视点。

③ 文化意识。纵观中国城市布局的发展和演变，会发现其变迁和发展与其相适应的文化背景有着密切的联系。中国文化从古至今都具有"天人合一"的和谐发展观，其深深地影响了中国传统城市景观的发展。例如，中国古代建筑在形式上追求与整体和环境的和谐统一，而不是像西方那样强调鲜明的个性，城市景观呈现出一种阴阳互动状态的辩证关系。

2.3.1.2 当代城市公共景观与城市的互动

（1）与城市建设管理的互动

① 良好的市政建设以及配套设施是城市公共景观建设、发展的基础。首先，地块的可达性影响着城市公共景观规划的选址，良好的外部公共交通能有效地为市民进入公共景观空间提供便利的途径。其次，完善的照明系统、给排水等市政配套设施直接影响着市民对城市公共景观的使用频率与方式，以及城市公共景观使用的安全性与舒适性。

② 城市规划影响城市公共景观的建设和发展。城市公共景观的建设发展应与城市整体规划的方向相一致。首先，城市的整体规划指导公共景观体系的合理布局，在城市公共景观建设用地审批的调控中起到重要作用。其次，城市公共景观（如城市公园）和城市广场与商场等其他相关经济客体或社会基础设施相结合，能产生出有益的组合聚集效应，增强区域的整体吸引力。但过度的聚集会带来一系列交通、环境等问题，需要政府适当地从宏观上进行调控。

③ 城市公共景观的建设、发展提升城市的建设。首先，城市公共景观是一种重要的媒介，其在城市中将经济发展与环境保护协调起来，并在很大程度上改善城市环境恶化的窘境。其次，城市公共景观的建设、发展可以促进城市的开发建设。通常城市公共景观项目会带来大量人群，并带动基础配套设施和周边环境的改善，增强区域特色，提升知名度，促进周边土地升值，吸引新一轮的投资建设。再次，当城市公共景观项目处于城市周边地区时，能增加郊区对市民定居的吸引力，降低城市中心区人口密度，有利于城市土地的合理开发。

（2）与城市文化的互动

城市公共景观的物质环境变化与社会人文领域之间的变化存在一种相关性。良好的城市文化和形象为城市公共景观项目投资建设提供基础，同时，适宜的城市公共景观项目的建设又有助于城市文化的保护、丰富与提升。

① 良好的城市文化和形象有利于城市公共景观项目的投资建设。城市的文化形象对城市公共景观的规划设计具有指导意义。城市公共景观在突出自身主题的同时要融入地方特色，与城市整体形象以及当地文化协调统一。作为市民主要休闲游憩场所的城市公共景观，要紧跟时代的发展，及时汲取新的文化元素，不断扩充城市公共景观的文化内涵，更新内容和表现形式，给城市带来新面貌。

② 城市公共景观的发展有利于城市文化的保护、提升和活化。城市公共景观的建设为民间传说、民俗文化、城市精神等潜在的、无形的城市文化提供了实体表达媒介。在城市公共景观的设计中融入当地文化特色，不仅有助于城市文化和形象的有形化转换，还使得本土文化得到有效的继承和发展。此外，市民在城市公共景观中体验和了解当地文化的同时，也将激发起强烈的地方认同感和自豪感，促使人们对本地文化更加珍视，有利于文化的保护与继承。

③ 城市公共景观的发展促进城市文化和形象的传播、丰富与提升。好的城市公共景观往往会成为一个城市形象的名片，给人们留下深刻印象。城市公共景观凭借其对自然的保护，对历史和民俗文化的提取、变异以及重构，有效地传播、丰富和提升了城市文化和形

象。例如杭州历经岁月，西湖在不断拓展和充实中形成了富有诗情画意的"西湖十景"文化景观，也使得杭州成为极具历史底蕴的风景城市的典范，可以说正是西湖公共景观的营造成就了今日之杭州。

（3）与城市经济的互动

① 城市经济是城市大型公共景观建设的重要基础。进行城市公共景观建设需要资金、材料和技术等的支持，而这些都离不开经济的发展，没有城市经济的发展就没有充足的费用用于城市公共景观建设。因此，城市公共景观建设的质量、规模和速度在很大程度上受城市经济发展的影响。如今，大型城市公共景观作为现代城市中心区发展的新驱动力，集商业、休闲、展览和文化于一体，发达的经济聚集处是城市大型公共景观高投入和吸引力的保障。

② 城市产业结构影响城市公共景观的建设和发展。在三大产业中，第一、第二产业对于城市公共景观的需要远不及第三产业来得迫切。据产业功能区绿地统计数据分析，第一、第二、第三产业对于城市园林绿地的需求分别为10%、20%、35%。传统的以第一、第二产业为主的工业城市的景观建设发展停滞，而以第三产业为主导的城市，为了更好地吸引客源、提供优质服务，对城市景观环境质量的要求则相对较高。

③ 城市公共景观为所在城市的经济发展带来了机遇。第一，城市公共景观周边土地价值的提升。随着城市公共景观的持续建设，带动基础配套设施和周边环境的改善，人气越来越旺，周边土地的价格会随之上升，并带动与此相关的房地产的价格。对此，笔者基于Hedonic模型，定量分析了株洲市公共景观神农城对周边住宅价值的影响，得出在神农城1250米的范围内，住宅离神农城的距离每减少100米，可为房产带来6.5%的增值的结论，证明了城市公共景观对于城市房地产的发展具有显著的正影响。

第二，城市公共景观资源的开发带来产业结构调整。城市公共景观资源的开发有助于旅游产业的发展，进而促进产业结构的优化调整。作为第三产业的先导，旅游业具有较强的关联度和较长的产业链，故可带动和促进许多相关行业的发展，提升第三产业在城市中所占的比例，进而实现城市经济结构中第一、第二、第三产业的比例调整。世界城市的发展证明，旅游业发达的现代化都市都具有较高的第三产业比值，如中国香港为73.2%，新加坡为69.85%，巴黎为72.7%，伦敦为85.0%。2008年，上海存有133个产业，其中有96个因已进入生命周期的衰退期，不具备持续发展的动能，要向外转移；剩余的产业中有大量的商务活动向旅游业转移，推动产业的区域和行业集聚，促进都市产业结构达到相对合理的状态。

第三，城市公共景观是城市招商引资的名片。优美的城市公共景观是城市对外宣传的名片和地标，直接赋予了投资者对城市的第一印象，是营造良好投资环境的重要组成。城市通过景观建设提高自身的知名度，提升城市竞争力，有助于吸引到更多的投资。如大连市自1994 年以来的 5 年里，政府为环境改善投入 78.79 亿元人民币，改善后的城市环境吸引了大量的国内外朋友前来旅游观光、洽谈贸易，吸引外商直接投资 476.44 亿元人民币，其中因为环境改善而引进的外资达 104.82 亿元（以及 10.41 亿元的外商上缴税金）。

（4）与城市格局的互动

① 城市空间的有序发展离不开城市公共景观体系建构。城市公共景观通常拥有较高的绿化率，平均为 30%~40%，有的接近 50%，有的甚至更高。这种优越的绿色生态环境是城市生态格局的重要组成部分，是城市环境可持续发展的绿色保障。近年来，反规划理论的提出为城市与景观规划提供了新方法。传统规划理论是将城市当做图，环境当做底来设计，而反规划理论则是图-底异位，即首先从规划和建设非建设用地入手，通过对城市景观格局的构建来实现城市的有序发展。

城市公共景观的建设有利于协调城市的全面发展。城市公共景观作为一种新的资源，在改善环境、创造良好的人居环境的同时，自然而然地具备了吸引人气的作用。好的城市公共景观项目的植入在很大程度上能塑造城市发展的定位和新导向，实现城市土地的全面利用。以城市发展为依托的城市公共景观规划建设应该在城市发展战略的基础上合理选址，以改善城市环境、促进城市发展为目标，争取建设成为一个优美舒适的集工作、居住、旅游于一体的城市空间环境。

② 城市格局影响着城市公共景观场地选址与位置。城市公共景观是城市形态和功能的有机组成，其位置、选址与城市的规划布局有着紧密联系。首先，城市公共景观建设用地的选择要与城市的发展规划相协调。随着国民经济的发展与人民生活水平的不断提高，对公园、滨水绿地、广场等公共景观的要求会相应提高，故应保留适当的发展备用地。其次，城市公共景观服务于市民，其选址要与城市中人群集中之处，如居住区、商业街等紧密相连以方便市民的使用，并与城市主要道路密切联系。再次，可以利用城市中原有的景观建筑、名胜古迹等地方，加以修缮扩充，增补活动内容和设施，在丰富城市公共景观人文内涵的同时，有效地保护民族文化遗产。最后，可选择在具有水面及河湖沿岸景色优美的地段，充分发挥城市的滨水资源，打造城市的景观特色。此外，由于城市的用地有限，那些起伏变化较大、地形复杂破碎、不适宜工程建设和农业生产的土地，可以作为城市公共景观建设用地，通过设计充分利用场地条件，创造出具有场地特色的适宜市民休闲的场所。

## 2.3.2 城市公共景观与周边的相互作用

（1）城市公共景观与周边空间的整合

广场、公园、绿带、街道和滨水区等构成了城市公共景观的网络系统。公园可以看作是点状的城市公共景观空间，而滨水区可以当作是线性的城市公共景观空间，森林公园则可以看作是面状的城市公共景观空间。各种不同类型和功能的城市公共景观空间与周边相互关联，通过规划设计对城市空间进行梳理、整合，最终促进城市空间的连续性、完整性和系统性的实现，形成有机的统一体。2004年，宁波鄞州区政府委托某设计团队对新城区绿地系统进行梳理和规划。鉴于场地内现有水系阡陌纵横，落成公园星星点点，文物古迹熠熠耀彩，这些带状或块状的城市公共景观与古迹散落于新区各处。设计团队穿针引线，将中心区串联成"流动的水环"，沿其双侧点缀连接绿带和点状、面状景观空间，同时巧饰地方文化和传统文化特色，形成了整合生活、运动、生态、文化以及休闲等于一体的公园系统。

美国的水之城——明尼阿波利斯的公园系统将城市内的170个公园连接起来，建立了一个延伸至整个城市的公园整体。公园的外围建立了一个连续的交通系统，不仅有行走和慢跑的道路，还有景色优美的自行车道和车行公园道路。公园系统的整合使人们从城市的任何地方都可以方便地到达这里，同时公园系统所包含的22个湖泊创造了不同风格和特色的风景区，发挥了其所在地的地形潜力和使用特色，并串联起公园内的所有功能区，使从不同方向进入公园系统的人们都可以共享系统内全部的设施和特色景观。公园内每一部分所发挥的特性都强化了这个系统的整体效应。克利夫兰和沃思所建设的这个公园系统使这座城市走上了生态可持续发展的道路，同时，整个城市公共景观空间的整合大大提高了人们对相邻地区土地的需求，并且使得这些区域持久地保持着吸引力。

（2）城市公共景观与周边功能的催化

城市公共景观与周边的相互影响在功能上表现为不同功能间的相互催化，以促使各自的发展和完善。最明显的现象就是很多新开发的标志性城市公共景观在其建筑和公共场所都未完成时，周边的空间等就已经热闹非凡，拥有充足的人气。如深圳的市民中心拥有超大尺度的空间体量和室外公共景观空间，但平常很少会看到有人在景观空间中停歇。然而，随着周边各种公共空间的相继建成，如深圳书城、深圳图书馆和音乐厅等，吸引了大批的市民来此活动。建筑在功能与空间形式上对公共景观空间进行了有益的补充，而市民中心标志性的公共景观空间也使建筑周边形成了较强的场所感和停留空间，最终使市民中心逐渐成为名副其实的市民乐于聚集的中心。

　　位于巴黎的香榭丽舍大街是一条极具特色的景观大道，全长 1800 米，连接着著名的城市公共人文景观 —— 协和广场和戴高乐广场。香榭丽舍大街自身又以圆点广场为界形成各具特色的两个街段，东段靠近协和广场、卢浮宫一侧以自然生态为主题，绿树成行，打造了一条鸟语花香的林荫大道；而西段靠近戴高乐广场一侧则以富丽奢华著称，是云集世界名牌的高端商业街区。香榭丽舍大街的城市公共景观与周边空间的相互促进不仅满足了人们旅游观光、休闲娱乐、购物餐饮等多种行为活动的需求，同时也展现了巴黎的历史文化与繁华时尚，给人们留下了深刻的城市印象。

## 2.3.3　城市公共景观与使用者的互动

　　近年来，城市公共景观规划设计和建造水平正处于飞速发展的阶段，众多经典作品不断涌现，充满创造力、想象力和视觉冲击力的景观小品以及多样化的平面布局，给人们的生活带来了新的活跃力量。在感叹设计的创造力的同时，我们必须重视城市公共景观与人类活动之间存在的互动关系。人的行为与城市公共景观之间存在着某种密不可分的联系（表 2-2），人们通过保护和改造自然来获得适宜生活的人居环境，特定的空间形式、场所和景观元素又会对人的心理和行为产生特定的感染效果，激发某些反馈的活动和用途，加强人与人、人与景观之间的联系。

表 2-2　人与城市公共景观的互动关系及阐释

| 人与城市公共景观的互动关系 | | 阐释 |
|---|---|---|
| 人与城市公共景观的关系 | 保护 | 为获取适宜的环境，对原环境中有价值的传统文化景观加以保护和发展 |
| | 创造 | 在尊重历史和环境的前提下对原有环境的更新或建设新的环境景观，以最小的代价获得最大的环境景观效益 |
| 城市公共景观对人的作用 | 感染 | 心理的触动 |
| | | 行为的激发（个体行为、经济行为、社会行为和文化行为） |

　　2.3.3.1　人的生理差异

　　人是构成社会的基本元素，更是城市公共景观的使用主体。对于同一景观不同人的感受存在差异，这些差异是由人的本质属性，即生理、心理、行为需求等因素决定的，是影响人认识景观的主观要素。

（1）性别

人类分为男女两性，男女之间普遍存在着差异，这些差异影响着男性和女性对同一事物表现出不同的喜好、态度和看法。在公共场所中，男性展示着他们雄浑的体魄以及较强的支配感，而女性所体现的是与生俱来的细腻和柔美。在城市公共景观中，男性将城市公共景观空间视为人际接触的场所，而女性则喜欢待在环境相对安全的后院式空间。此外，男性注重比较间接、有用、普遍及抽象的，且具有建设性的事务，而女性一般注重周围环境、装饰品及个人用品等具体事物。这使得男性比女性更容易识别各种需要用抽象思维去认识的景观，从宏观上把握景观的总体变化，而女性则对具体的事物更感兴趣、更重视细节。

（2）年龄

随着年龄的变化，人们的生理、心理以及社会经验都在变化，影响了不同年龄阶段的价值观的形成，进而影响人对景观的喜好（表2-3）。通常儿童好动，对新鲜事物充满热情又富于幻想，单一的颜色以及简单的几何图案更容易吸引少年儿童的注意力；青年精力充沛、活跃、有探险精神，多数富有创造性的、高科技相伴的、内容丰富多样的城市公共景观较能吸引他们的视线；中年人成熟稳重、趋于安定，温馨舒适的休闲景观更能引起他们的兴趣；老年人活动不便、反应较慢，其活动的主要目的是舒展筋骨，他们喜欢在清静的地方晒太阳、聊天、散步、下棋、跳舞、打太极等，并且空间要具有无障碍性、可监护性以及与周围环境联系的方便性。多方面的心理和生理差异造成了不同年龄阶段的人在景观审美评判方面的差异，年龄级差越大，景观审美方面的差异也就越大。

**表2-3　不同年龄阶段在景观审美方面的相关系数**

| 年龄组/岁 | 6~8 | 9~11 | 12~18 | 19~35 | 36~65 | >65 |
|---|---|---|---|---|---|---|
| 6~8 | — | 0.86 | 0.53 | 0.53 | 0.66 | 0.55 |
| 9~11 | | — | 0.69 | 0.66 | 0.72 | 0.54 |
| 12~18 | | | — | 0.96 | 0.90 | 0.78 |
| 19~35 | | | | — | 0.94 | 0.79 |
| 36~65 | | | | | — | 0.87 |
| >65 | | | | | | — |

（3）性格

人的性格的形成主要受遗传物质、社会因素和社会实践三方面交互作用的影响。首先，婴儿从父母那里继承的遗传特征形成了基本的性格。其次，在成长过程中，社会的道德标准与规范、角色期望、学校的教育、家庭的信念、价值观念等无不对个体性格的形成起到重要的影响。再次，社会实践的各种经验都在不断塑造个体的性格。在三个因素相互影响、相互关联作用和彼此渗透下，人的性格逐渐形成并稳固下来，形成各不相同的性格特征。瑞士心理学家卡尔·荣格将人的性格分为内倾型和外倾型两种，不同的性格类型对景观表现出不同的喜好（表2-4）。

表 2-4　性格类型与景观喜好

| 性格类型 | 内倾型 | 外倾型 |
|---|---|---|
| 特征 | 性格内向，重视自己和自己的主观世界，喜欢安静、独处<br>做事深思熟虑，极少冲动<br>喜欢整齐有序的生活方式，能够控制自己的情感<br>注重伦理道德规范 | 性格外向，善交际，合群，不大喜欢独处<br>易激动，做事凭一时冲动<br>喜欢运动和变化<br>具有攻击倾向，感情不易控制 |
| 景观喜好 | 多喜欢常规、传统、宁静的景观 | 多喜欢新奇、刺激的景观 |

#### 2.3.3.2　人的行为需求

人类的日常活动与城市公共景观空间有紧密联系，人作为现代城市活力的动因，对公共景观空间不同层次的生理和心理需求，构成了人对城市公共空间需要的多样性。城市公共景观空间作为公众共享城市文明的舞台，为了满足人的多样性行为需求，在规划设计的时候应考虑到多样的形式和多元的功能用途。

#### 2.3.3.3　城市公共景观对人的影响

（1）城市公共景观为人提供多样的活动场所

城市公共景观是市民日常休闲娱乐的主要公共空间，多样的景观环境、丰富的景观设施为人们提供了读书看报、下棋、跳舞、散步、聊天等的适宜场所，从根本上促进了人与人的互动交流，加强了人与自然、人与景观要素之间的和谐共存（表2-5）。

表 2-5　城市公共景观中人的行为活动方式

| 人的行为 | 活动方式 | 城市公共景观利用要素 | 人的行为与城市公共景观的互动方式 |
|---|---|---|---|
| 教育科学 | 读书看报、宣传 | 园路、铺地、广场 | 人与人、人与景观 |
| 文体活动 | 下棋、晨练、跳舞、轮滑、唱歌、戏曲、步行 | 广场、林荫、建筑小品 | 人与人 |
| 社交活动 | 谈话、文体活动、晨练 | 广场、座椅、游步道 | 人与人 |
| 观赏风景 | 散步、短暂停留、划船 | 水景、建筑小品、植物、绿地景观 | 人与自然、人与景观 |

（2）城市公共景观为人提供心灵的抚慰

当今，快速的生活节奏给人们的生活带来很大的改变，人们渴望找到一个可以放松、休憩的港湾（这里产生抚慰人类心灵的作用，使得内心世界和平安静）。城市公共景观是空间和心灵的集合，一个好的景观设计不仅能满足大众的行为需求，还能够满足大众的心灵需要，给大众以心理的吸引和支撑。

2.3.3.4 人的行为对城市公共景观的影响

市民作为城市公共景观的使用主体，在城市公共景观使用过程中的行为有良性和恶性之分，相应的对城市公共景观也会产生不同的作用（表2-6）。人的行为与城市公共景观之间的和谐共存与发展，对城市公共景观品质以及使用秩序的维护具有至关重要的作用。良好环境的维护依靠正确的社会舆论以及高尚的道德意识。

**表2-6 人的行为对城市公共景观的影响**

| 人的行为 | 影响 |
| --- | --- |
| 良性行为 | 建设、维护园林景观；改造、保养园林设施；形成良好的行为秩序和社会氛围；创造良好、安全的游园秩序 |
| 恶性行为 | 侵占绿地、破坏公共环境；毁坏园林设施；破坏公共环境卫生；扰乱正常、文明的行为秩序；造成社会不安定隐患 |

市民不仅是城市公共景观的服务对象，更应该是景观建设的参与者。在方案选定、建设、使用、监督等环节，每一个市民都应该有机会并积极参与到城市公共景观的营造中来，创造出集实用性、使用性和适用性于一体的城市公共景观。

2.3.3.5 人与景观互动的机制

对于环境与行为互动，不同派别的研究者侧重于不同的方面，从不同的出发点建立了各自的理论，如唤醒理论、环境应急、环境负荷、适应水平和行为约束等。这些理论并不相互排斥，而且都在一定程度上相互联系。为此，结合城市公共景观的特点建立了环境-行为关系模型图，作为对各种观点的总结（图2-4）。图中影响环境知觉的因素既包括客观物质环境，又包括社会环境和个人差异。如果主观知觉判断认为环境处于最优刺激范围之内，即实际输入的刺激与所需要的刺激相等，就会形成主客观之间的自动动态平衡。这是一种理想的未定状态，必须以符合主观要求的客观物质环境与社会环境为基础。如果环境被体验为处于最优刺激范围之外，一种情况可能是由于刺激不足，此时个人必然会主动寻求刺激，进行广泛探

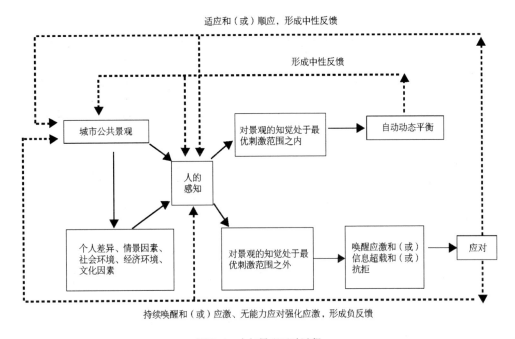

图 2-4 人与景观互动过程

索；另一种情况是刺激过度或感到行为受到约束，这样就会引起过度唤醒、应激、此类信息超载或抗拒等一系列反应，继而采取应变对策（适应或顺应）。合理的人性化公共景观设计能够增强人们在环境中的舒适感和控制感，起到减少人们焦虑和应激的作用。

## 2.3.4 营造参与主体之间的多维博弈关系

城市公共景观营造的过程由前期构思策划、中期开发管理以及后期管理维护三个部分组成（图 2-5），各个部分又包含了多个阶段，其中涉及众多参与主体，如政府部门、设计师、开发商、公众等，详见表 2-7。

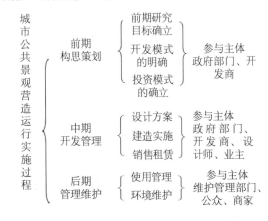

图 2-5 城市公共景观营造运行实施过程及参与主体

表 2-7　城市公共景观营造的参与主体

| 政府部门 | 设计师 | 开发商 | 公众 |
|---|---|---|---|
| 市政府、城市规划管理部门、市政管理部门（交通、园林绿化等） | 专家、规划师、建筑师、城市设计师、景观设计师 | 投资者和财政中间人、开发建设者 | 普通市民、社会团体组织（城市保护组织、社区管理组织、民间团体和基金会、大企业） |

不同的参与主体有不同的参与动机、义务等，担任着互动、互斥、互溶、互促的角色，从而形成他们之间复杂的相互关系，共同影响着城市公共景观规划设计的制定和实施。参与主体之间的互动不是单一的两两互动，而是同时、多方、双向的，在这个多维复杂的互动体系中存在多重的相互关系，在此将这一系列复杂的关系进行拆分研究（表2-8）。

表 2-8　营造参与主体的角色特征

| 参与主体 | 时间范围 | 动机 | 义务 | 与景观的关系 |
|---|---|---|---|---|
| 政府部门 | 长期 | 环境效益、经济效益、社会效益综合发展 | 提供资金、控制监督营造过程、后期管理维护 | 体现政绩与形象的途径 |
| 开发商 | 短期 | 开发价值回报 | 提供资金并接受政府与公众的监督 | 建立在公共景观能够带来利益的前提下 |
| 设计师 | 短期 | 方案被认可、获得回报 | 完成规划设计与建造 | 展示个人的创造能力、解决环境问题 |
| 公众 | 长期 | 享受高品质环境，满足多样化需求 | 对城市公共景观的合理使用和理性维护 | 直接影响公共景观的使用情况 |

（1）政府与开发商的互动

在城市公共景观建设过程中，政府部门与开发商密切交流合作。一方面，一些建筑开发商，特别是房地产和城市综合体开发商，为了提高项目自身的品质与受欢迎程度，除了对建筑附属绿地等相关的配套公建进行建设以外，还会对周边广场、公园等进行认建、认养，创造一个优美、吸引人的城市环境。另一方面，由于政府用于城市公共景观建设的资金有限，所以鼓励私人资本以各种形式参与到城市公共景观建设中来。如今，用"招商引资"与"投资建设"来拓展城市空间，拉动经济增长，已成为繁荣城市经济的常态与重要支柱，政府还会将部分建设城市公共景观的权力让渡给开发商。

因此，开发商对于这些城市公共景观的定位与品位影响了城市的容貌以及市民日常的生活环境和生活方式。但开发商所扮演的这种社会角色却往往被公众所忽视，甚至被开发商自己所忽视。在政府、市场这些宏观环境的限制条件下，开发商对社会生活的干预和组织往往是局部的、被动的、不自觉的。他们需要在政府的引导下正确认识自己在现代城市发展中起到的作用，积极主动地参与城市公共景观的建设，并从中学习和接受一种民主的、开放的、迎合市场的观念和方法。

　　然而，开发商的最终目的还是牟利，无偿向政府移交又不能得到任何补偿或是优惠扶持，会令他们的成本大增，在城市公共景观建设中自然会偷工减料，任意改动规划设计，将原来艺术的、人性的空间改得面目全非，使项目偏离预期的承诺。但是，如果不同意开发商参与城市公共景观建设，则会导致政府的公共建设计划进展缓慢。在城市化公共景观营造过程中，对于政府而言，给予开发商适当的政策支持的同时更要对开发商的行为做严格的限制、指导和监督，以兼顾各方面的利益，特别是公众的利益不受损害。开发商应该多和政府沟通，充分发挥自身的优势作用，将城市的健康发展、人民的美好生活作为项目开发的基本原则。政府可以在控制性详细规划或修建性详细规划中合理引导开发商的参与，让他们在城市规划布局以及土地开发强度方面拥有一定的合理需求表达权，通过一些设计指标的柔性设置，引导他们积极参与周边的城市公共景观建设，从而推动城市规划方案更合理地实施。上述做法在西方一些发达国家已有先例可循，具体将在第 5 章进一步讨论。

　　需要特别说明的是，由于利润最大化是开发商一切活动的最终目的，所以对开发商消极的一面也应给予足够重视。特别是当其投资回报与公共利益发生冲突时，开发商很可能对城市公共景观的建设采取不合作的行为，不但造成城市公共景观建设滞后于城市发展，而且影响城市的整体协调发展，损害社会公共利益。因此，通过有效的政府监管和社会监督，以合理的奖惩措施为核心的激励约束机制也是不可或缺的。政府以合同或契约形式与开发商形成约定，引导开发商积极主动地参与城市公共空间开发，并在市场机制和监管机制的双重作用下，督促开发商为城市发展恰当地发挥正面作用，最大限度地有利于城市公共景观建设，逐步改善广大市民的生活环境。事实上，在这种不断循环的重复博弈中，只有当开发商对其社会价值有了充分认识以后，其经济利益才能够得到切实保障。

　　（2）设计师与开发商的互动

　　在城市公共景观营造中，设计师与开发商的关系为被雇佣与雇佣的关系，在互动合作过程中共同营造城市公共景观新面貌。开发商的目的是营利，努力将效益最大化，而设计师则是站在专业的角度上，将解决场地的生态和功能矛盾作为目的，充分满足使用者的需求。当开发商与设计师之间出现矛盾时，开发商往往更具有话语权，设计单位只能依据开发商的要求修改和调整方案。在国外，设计师除了为项目提供专业支持，更多的还扮演了沟通政府与开发商的角色，为城市公共景观建设做好监督。如果开发商的开发意图与城市公共景观建设的主旨相违背，政府和设计单位可以一起选择更换新的开发商，但国内却正好相反，开发商稍有不满，就可以随意让设计师改动设计。

其实，设计师与开发商的目标是一致的，就是把城市公共景观建设好。所谓好的设计，不仅指设计层面上好，比如功能合理、外观漂亮等，而是能做到公众和开发商都觉得好，要能给使用的大众提供优美的空间环境，为开发商创造最佳效益。因此，设计单位在接手城市公共景观项目后，前期阶段要积极地与开发商交流互动，对项目的设计和构思等进行讨论、对话，从历史印记、文化符号、功能定位、造价，以及日后场所的使用方面让开发商明白，好的城市公共景观设计是会带来经济和社会效益的双丰收，并敢于坚持原则。设计师要善于与开发商博弈，相互理解、求同存异，每个好项目都是设计师与开发商紧密合作、良好互动的结果。

（3）设计师与使用者的互动

公共景观是为公众设立的开放空间，设计师是城市公共景观的创造者与建设者，而城市公共景观中的市民作为客体是使用者、体验者和评价者。因此，在景观设计时不应仅考虑其观赏性，更应关注不同年龄、性别、职业、爱好和文化背景的人群对空间的需求与活动规律。设计师通过与使用者的互动交流，找到不同人群的真实需求以及活动特点与区域，并从中得到创作灵感，考虑如何能够将大众的审美、公众参与和娱乐互动融入其中，营造出满足人行为需求的整体环境，塑造具有参与性的多样化空间形式，让被动欣赏变成人们主动积极参与。

（4）政府与设计师的互动

在城市公共景观建设中，政府大力宣传、动员专业设计师参与，营造宽松开放的城市公共景观创作环境和创新氛围，激励设计师的创作积极性与热情，鼓励设计师大胆创新，在和谐统一的大基调下，允许不同风格的城市公共景观的存在，并注意防止政府武断决定，凭个人审美意愿来决定方案，或在实施过程中擅自指点修改。

设计师在设计的过程中，要大胆提出基于场地、基于时代的新的设计理念与论证。当代城市千城一面，新建的城市公共景观似曾相识，这是当前中国城市建设的一个突出问题。要改变这种现状就必须引入新的设计理念，但这时往往容易与国家法定规范相矛盾。随着城市公共景观学科、城市设计学科等的不断发展与扩充，原来制定的国家设计规范在实施过程中难免具有一定的局限性，难以适应现代城市的发展，甚至阻碍城市合理布局。适应时代的设计理念与方法能够更好地解决现代城市出现的诸多问题。因此，在一些具体问题上，一方面，政府应进行有效协调，建立科学的决策机制，使专家论证与政府决策有机结合；另一方面，政府部门应着手研究规范的修编问题。

（5）开发商与使用者的互动

作为以营利为目的的利益主体，开发商对开发项目在规划层面的经济可行性和投资收益有着明确的要求，很少关心城市整体的良性发展，或是城市公共景观使用者的真正需求，对于城市公共景观的建设呈现鼓励但不合作的态度。但是，作为一件城市公共物品，一个响应公众需求、符合公众审美、契合时代精神的城市公共景观项目具有积极的正外部效应，对于其周边甚至城市整体来说都具有经济增值作用。开发商需要正确认识自己在现代城市发展中的角色问题，以民主的、开放的、迎合市场的观念和视角与公众交流，了解使用者的行为偏好和需求，发挥自身的作用，积极履行在城市建设中所担负的责任。也只有当开发商对其社会价值有了充分认识后，其经济利益才能够得到切实保障。同时，开发商在公共景观设计和开发管理中的成功理念可以有效地引导市民走向更高层次的城市公共景观体验。

（6）使用者与政府的互动

城市公共资源的使用者（即公众）作为城市的主人，只有积极地参与到城市公共景观营造的过程中，才能营造出公众心目中真正的城市公共景观。目前，中国公众参与城市公共景观研究建设大致具有三种形式：一是召开公开会议；二是召开专业性代表会，讨论技术问题；三是公众参与。

然而，由于公众的参与意识淡薄和参与机制的不健全，使得效果欠佳。应在强调公众意见的同时正确运用公众意见，城市公共景观设计不能仅依据简单多数来判断。景观艺术有其自身的发展规律，不能要求其得到所有人的赞同。如同转变人的观念需要一定时间，对某些新兴的城市公共景观元素，比如最近十分流行的声光电艺术，公众的接受可能会需要一个过程。现代化的都市需要一些实验性和前卫性较强的公共景观艺术，这些都需要政府的支持。政府要从引导市民观念转变，启发创造力，创造民主、创新的社会氛围这个角度来重视这个问题。

## 2.4　现代城市公共景观发展的"多元互动"趋势

过去的景观发展与功能模式较单一，市民对城市公共景观的需求也较模糊，现代城市公共景观在多学科交叉、功能复合和市民需求等的背景下呈现出新的多元互动的发展趋势。

## 2.4.1 公共景观设计的多学科理论融合

城市公共景观营造具有科际整合的特征，涉及风景园林学、城市规划学和生态学等学科，集人文、艺术和技术于一体，在改善城市环境、调节生态系统、保护历史遗产和地方文化等方面起着重要的作用。近十年，景观学有了长足的发展，大量的实践深化了人们关于景观学的认知，景观设计已不再是建筑加绿化的初级阶段。

多学科理论的相互融合使得城市公共景观设计师不囿于门类知识的限制，具有将不同专业知识整合起来解决实际问题的能力。同时，多学科的交融也让城市公共景观营造被越来越多地认为是创造空间的过程和解决城市问题的手段，而非简单地放大公园。20世纪50年代，佐佐木提出了景观设计学领域的实践范围包括从环境规划到城市设计的各类型项目，还在项目初期和规划师一起讨论项目土地利用模式与项目运营架构等问题。随后，麦克哈格从生态学的视角进一步推动了在城市公共景观营造过程中，景观设计和传统城市规划与设计等的融合。在多学科的融合与各领域的协作背景下，不同领域的界限越来越模糊，给常规景观设计提供了新的方向与探索的可能性。

## 2.4.2 走向系统化的城市公共景观体系

城市公共景观不仅是城市自然与人工环境的外显，更涵盖了城市物质形体中承载的文化活动与生活方式，既包括了城市中的各种建筑实体，同时也包括了由这些实体所构成的外部空间，与城市文化、经济、生态等系统互相影响、互相依存、彼此渗透、有机结合、共同发展。在这样一个纷繁复杂的构成与关系下，依旧运用建立在经验基础之上的传统方式来解决现代的城市公共景观问题已变得步履维艰。因此，只有全面、系统地将各公共景观元素整合在新的思路、理论和方法体系之中，才能取得较好的综合效应，解决成因复杂的城市公共景观问题。

系统学科认为系统中孤立的元素是不存在的，它们之间存在着相关和协同性作用，彼此间互为交织、相互作用。运用系统的观点，城市公共景观内部诸要素之间相互制约、相互作用，这使得城市景观空间系统中的各要素都无法单独表达综合的意义，只有营建系统各要素之间进行有机配合，才能建立有机、和谐的整体关系，打破过去城市公共空间景观单一、散乱的局面，创造系统连续、多层次、多样化的城市公共景观[135-137]。通过运用系统论思想，从构成要素、内在层次和结构等方面对复杂的城市公共景观体系做系统的梳理，能够让人们对城市公共景观形成较为整体性的了解，对城市公共景观系统理论的发展起到推动作用。

## 2.4.3　构建社会生态平衡的公共景观

城市是人类改造程度最深、人工化程度最高的地方。城市中为了兴建各种现代化的设施，砍掉了树木，用各类硬质材料覆盖了泥土，城市景观由没有生机的石头和金属组成。环境随之迅速恶化，各种城市灾害不断上升，例如暴雨之后的城市内涝以及热岛效应等，都给人们敲响了生态的警钟。人们逐渐意识到即便是在现代化的城市之中，生态依然是与我们生活息息相关的问题。

城市中由于多种问题的存在以及多种利益的驱动，柯布西耶式的光明城市已不可能重现。要在高密度的城市建筑物中去构建自然，经过协调之后，最适合承担这样一个重任的唯有城市中的公共景观空间。一方面，城市公共景观空间在今天已经成为人们最常用的游憩场所，并逐渐成为人们日常生活中不可分割的部分。城市公共景观空间是满足城市人群闲暇中放松心情、接触自然、开展交往的重要物质载体，也是与人、自然、社会三方面都存在最直接、最频繁联系的场所。另一方面，城市公共景观空间的自身属性与其所具备的功能显示出它在承担城市生态责任中的优势，以及不可替代的地位。人的物质需求、精神需求和生态需求对城市公共景观空间提出了社会生态平衡的要求，而具有社会生态平衡的城市开放游憩空间在更好地满足城市游憩者需求的过程中，促使人的身体和精神获得了更高的提升。在这样一个动态的过程中，人、自然、社会同时获得良好的发展，而城市公共景观空间是这个过程的物质载体。

## 2.4.4　高度的民主性营造公共景观语境

空间所有权在人类社会行为中与生产力、资本和权力息息相关。中国民主社会的建立促进了市民公共意识的全面觉醒，催生了公共景观朝着使用的公共性、艺术的公共性以及管理的公共性三个方向发展。作为公共资源的一种，城市公共景观融入了公共的概念，对其使用就必然具备公共性，使公众平等地享有城市公共景观资源。在享受公共休闲生活的同时，激发公众对城市的热爱与思想的共鸣。如公园由收费变为免费，拆去公园的围墙，新建休闲广场、街心公园等一系列城市公共景观，让市民有更多的机会享受城市公共景观带来的福利。

在城市公共景观项目的实践中，政府和设计师用民主的视角思考，越来越关注公众关心的问题，并以艺术的形式展现这种思考的结果。内容上，作品需尊重和反映普通大众的文化情感和审美趣味；内涵上，与公众文化精神协调一致；形式上，以通俗易懂的方式，将艺术融入普通大众的日常生活，直接形成对公众的吸引和被选择的价值，成为市民谈论的焦点，在互动中进行对话，在公众记忆和话语中延续。

好的城市公共景观不仅能够创造出公众喜爱的休闲环境，还可以时刻提醒市民在城市公共景观建设中的权利和义务。受王权思想的影响，国人缺乏对于城市公共景观的责任感，甚至随意毁坏，因为城市公共景观姓"公"，自己无须为它承担任何责任。其实作为空间使用者的每一位市民对于城市公共景观空间有着极其重要的话语权，要积极参与到城市公共景观的规划设计、施工建造以及后期维护中来，成为城市公共景观名副其实的主人，切实维护自身的公共利益。

## 2.4.5 行为科学与人性化公共景观环境

人们逐渐认识到人是环境的主宰，同时也离不开环境的支持。现代城市公共景观设计的研究趋势正在从单纯的城市公共景观形式设计向城市公共景观与人和社会的本质关系的研究转变，强调创造人和环境相结合的场所，并使二者相得益彰。《马丘比丘宪章》和《华沙宣言》中相继提出了景观环境的创造不是单纯的物质空间的生产，而是基于人类活动提供的面对面相互交往的空间，人的相互作用和交往是环境存在的根本意义。相马一郎的《环境心理学》、拉特利奇的《大众行为与公园设计》、克莱尔·库伯·马库斯等的《人性场所：城市开放空间设计导则》、爱德华·霍尔的《隐匿的尺度》、高桥鹰志的《环境行为与空间设计》、扬·盖尔的《交往与空间》等专著针对环境中人的行为展开系统的调查研究，从行为与心理两方面进一步揭示了人与环境互动的机制。自20世纪80年代开始逐渐形成的场所心理学，重点研究城市各类场所对不同群体所从事活动的总体影响，包括场所的社会和物质特性与活动的关系、活动的一般特点，以及群体对场所的评价等。纳萨尔等研究了"对景观的恐惧和应激"问题。结果揭示，具有隐藏场所和暗处的景观，如黑暗、较高和浓密的灌木丛，最使女性被试者感到恐惧和应激。

实际项目中，众多设计师将人性化设计作为城市公共景观设计的基本立足点，在空间场所的营造中强调全面满足人的不同行为需求。人性化景观环境的建设有赖于设计师与使用者在调研、决策、设计、建造，以及使用后评价等过程中的相互积极交流。使用者将需求以及日常遇到的使用问题反映给设计师，帮助设计师真实地了解不同人群的日常活动方式、特点与区域，尽可能弥补设计师的主观臆断，营造出满足人的基本行为以及心理需求的整体环境，塑造具有参与性的多样化空间形态，并加强使用者对景观环境的归属感和认同感。积极倡导使用者参与景观环境的设计对营造人性化的景观具有十分重要的意义。

## 2.4.6　历史文化的景观时代传承

五千年的历史哺育和滋养了中国辉煌的历史文化。传统需要不断发展、延伸，城市形象表现语言需要不断扩展，我们生活在一个前所未有的经济高速发展的时代，此时此刻不能脱离我们历史的根和我们赖以生存的文化土壤。

城市公共景观不是孤立的，它要融合于自然环境、城市特点和人们的生活之中，形成一种有着自己独特文化氛围的城市风格的记忆。城市公共景观应该展示给公众一个精神文化视野，让公众感悟到城市的迷人魅力是弥漫于城市中的文化气息，是对历史文化内涵的挖掘和探索，又是对历史文脉的继承和发展，进而赋予城市公共景观全新的意义。

当今正面临着新的文化经济的发展契机，设计师们正在努力尝试以中华文化特色和地域风格为基准，立足传统文化的延续与地域个性文化的有机融合与发展，紧扣城市地方文化特色和时代文化精神特点，以新的城市公共景观形象营造新的城市历史文化，树立城市文化可持续发展的理念，创造当代新颖的文化和面向未来理想的文化。

## 2.4.7　公共景观管理的多方协调管控

中国正处于城市化快速发展期，大规模和无节制的开发造成城市结构及景观的混乱，城市公共景观管理概念的提出正是基于此。公共景观管理不是简单的物理维护，而是涉及社会、文化和经济等各方面的综合管理过程。政府通过城市规划、城市设计、管理措施等手段，对城市建成环境中城市形态的建立和发展及城市景观形成的公共价值领域进行公共干预。景观规划管理关注的焦点是城市建成环境的"形态和谐性"。

虽然中国对城市景观规划管理研究起步较晚，但是正在通过对中国与发达国家规划设计控制体制和方法的比较研究，吸纳其他学科的相关知识，从理论与技术集成创新、景观评价与控制标准、法规管理体系三方面探讨构建适应中国国情的城市景观规划管理控制体系，以使城市景观的形成在规划管理过程中得到有效的控制和引导，改变和缓解当前城市中普遍存在的文化丧失、特色危机、千城一面等景观症结，有利于城市公共景观特色的继承与发展。

# 2.5　本章小结

　　本章在对城市公共景观发展历程研究、景观内涵进行深度剖析的基础上，分析、总结、归纳了公共景观营造过程中的城市公共景观与城市，城市公共景观与周边，城市公共景观与人之间的各种相互依存、相互支撑、相互联系的多维互动关系，最后通过对现代城市公共景观发展的多元互动趋势的归纳，以期为第 4 章基于互动视角的城市公共景观营造框架建构提供研究的方向与切入点。

# 第 3 章

# 基于互动视角的城市公共景观
# 营造理论基础

城市公共景观营造涉及复杂多样的互动过程与效应，因而将互动的存在基础、互动的伦理价值、互动的运行机制、互动的发生动力、互动的形态建构、互动的实践手法以及互动的行为激发七个方面的相关理论作为基于互动视角的城市公共景观营造研究的理论基础。

## 3.1 系统理论 —— 互动的存在基础

### 3.1.1 系统论

系统一词来源于古希腊语，是由部分构成整体的意思。现代一般系统论的奠基人贝塔朗菲指出，系统不是各部分的简单组合或机械相加，而是各要素通过相互关联、协同合作、互为交织、相互作用，构成一个不可分割的有机的整体，并表现出各要素在孤立状态下所不具备的新质[138]。

系统论的观点反驳了那种认为要素性能好整体性能就一定好，以局部说明整体的机械论的观点，也促使人类的思维方式产生了巨大的变化。系统的分析方法通过对事物系统的结构和功能的分析，研究系统、要素、环境三者间的多种相互关系和变动的规律性，创造性地为现代繁杂的问题提供有效的思维方式，并逐步渗透到现代社会中的每个领域。

（1）系统的思想特征

系统有结构、功能、关系、模型的范畴，有庞大而复杂的目的、行为、功能、生长和适应等秩序、组织、结构的特征（图3-1）。系统论作为一种新的思维方法，与传统的思维方法相比有以下几个特点：

① 注重事物的整体性；

② 研究事物的内部结构及联系；

③ 强调系统的开放性与动态性。

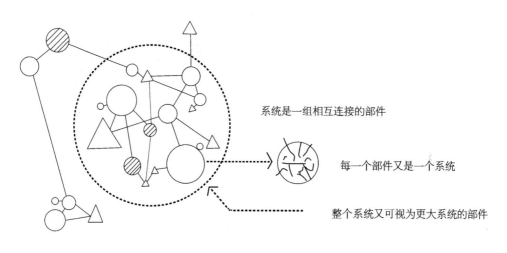

系统是一组相互连接的部件

每一个部件又是一个系统

整个系统又可视为更大系统的部件

图 3-1　系统图示

（2）系统论在城市公共景观设计领域的应用

城市公共景观系统作为一个巨大的动态开放系统，内部诸要素之间相互制约、相互作用，这就构成了城市公共景观系统的整体性和复杂性。城市公共景观系统的要素之间存在着一种内在的联系，系统各要素之间只有进行有机配合，才可以建立有机和谐的整体关系。

20 世纪 50 年代，"Team 10" 不再死守功能城市的绝对理性，指出如果不研究人居的各种要素的相互关系就无法产生生机勃勃的城市，并提出了"丛簇"模式。"丛簇"体现的是一种要素聚集的形态特征，其符合城市形态和空间成长的结构模式，体现了城市构成要素之间系统化并存的关系。史密森夫妇所做的金巷住区规划就很好地体现了系统的思想[139]。克里斯托弗·亚历山大提出城市生活的场景体现了城市要素（人、街道、建筑等）之间的相互关系，它们通过人的现实生活组成了一个系统。城市应当为这样一种真实生活提供可能，而这样的城市从结构上看应当具有"半网络"的结果特征，从而让各个组成元素相互关联、共同发挥作用、构成城市生活的单元[140]。

基于互动视角的城市公共景观营造研究要在充分认识城市公共景观系统的要素、结构和功能的基础上，对要素与要素、要素与系统、系统与环境三方面，即城市公共景观组成要素之间，城市公共景观组成要素与城市公共景观系统，城市公共景观系统与城市文化、经济、生态等系统的互相影响、互相依存、彼此渗透、有机结合、开放、共同发展关系做深入剖析。

### 3.1.2　协同与建序

协同学是研究开放系统内部，子系统之间通过非线性的相互作用而产生的，使系统从混沌走向有序的协同效应 [141]。在系统发展过程中，各要素之间不断发生着相互作用，协同学中将处于主导位置的因素称为"建序者"，它可以是一种物质形式，也可以是一种现象、一种意识形态等。一旦某一要素成为决定性因素时，就会形成"对称破缺"，迫使其他要素和状态从属于它，受它的作用，从而使系统表现为由它引起的特殊形态。

基于协同学的原理，亚历山大认为城市形态的形成是各构成要素之间通过协同作用，相互间正确的活动，精妙组织起来的，可以辨识类别的完整个体。同理，公共景观形态的发展也来自公共景观要素之间的相互作用，当某些公共景观要素因为外在的政治、经济、文化、技术等因素发生变化时，其他公共景观要素便会随之发生相应的改变，并导致城市公共景观呈现新的形态与特点。同时，通过将景观置于主导地位，发挥"建序者"的作用，能够有效地反作用于城市政治、经济、文化、技术等方面。

## 3.2　生态理性 —— 互动的伦理价值

理性是人类区别于动物而特有的、对客观世界的本质与必然联系的认识与把握，并将这种认识用来指导实践以及规范自身的能力。生态理性是一种从生态伦理学意义上选择行为模式的理性，其以人、自然、环境生态系统的整体利益为目的，通过行为实践达到人与自然的和谐、共生。生态理性具有如下内涵。

（1）生态理性是对经济理性自私性的克服

亚当·斯密在《国富论》中提出了经济理性的概念，并指出经济理性以追求利润最大化为目的，带来了繁荣的市场经济与工业文明。然而，以牺牲环境为代价的发展模式导致了严重的生态失衡。生态理性摒弃了以人为中心的立场，超越了经济理性的自私与偏狭，将经济系统视为生态母系统下的子系统，强调了人与人、人与自然的完整性与和谐性，构建了人与自然可持续发展的生活和行为模式。

（2）生态理性是对科技理性狂妄性的制约

近代科技的高度发展与机械制造的迅速崛起，不仅解放了人类劳动、改善了人类生活，还赋予了人们不断探索、开发、主宰、征服、统治自然的外在能力。科技理性的过分张扬让人们在自然面前为所欲为，造成了自然资源的耗竭，在人与自然之间构筑了一道无形的鸿沟，割裂了人类与自然和谐共处的相互关系。生态理性倡导的空间和资源的有限性能有效约束科技理性在自然面前的无限掠夺与征服，恢复人们对自然的尊重。

（3）生态理性是对道德理性的种际扩展

道德理性是指通过道德主体分析道德情境，确立自己行为准则的理性能力，其成果最终积淀为道德规范和原则，是维持人类生活以及社会秩序的保障。道德理性的生态扩展强调了人与万物平等共存以及一切生命物与非生命物的不可侵犯性，有利于实现人们对自然的爱惜和维护，建立人与自然的和谐关系。

（4）生态理性是公平正义的代际延伸

公平正义是社会群体普遍关注的焦点之一。在生态危机、自然资源几近枯竭的大背景下，代际公平被提上了可持续发展的议程。其作为一种新哲学理念的生态理性从仅关心人与人之间的关系上升到关心物种之间的共生，从关注代内发展权力和机会的公平向代际公平的维度延伸。

生态理性等生态理论正是解决当前城市公共景观营造中人与自然决裂的关键。基于互动视角的城市公共景观营造也正是为了建立和恢复人与自然、社会与自然相互作用的，人类在自然中同时自然也在人类中的社会生活方式。

# 3.3 管理理论 —— 互动的运行机制

2005 年，爱德兰博提出了互动治理理论，其本质是通过利益相关方的参与、沟通、互动来提高政策的质量与效益，即由行动主体采取措施来应对治理困境并寻找新的策略以实现更优治理目标。互动治理主要有自上而下治理、自我治理以及合作式治理三种形式[142]。

（1）政府视角 —— 自上而下治理

自上而下治理是一种基于政府视角的治理形式，具备完善的法律法规和构筑互动治理的组织文化。一方面，健全的法律体系是互动治理的前提，让政府职能部门的执行权得到落实，为政府与行业组织的合作奠定法制基础；另一方面，为促进政府职能部门与企业间的协调合作，需要通过构筑组织共识性价值文化来实现功能整合、知识整合以及信息互动渠道的整合。

（2）行业协会视角 —— 自我治理

行业协会由直接从事生产的会员单位组成。行业协会在信息获取、监管动力、监管范围等诸多方面具有不可替代的功能优势，可有效弥补政府行政监管的不足。在自我治理过程中行业协会需要转变自律观念，加强自我管理，勇于承担社会责任，提高行业协会的代表性。

（3）社会与政府互动 —— 合作式治理

继承于传统公共行政模式下的治理架构对工具理性具有较强的诉求，然而，对公共领域价值理性的回归是合作式治理的关键，合作式治理旨在构建国家、非政府组织、公民间相互独立又相互合作的互动治理结构，具体内容包括非政府组织与个人对公共政策制定的参与和个人与非政府组织的监督两部分。

# 3.4　活力理论 —— 互动的发生动力

## 3.4.1　城市触媒

（1）城市触媒的内涵

触媒是化学催化剂的一种[143]。20世纪末，美国城市设计师韦恩·奥图和唐·洛干在《美国都市建筑：城市设计的触媒》[144]一书中提出了"城市触媒"的概念，并将其应用于城市领域的研究。作为一种激发和引导城市建设过程的"催化剂"，城市触媒是一种产生与激发新秩序的中介，其通过促使城市结构持续、渐进的发展，从而创造富有生命力的城市环境。在实践中，城市触媒具有丰富多样的外在形式，它可以是城市的构筑物，如建筑、广场、商业街，也可以是城市的自然元素，如湖泊、河流等，还可以是城市的公共空间、政策制度、设计引导等。

（2）城市触媒的激发

基于城市不同功能之间存在相互作用的内在机制，城市触媒的引入即城市兴奋点的植入，能够激发与引导城市的后续开发，促进城市功能的自我调整（图3-2和图3-3）。激发作用是通过对城市的局部改造诱发邻近地区的连锁发展。城市触媒不仅影响城市的功能，带动整

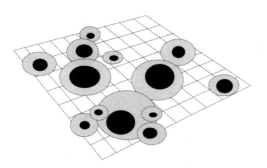

图 3-2 城市触媒理论示意

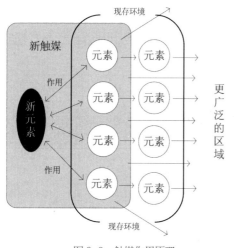

图 3-3 触媒作用原理

个地区经济的振兴，还影响城市的形态与风貌的改善以及城市活力的激发与复兴[145]。

（3）城市公共景观的城市触媒效应

城市公共景观不仅是城市自然与人工环境的外显，更涵盖了城市物质形体中承载的生活方式与特定的文化活动，既包括了城市中的各种建筑实体，同时也包括了由这些实体所构成的外部空间。城市公共景观作为连接自然、社会和人类的纽带，既保持了自然环境的各种特点，也承袭了城市的众多属性，其存在空间的多样性和多界面性使其具有丰富的特征，促使城市发生变化，即通过城市公共景观元素的介入引发某种链式反应，对周边城市元素起到积极的推动和指导作用。要抓住公共景观要素与城市之间相互作用的关系，并使其相互激发产生活力。起催化作用的公共景观要素超越了自身所能产生的视觉、经济、社会等方面的作用。它自身的价值只是其中的一部分，重要的是它可以引起一系列的连锁反应，以催化其他方面的反应。

## 3.4.2 增长极理论

1955 年，法国经济学家弗郎索瓦·佩鲁借用物理学磁极的概念，提出了"增长极理论"。佩鲁认为增长极是"在某一给定环境中，与周围环境相结合的一种推进型单元"，它能迅速增长并能通过乘数效应拉动所在地区经济的整体增长[146]。此后，弗里德曼[147]、缪尔达尔和布代维尔等经济学家对增长极的概念、理论和应用领域等方面进行了深入探索，并取得了丰厚的成果[148]。

"增长极"是一种具有推动性的经济单位，或是具有空间集聚特点的推动性单位的集合体[149]。增长极理论认为经济增长和空间发展是从一个或数个区位条件优越的点发展成为增长极，并逐渐向其他部门或地区传导，从而带动整个区域的发展。在此理论的影响下，当今城市的经济增长或空间发展被理解为一个由点到面、由局部到整体依次递进、有机联系的系统[150]。

大型城市公共景观可以作为城市某一区域的增长极而存在，它对城市发展的助推作用体现在地理空间和经济空间上。因而，增长极理论既可以作为从整体层面分析城市公共景观对周边环境影响效应的理论工具，又可以作为其开发的理论指导。

# 3.5 空间理论 —— 互动的形态建构

## 3.5.1 关联耦合分析理论

耦合是指两个及两个以上的系统或运动方式通过各种相互作用而彼此影响以至联合起来的现象，是在各子系统间的良性互动下相互依赖、相互协调、相互促进的动态关联关系。美国城市设计师尼科斯·A.萨林格罗斯借用耦合概念来描述城市空间环境中各个空间相互作用的关系，分别从人的视觉感受、功能体验、空间几何形体三个方面对城市空间的组合进行分析研究，并以人的尺度作为城市空间界面设计的基本原则，对各个城市界面进行耦合设计，以此达到满足空间使用者生理上和心理上的基本需要[151]。

耦合设计的基本核心原则是以人性化的需求为焦点，注重小尺度秩序的建立，让人在视觉体验上取得一个良好的平衡状态。营造富有活力、高品质的城市公共景观需要充分考虑到人的心理基本需求，此外，城市公共景观的设计还涵盖了建筑、规划、城市环境等多学科的相互协作和配合。耦合设计的方法及理论对于营造良好的城市公共景观具有十分重要的意义，对塑造人性化尺度的城市景观环境亦有重要的启发和帮助。

## 3.5.2 空间相互作用理论模型

地理现象和空间的一切事物都是相互联系、相互制约的，在它们之间不断地进行着物质、能量、人员和信息的交换、联系和互动的过程，这一过程就被称为空间相互作用[152]。

美国地理学家厄尔曼于 1957 年提出了空间相互作用理论,他指出"互补性""中介机会"和"可运输性"为空间相互作用得以产生的三个必要条件。互补性是指两地之间存在供求的关系,这样才能实现两地间的相互作用过程;中介机会是指在两地之间进行相互作用的过程中,如果在两者间出现了另外一个能够提供相同物质或消费的地点,那么将会产生中介机会,从而改变原有空间相互作用的格局;可运输性即商品、人口、劳动力、物资等要素能在两地之间进行双向、频繁的传输与流通。

根据空间相互作用的原理,很多学者提出了城市空间相互作用的理论模型,如引力模型、潜力模型、赖利模型、康弗斯断裂点模型等,用来确定空间相互作用的性质、强度以及边界[153]。

# 3.6 设计策略 —— 互动的实践手法

## 3.6.1 整合

"整合"概念最早出现于社会学领域的研究中,指具有相关功能的各部分通过相互作用,产生大于部分功能之和的功能效果,整合是基于系统观念基础上的"关系"的集合。整合的目的是要使城市形态具有经济效率、多元性、人文生态价值等,即通过整合促进经济发展,建立多元秩序,弘扬人文精神以及维护城市生态稳定平衡。

工业革命后,以《雅典宪章》为代表的现代主义城市功能理论促使了城市各系统的独立,形成了各自为政的权利范围,使得城市环境形态成为无序、混乱的拼凑。针对城市面临的以上问题,1978 年的《马丘比丘宪章》强调了城市组织结构的连续性,认为不应将城市当作一系列的组成部分拼在一起来考虑,而必须努力去创造一个综合的、多功能的环境,是整合思想的萌芽。在《北京宪章》中同样也体现了对于整合的高度重视,宪章中指出应当通过建立建筑学、景观学、城市规划学三位一体的知识架构,用以整合城市中的建筑、交通、自然要素、城市空间和社会等各种构成要素。在整合的策略上,有作为中介的整合和作为催化的整合两种。作为中介的整合指通过植入中介元素有效地在多元素之间产生关联,使风格形式各异,功能不同的城市元素相互作用,从而相互契合,形成完整的有机整体。作为催化的整合类似于触媒的作用,其通过新元素的引入或是旧元素的改善,对其他功能产生较大的影响,产生整体作用。

## 3.6.2　织补

在城市的建设中，由于各种利益、价值、功能和审美的并置，剧烈的更新模式，无序的城市扩张以及对历史、社会、人性关怀的缺失，导致了城市环境高度片断化、拼贴化的出现。面对此现象，一些西方学者开始探索整合城市的理论与途径。20 世纪 70 年代，柯林·罗出版了《拼贴城市》一书，他认为当代城市已不可能像古代城市那样具有同质的完整性，提出了用文脉主义方法织补城市片段的设想。1991 年，美国设计师彼得·罗提出了以"中间景观"织补城市消极空间的策略。在这些思想的指导下，柏林、巴黎等城市为了重塑城市完整肌理，相继展开了城市织补的建设。同时，很多西方城市通过各种类型与规模的城市建设项目，努力探寻如何在功能上以及形态上对肢解的城市肌理进行织补，使织补的理念得到进一步发展。2001 年，法国巴黎更是将"织补城市"作为申办奥运会的口号，宣传城市环境与功能的适宜性。

城市就像一件织物，有着自身的组织规律和肌理，织补理论是一种细微而又复杂的处理手法，试图通过多元的手法对城市已有历史遗迹、社会网络以及社会群体进行保护，同时协调城市发展过程中新与旧的关系，缝合城市片段化、拼贴化的现状。城市公共景观中的绿地具有重要的织补效用，通过加强分散的绿地和开放空间之间的联系，能够有效织补割裂、破碎的城市形态与肌理，修复城市的破象 [154，155]。

## 3.6.3　共生

共生原本是一个生物学的概念，被黑川纪章扩大到建筑与城市设计领域，意味着不同的个体形态在一定的城市场所下相互依存。共生不同于调和、妥协、混合或折中主义，而是认为不同文化、因素以及要求等的二元对立之间存在着相互作用的中间区域。共生将所有的城市元素都看作是相互间能产生意义和气氛的词汇或符号的延伸，通过元素间的相互联系，实现城市、建筑与人，城市、建筑与自然，城市、建筑与发展，传统与现代，文化与经济，人与自然的和谐共存 [156]。

黑川纪章将其对共生思想的理解概括成几个基本组成部分：

① 异质文化的共生；

② 人类与技术的调和；

③ 部分与整体的统一，内与外的交融；

④ 历史与现代的共存；

⑤ 自然与建筑的连续。

城市公共景观的和谐共生，不仅是构成元素之间的相互组合与叠加，还应通过有机的组织和联系来加强各个功能和活动之间的混合，使其在内部发生作用，相互促进和激发，最终实现生态环境质量良好、景观舒适宜人、城市建设与自然相适应的景象。

# 3.7  行为理论 —— 互动的行为激发

环境问题的不断突出使得很多学者开始对此进行研究，心理学家和社会学家的加入形成了环境行为学，该学科主要对人们的日常行为与环境设计两者之间存在的相互关系及相互作用进行了充分的分析研究，其中涉及许多学科，包括建筑学和心理学等。

## 3.7.1  环境行为学的相关理论

在 20 世纪 70 年代，环境行为学这一新兴的学科产生了，该学科侧重于从环境和人之间的依赖关系进行分析研究，追求环境和行为的辩证统一。著名的环境行为研究学者摩尔建立了环境行为研究的框架，包含场所、使用者以及社会行为的现象，并在此基础上导入了时间概念（图 3-4）。通过研究发现，在环境行为的研究中，空间状况、使用者、社会行为现象，以及研究、政策制定、设计、结果评价等在时间过程上是反复循环和不断发展的（图 3-5）[157]。

环境行为学的理论基础主要包含了三个方面的观点，第一是"环境决定论"，第二是"相互作用理论"，第三是"互相渗透理论"。环境决定论主要的核心观点是人们通常的行为主要是由环境所决定的，反应的具体形式主要由外在的因素所决定，并且它对人们的行为提出了相应的要求，促使人们在行动中按照特定的方式来进行。这个思想观点存在的不足是认为人存在于这个社会上是一种被动的状态，将人们自身的欲望和选择忽视了，没有考虑到人存在的主观能动性。斯图库勒和舒马克提出的相互作用理论将人和环境看成是不断啮合在一起的、不可分离的实体[158]。在他们的观点中，环境与人的概念被赋予了客观的定义，外在的条件和内在的因素共同决定了行为的结果。人们不仅可以对环境进行消极的适应，更具有改造环境的能力和水平，能够主动改造环境中存在的事物，以此来满足自身发展的需要。相

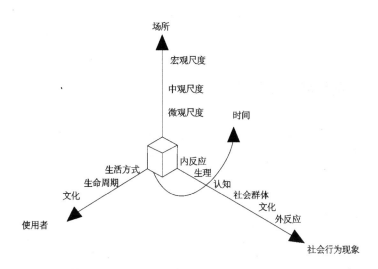

图 3-4　环境行为学的主要分析尺度

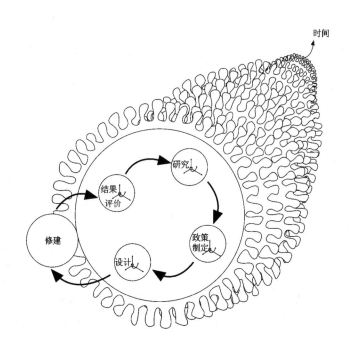

图 3-5　环境行为学总体框架

互渗透理论认为，人们的行为对环境所产生的影响是多方面的，不仅是对环境的一种修正，还能在一定程度上彻底改变环境原本的性质和功能。

## 3.7.2 环境心理学的相关理论

1970 年，普柔森斯基首次提出了环境心理学的概念，他认为环境心理学的主要研究目标和内容是探寻如何科学地构建人和环境之间相互作用的关系[159]。从此以后，环境心理学成为一门独立的学科领域。该学说和传统上的心理学存在很大矛盾和冲突，它对过去心理学中简单的刺激反应因果论进行批判，主张站在整体的角度来对人和环境的关系进行思考和研究，认为是人对环境进行了创造，在此基础上赋予了环境新的含义。同时环境又在无形之中对人的继续探索行为进行鼓励，提高人们的生活经验，并对过去的心理学中存在的错误观点予以纠正。其主张人们应该对环境进行主动地改造而不是被动地去适应，应该主动对环境进行塑造，而不是被动地接受环境带来的影响。

环境心理学是以传统的心理学为基础，以不同的社会文化为背景，把实质上的物理环境与人们的普遍行为和内心的经验融为一体，并对它们之间存在的相互关系进行研究和探索[160]。从发展的角度来看，环境心理学经历了不同的发展历程。第一是互动的理论。据研究发现，人们日常的心理活动现象和物理环境两者之间是分开的，彼此处于独立的状态。其研究的步骤主要是把原本系统复杂的整体现象分割成若干个小的元素分别进行研究，探索它们的特点，找出它们之间存在的关系，以此来对整个现象进行描述。第二是有机论。该理论认为人们的生活和环境之间存在较为复杂的相互作用，其中主要进行研究的是整体系统，即强调元素间的关系与相互作用赋予"大于元素总和"的整体性质。第三是交互论。该理论和有机论有共同的特点，它们都在一定程度上体现了整体主义的特征，对整体予以充分的重视。一个人的活动只有放在情境、时间以及他人的活动等情境里来理解才有意义[161]。

然而，与传统心理学中主要通过精密的测量工作进行实验，来对人们行为的一般性规则进行构建的研究方法不同，环境心理学认为应当在日常的环境中进行相关的研究。在环境心理学中非常看中社会和历史的因素，对人与人之间存在的差异进行充分的关注。最突出的地方是在对文化进行研究与理解的基础上分析人们的日常行为，指出文化对人的行为关系产生的作用。

### 3.7.3　行为理论的设计探索

1986 年，日本学者相马一郎在其书中指出：人们在不断的探索中与环境进一步接近，借助环境来对行为的意义进行了解，充分对这一信息进行利用来决定自身的行为方式。人们通过自身的顺应或适应行为来协调与环境的关系，实现一种理想的模式[162]。亚历山大在其著作《城市不是一棵树》中从心理学和行为学的角度出发对城市进行了研究，提出城市环境的复杂性是对人的行为的一种体现，反映人们精神层面的东西，也体现着一种复杂的价值和内涵[163]。

凯文·林奇在 1960 年出版的《城市意象》中指出，意象是人们根据过去的经验和感受对自身所处理的环境的一种心理反应。该理论开辟了从心理学角度与环境体验角度来探索城市形态的新思路，并总结了城市意象的五要素。这五个要素定义虽分散但并不是孤立存在，而是相互穿插结合，共同构成城市整体的空间环境[164]。

美国的阿尔伯特·J.拉特利奇在《大众行为与公园设计》中进行环境设计时以人们的习惯为主要研究依据，在此基础上提出了一系列的观察和调查方法，以及"以人为本"的理念与原则[165]。美国著名的学者克莱尔·库珀·马库斯等对各种公共空间的设计进行了细致的分析与研究[166]。爱德华·霍尔的《隐匿的尺度》、高桥鹰志的《环境行为与空间设计》通过研究总结出了环境中隐含的人体尺度关系。

在《交往与空间》这本书之中，学者扬·盖尔等对当时一度盛行的功能主义规划原则进行了分析，指出了其中存在的不足。他认为对进行户外运动的人群应当给予重点关注，要对和人们生活密切相关的微妙质量予以理解，在此基础上通过广泛分析研究，给出了创造良好户外空间的措施，并在《新城市空间》[167]《公共空间·公共生活》[168]等著作中采用了图表、问卷等调查方法，以特定的城市作为例子进行分析和研究，并提出了研究城市生活、空间质量与城市生活特色之间相互关联和激发的方法。

## 3.8　本章小结

本章分别从互动的存在基础、互动的伦理价值、互动的运行机制、互动的发生动力、互动的形态建构、互动的实践手法以及互动的行为激发七个方面，涉及城市公共景观营造的宏观与微观、城市与建筑、公共景观等多个角度，对基于互动视角的城市公共景观营造具有借鉴和启发作用。系统论、生态理性、互动治理等理论从宏观、整体的角度指导了城市公共景观与城市社会、生态、文化、经济间相互关系的建立，但它们往往是宏观性、政策性的，缺乏具体的实现手法。关联耦合分析理论、共生理论、城市触媒理论等从中观层面上对城市公共景观与周边的互动营造起到引导性、激发性的作用。大量的环境心理学和大众行为理论研究从微观层面上对人与城市公共景观的互动提供了重要的研究支撑。

# 第 4 章

# 基于互动视角的城市公共景观营造框架建构

城市公共景观不仅是城市自然与人工环境的外显，还包括了由这些实体所构成的外部空间，更涵盖了城市景观空间中承载的生活方式与特定的文化活动。

本章以第 2 章和第 3 章中对城市公共景观与互动的概念和关系的深度解析以及相关理论研究为主要依据，在目标与原则的指导下，构建一个由基于互动视角的城市公共景观营造的内部运行机制（软件）、基于互动视角的城市公共景观营造的外部实践路径（硬件）以及城市公共景观互动性评价指标体系（反馈）三个方面组成的，基于互动视角的城市公共景观营造的系统化研究框架，并通过具体互动营造策略的提出，为互动的营造开辟路径，以期在城市公共景观营造中实现运行机制公平高效、城市公共景观与城市宏观环境协调呼应、城市公共景观与周边中观布局多义整合以及城市公共景观与人亲切互动的理想公共景观。

## 4.1 营造的实质与目标

城市公共景观的营造是人们对美好生活的追求，其实质在于以城市的多维度发展为根本着眼点，通过在公共景观营造过程中各部门有机配合、相互联系，各景观要素相互协调、相互作用，建成后调查、反馈、修正，持续和逐步建设良好的城市人居环境，包括城市社会环境、经济环境、安全环境以及人的生活环境等。实现城市公共景观营造的有效管理，促进城市的可持续健康发展，系统整合多元公共景观秩序以及为人们提供诗意栖居环境的建设目标。

### 4.1.1　城市公共景观营造运行机制公平高效

城市公共景观的营造是一个系统化的过程，不是单一部门的终极产品建设，而是多部门连续的工作过程，是一项综合具体的社会实践。众多的参与主体以及不同参与主体之间的联系与冲突演绎着城市公共景观建设复杂的社会行为及关系，并覆盖到整个动态的实施过程中，因此城市公共景观管理是个棘手的问题。由于中国的城市公共景观营造起步较晚，而规划管理更是一个薄弱环节，就需要更加行之有效的景观建设管理模式。基于互动视角的城市公共景观营造通过政府各部门的分工协作与沟通方式的改变，实现开发商与政府之间的良好协作，设计者与政府、开发商的紧密交流，以及市民对城市公共景观营造过程的高度参与。只有将具有不同工作程序的不同主体相互交织起来，综合协调参与主体之间的相互作用，才能实现城市公共景观营造的有效管理，实现城市公共景观合理、有序的建设，减少不必要的破坏和人力、物力的浪费。在这个过程中，政府部门、设计者、开发商、公众等作为城市公共景观营造的主要参与者相辅相成、相互影响、相互制约、缺一不可。

### 4.1.2　城市公共景观与宏观环境协调呼应

城市公共景观作为城市母系统中的一个构成要素，与城市其他要素之间相互影响与作用。基于互动视角的城市公共景观营造是对城市宏观自然、文化、安全和经济环境的协同呼应，将有利于实现自然环境与城市人工环境的融合、城市历史文化的继承发扬、城市生态安全的有效保障、城市开发的合理发展。首先，自然是人类生存的基础，基于互动视角的城市公共景观营造通过保护城市自然资源、优化生态承载力、建构衔接自然山水的公共绿地体系、建立亲近宜人的休闲景观空间框架，以促进城市与自然的和谐和可持续发展。其次，城市景观是城市历史的写照，应充分发挥城市公共景观的社会功能来塑造城市社会新形象。基于互动视角的城市公共景观营造通过对城市历史、城市形成与发展等有机肌理的研究来把握城市的"根"，设计建造适合时代要求的，符合当代城市社会特点的城市公共景观，能有效协调城市社会历史特色与时代发展。再次，城市安全包括政治安全、经济安全及生态安全。生态安全是政治、经济安全的基础和保障前提，自然灾害会使人民群众的生命、财产遭受巨大损失，经济发展严重受损，以至社会动荡和地区冲突。基于互动视角的城市公共景观营造以环境和资源的保护为前提，以改善城市生态环境、构建城市生态安全体系为根本责任，在时空形态上构筑网络化、系统化的景观生态安全格局。最后，国土部门和规划、园林、产业部门共同协商的城市公共景观建设格局，在资源、环境优先的情况下，通过引导、调整和活跃以其为核心的地块开发活动，合理整合城市空间，实现城市空间格局的良性发展，协助城市调整经济、产业布局，优化城市经济结构。城市景观的建设能成为政府对于促进城市发展的一种新的公共干预手段。

## 4.1.3　城市公共景观与周边多义整合

城市公共景观与周边空间相互联系、相互作用，形成一个多层次的、复杂的城市系统。基于互动视角的城市公共景观营造要通过多元互动的策略强化现有互动、修复受损关联和缝合丢失联系，与周边建立空间、功能、交通等的有机联系，实现景观空间的有效联系与混合，使空间形象强化、空间结构合理、功能配置完善，塑造生动、亲切、有活力的一个完整而连续的城市公共景观形象，较大程度地提高城市公共景观的品质。

## 4.1.4　城市公共景观与人亲切互动

城市公共景观是社会习俗、风土人情、街市面貌、民族气氛等非物质文化的承载之处，是市民休闲生活的"客厅"。城市公共景观的功能构成、文化特色以及其体现的城市形象特征等是增强群众幸福感、提升和谐指数的重要内容。基于互动视角的城市公共景观营造通过体验亲切舒适、功能丰富多彩、气氛活跃轻松、体现时代特点又具有城市底蕴的城市公共景观，建造富有诗意的市民栖居环境。一方面，这样的城市栖居使得人们在城市公共景观空间中通过社会生活中的相互交往散发出活力，自然地渗透到整个城市之中，对自己所在的城市产生强大的依恋感、向心力、文化认同感以及城市自豪感，进一步促进城市公共景观更高效和更频繁的积极使用。另一方面，这样的城市公共景观可以使外地人对一个城市产生向往和亲近感，愿意在这个城市停留和居住，提升城市活力。

# 4.2 营造框架构建的原则

城市公共景观是一个复杂的动态系统，其要素众多相互交织。因此，为了建构一个更具科学性与逻辑性且完整、系统的基于互动视角的城市公共景观营造体系，应遵循如下原则：整体性与系统性原则、层次性与秩序性原则、关联性与独立性原则。在城市公共景观的营造中需要从总体层面到局部细节，从内部运行机制到外部实践路径，多层次、多维度、多尺度地充分考虑公共景观营造过程中的互动关系，通过寻找丢失联系、修复受损关联、强化现有关联和激发潜在互动等一系列过程，实现基于互动视角的城市公共景观营造的目标。

## 4.2.1 整体性与系统性原则

基于互动视角的城市公共景观营造体系的建构中，整体性与系统性原则十分重要，也是互动建立的前提。一方面，城市公共景观作为城市母系统中的重要组成部分，与城市其他部分相互影响和作用并形成一个整体；另一方面，城市公共景观系统是一个有机体，这要求我们在城市公共景观营造的研究中，不能仅在单个景观地块的红线范围内闭门造车，而要分析公共景观之间的相互关系，以及公共景观与人的关系，在互动中实现城市公共景观系统的整合。

### 4.2.1.1 城市公共景观与城市母系统的整体性与系统性

（1）与城市物质环境的统一

不同城市具有不同的地理特点，城市的地形、山水布局、森林资源、历史文化古迹、道路交通等影响着城市空间结构与形态的形成，城市公共景观系统的建设应遵循城市原生的空间组织方式与特点，与城市物质空间结构和肌理相统一，并实现有机融合。

（2）与城市人文环境的统一

城市的历史传统、人文价值取向、经济增长方式反映并潜移默化地影响着人们的休闲行为模式与社会状态。因此，作为城市公共生活载体的城市公共景观建设不仅是景观空间、位置与形态的设计，还要重视与城市人文环境的呼应与传承，营造具有地方特色的公共景观，改变现代公共景观片段化、布景化、同质化的窘境。

4.2.1.2　城市公共景观自身空间的整体性与系统性

（1）公共景观网络的整体性

不同形态、功能、类型和尺度的公共景观具有各自的空间特征，承担不同侧重的特色活动，在城市生活中相互作用与影响。因此，不能把各种公共景观割裂成片段，而要将它们作为整体来研究，寻求并建立各片段、局部之间的有机联系。一个完整而连续的城市公共景观网络体系能较大程度地提高城市公共景观的品质。

（2）公共景观空间的连续性

城市公共景观营造的整体性与系统性原则要求城市公共景观空间是连续的，这种连续在公共景观空间中又分为物质形态的连续与时间感知的连续。空间的连续保证了人们对场所的多空间游览，时间的连续保证了人们对场所的多时段利用。

（3）城市公共生活的整体性

人在城市公共景观空间中的活动是一个连续的序列，对于城市空间的感知也是一个连续的过程，因此，活动的整体性要求城市公共景观空间具有整体性和秩序性，两者互相促进。

## 4.2.2　层次性与秩序性原则

城市公共景观作为一个复杂的动态巨系统，具有天然的层次结构，如宏观的城市级景观风貌、中观的地区级公共景观结构和肌理、微观的场所级城市公共景观形态，每一层次都有若干景观要素，又都是更高层的组成部分，层级之间相互关联，层次结构则表现出纵向的互动秩序特征。同时，公共景观系统与其他系统具有交叠的部分，即某些景观要素可能同时是其他系统的组成要素，承担着更多样的功能，如街心交通环岛景观，既是道路交通系统的一部分，又是城市公共景观的重要组成元素。因此，层次的结构也具有横向的互动秩序特点。在如此复杂的关系中，为了构建清晰有序的基于互动视角的城市公共景观营造框架体系，在结构上必须遵循层次性与秩序性原则，做到分层有序、有条不紊。在纵向上形成城市级（宏观）-地区级（中观）-场所级（微观）三个由大到小的不同尺度的层级关系，并做到各级之间有机过渡；在横向上通过互动策略在各分离的局部建立有机联系与秩序，构建完整、连续、和谐发展的公共景观系统，以满足现代生活对城市公共景观的多样性、多层次和非线性的要求，也使城市巨系统能均衡发展。城市公共景观营造体系的层次性和秩序性能够有效改变城市景观混乱、城市公共景观组织无序与运作低效、城市生活割裂的状况。

### 4.2.3 关联性与独立性原则

城市公共景观营造框架的整体性与系统性原则以及层次性与秩序性原则要求每个层次之间都要具备关联性，并且自身层次要具备一定的独立性。要将纵向的各个层次系统整合，各个层次之间必然要具有关联。同时，由于各个层次内部具有不同的特征与互动关系，其研究与分析的方法与方式不能简单复制，或是一概而论，而应该根据具体情况有针对性、有侧重地独立分析，形成适合层次本身的互动结构与互动策略。

# 4.3 基于互动视角的城市公共景观营造框架

通常对于城市公共景观营造的研究出发点大多局限于对实体环境的研究，以景观空间三维关系的塑造为主。然而，在新的经济和社会发展形势下，城市公共景观营造所涵盖的内容

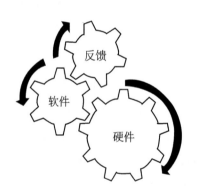

图 4-1 基于互动视角的城市公共景观
营造体系构成示意

已远远超越了单纯的空间形体，深入到各种影响因素之间的深层互动关系的研究中。与此同时，有效的评价反馈手段也是城市公共景观营造效果的有效保证，通过评价可以发现景观系统建设和运行过程中存在的问题，从而为公共景观的改善指明方向。因此，在已有研究的基础上，本书系统地提出了"运行机制（软件）-实践路径（硬件）-互动评价（反馈）"三位一体的、基于互动视角的城市公共景观营造体系（图4-1）。

基于互动视角的城市公共景观营造的内部运行机制作为城市公共景观营造的软件部分，是城市公共景观营造的内部支撑，即通过建构互动的协调机制和管理模式直接作用于城市公共景观形体空间的营造。基于互动视角的城市公共景观营造的外部实践路径是城市公共景观空间肌理、层次、结构以及功能实现的具体过程，是城市公共景观营造的实体和硬件部分。其通过互动的策略使城市公共景观系统中各要素之间强化现有互动、修复受损关联、缝合丢失联系，形成一个有机和谐、互相影响、互相依存、彼此渗透的城市公共景观系统。城市公

共景观营造的互动性评价是对公共景观营造
中关系复杂、相互作用的众多因素的评估与
反馈，为改善公共景观的互动性指明方向，
避免盲目的公共景观工程建设，使城市公共
景观项目得到更有效的利用（图 4-2）。

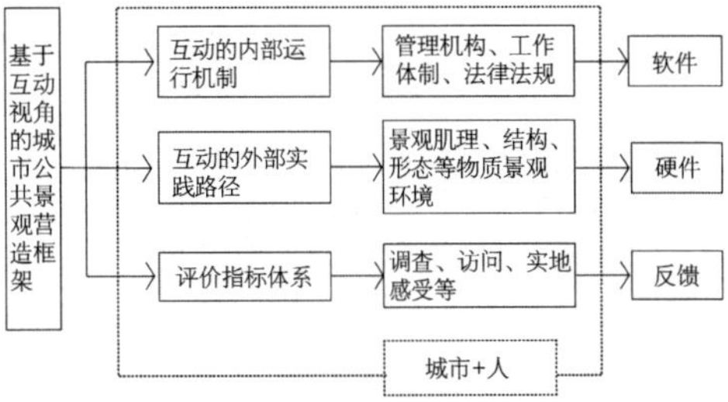

图 4-2　基于互动视角的城市公共景观营造框架

### 4.3.1　基于互动视角的城市公共景观营造的内部运行机制

基于互动视角的城市公共景观营造的内部运行机制是城市公共景观营造的内部支撑，其旨在建构新的、互动的协调机制和管理模式。

#### 4.3.1.1　运行机制解析

机制是指机器的构造和工作原理，对机制的研究意味着对事物的认识从对现象的描述演进到对本质的探索。城市公共景观营造是一个极为复杂的过程，要把握这个过程，研究就不能只停留在对表面形态特征和元素的分析上，而是要更进一步探索其内在的运行机制和模式。城市公共景观营造的内部运行机制是指城市公共景观在建设实践中的内在运作机理和过程。城市公共景观建设涉及众多社会、文化、生态、经济以及技术方面的知识和领域，其建设和发展是一种综合、具体的社会实践，城市公共景观建设的运作过程不是单一部门的一种终极产品的实现，而是多部门的、连续的作用过程。对城市公共景观内部运行机制的研究是对多学科知识的综合和多维复杂关系的梳理，对其健康、协调的发展具有举足轻重的作用。

#### 4.3.1.2　基于互动视角的城市公共景观营造的内部运行机制

作为城市公共景观营造的内部支撑，基于互动视角的城市公共景观营造的内部运行机制旨在通过综合的互动策略建构新的协调机制和管理模式。其包括两个部分：一是全过程的管控；二是营造过程的管理。其中营造过程的管理又是由前期构思策划、中期开发管理以及后期管理维护三个部分组成的（图 4-3）。整个内部运行机制包含了多个阶段，涉及众多参与主体，如政府、管理部门、规划师、景观设计师、开发商、公众等，不同的参与主体具有不同的参与动机、义务等，从而形成参与主体之间复杂的相互关系（图 4-4）。借鉴埃德兰波斯在 2005 年提出的互动治理理论，通过加强参与方的参与、沟通、互动来提高政策的质量与效益，即由行动主体采取措施来应对治理困境并寻找新的策略以实现更优治理目标，通过

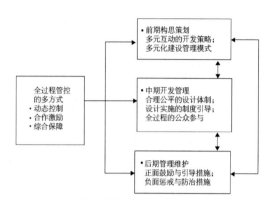

图 4-3　基于互动视角的城市公共景观营造内部
运行机制示意

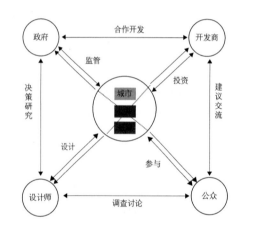

图 4-4　互动的城市公共景观运作模式：参与主体
之间的互动

对多方参与的强调，来区别于传统的、层级性的国家权威治理形式[169]。因此，在基于互动视角的城市公共景观营造的内部运行机制中运用互动治理理论的三种方法——自上而下治理、自我治理以及合作式治理，在全过程的管控上具体体现在动态控制、合作激励以及综合保障上，在营造管理的过程中具体体现在多元化的开发策略、多元化建设管理模式、合理公平的设计体制、设计实施的制度引导以及全过程的公众参与等一系列措施，以互动为核心理念，加强参与方的参与、沟通，在城市公共景观营造参与主体、部门之间建立起一种系统、动态、合作的高效互动关系网络，改善原有的旧体制和办事方式，提高政策的质量与效益，从而持续和逐步地营造良好的城市人居环境。

#### 4.3.1.3　基于互动视角的城市公共景观营造的内部运行机制的优点

（1）管理权的集成化组织、管理职能的多项分工

城市公共景观的建设特点就是对形态环境进行综合性处理，针对组成形态环境的建筑、环境、交通等多方面因素及其涉及的利益部门或团体众多。基于互动视角，就需要各个相关部门紧密沟通、密切合作，与此同时，就必须产生一个综合集权的新的管理组织，其处于统领地位，统一协调建筑、环境、交通等因素之间的关系。管理权的集中可以加强决策层的统领作用和协调能力，避免因平行设置的分权管理而产生的相互制约、横向协调能力较差的局面。

（2）社会效益、生态效益与经济效益相统一

人是城市社会的主体，互动视角强调在城市公共景观建设中依托城市自然地形地貌，结合城市风貌，在改善城市环境、为居民提供舒适健康的生产生活环境的过程中，构筑基于

"绿色空间"的社会空间网络，并与整个社会的和谐和可持续发展有机结合起来，具有较高的社会和生态效益。同时，互动性的视角还关注在城市公共景观的建设中充分发挥其经济效益。城市公共景观的开发建设作为一种社会经济现象，如果只讲求社会效益和生态效益而忽视了参与建设者和投资方的经济效益，将大大影响他们的积极性。

（3）项目开发建设各方利益均衡兼顾

城市公共景观的建设涉及政府主管部门、开发投资方和公众的利益，由于各方利益出发点不同，问题矛盾不断。基于互动视角的城市公共景观营造内部运行机制通过体制和机制创新，强调各参与单位相互沟通和协调，建立公正的价值观，博弈中走向合作，实现各方利益的均衡，提高城市公共景观建设资源利用率。

## 4.3.2 基于互动视角的城市公共景观营造的外部实践路径

城市公共景观的外部实践路径的互动体现在其受到的影响，从而做出相应的适从响应。城市的自然地理条件、历史文化记忆、整体发展战略等宏观环境是城市公共景观存在的外在基础，也是互动发生的最初组成与外在动力。城市公共景观的肌理、功能、形态以及结构的综合协调与完善是城市公共景观系统内部互动的结果，也是城市公共景观中观布局整合的内在动力。此外，城市公共景观是社会生活的容器，而不只是观赏之物，人与城市公共景观之间存在着密切的互构关系。

本书根据城市公共景观实践中互动发生的空间与时间的特点，将基于互动视角的城市公共景观外部实践路径总结为"城市公共景观-城市"的互动、"城市公共景观-周边"的互动以及"城市公共景观-人"的互动三个层级结构，有利于形成城市公共景观与城市宏观环境协调呼应、城市公共景观与周边中观布局多义整合以及城市公共景观与人亲切互动的理想城市公共景观（图 4-5）。

4.3.2.1 基于互动视角的城市公共景观营造的外部实践路径组成

基于互动视角的城市公共景观营造的外部实践路径的三个层级，不是截然划分，而是相互耦合形成一个系统，塑造城市公共景观的总体形象。"城市公共景观-城市"的互动为城市公共景观的发展定下和谐发展的基调，形成城市特有的公共景观风貌，并指导局部片区和地段等的公共景观的规划与建设。在大景观与城市发展战略的影响下，"城市公共景观-周边"的互动成为城市公共景观系统的结构和肌理营造的关键，通过与周边空间、形态、功能和交通等的互动整合，形成功能复合的、多尺度的、形态富于变化的公共景观形象。"城市公共景观-人"的互动是城市公共景观场所形态的细化与实现，并深化丰富具体景观内容，直观地提高城市公共景观的使用品质，具体如下。

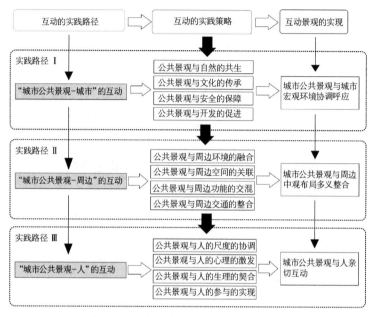

图4-5　城市公共景观营造外部实践路径示意

（1）"城市公共景观-城市"的互动

"城市公共景观-城市"的互动主要指通过多元的互动策略实现城市公共景观与城市大环境，如自然地理条件、历史文化、经济等的相互关联，以及与城市的性质、功能、结构、形态关系的相互影响，构建与城市互动的城市公共景观空间的整体风貌与结构。研究对象涵盖国家-区域-城市-城镇-片区尺度，通过城市总体规划及其专项规划（公共空间专项规划、城市景观风貌规划等）、产业规划、历史街区保护规划和总体城市设计等得以实现，研究多以政策和导则取向为主，给城市公共景观的规划设计定下基调。

（2）"城市公共景观-周边"的互动

"城市公共景观-周边"的互动主要指与城市公共景观空间形态和肌理密切相关的城市公共景观空间的外部关系构建，研究对象对应片区-街区-街道尺度的城市公共景观空间范畴。基于互动视角的城市公共景观与周边中观层面的实践是对城市公共景观与周边的整合，涵盖了对城市公共景观与周边空间、形态、功能以及交通的研究。通过对公共景观与周边进行互动整合研究，形成功能复合的、多尺度的、形态富于变化的城市公共景观。这种中观互动的手段可以通过城市公共景观系统规划（绿地景观系统专项规划、道路景观系统专项规划等）、分区规划、局部地段城市设计等手段来实现。

（3）"城市公共景观-人"的互动

人是城市公共景观的使用主体，只能观赏而不具备互动参与功能的城市公共景观不是一个成功的公共景观作品。"城市公共景观-人"的互动通过研究城市公共景观空间对人的体验的影响，如人的尺度、心理、生理以及参与等，来实现城市公共景观与人类活动之间的互动关系。城市公共景观与人之间的互动设计可以通过公共景观节点的城市设计、单个公共景观空间的控制性详细规划或是景观设计来实现。在城市环境日益受到重视后，"城市公共景观-人"的互动使得城市公共景观空间的品质有所提升，设计开始注重人在城市景观空间中的体验，通过城市公共景观与人的尺度的多元协调、城市公共景观与人的心理的活力激发、城市公共景观与人的生理的细节契合以及城市公共景观与人的参与等手段的介入吸引人流，并提供适宜的滞留与交谈的空间等。

外部实践路径的三个层级是自上而下的，由宏观到微观、由概括到具象，从城市公共景观的总体风貌和形态的建构到单个公共景观空间要素的完成，使得城市公共景观设计整体得以完善。

4.3.2.2　基于互动视角的城市公共景观营造的外部实践路径的优点

（1）诱导城市的合理发展

基于互动视角的城市公共景观营造的外部实践路径是对城市宏观环境的响应，能在以环境和绿色资源优先的前提下，构筑城市与自然的和谐共存关系，建立衔接自然山水的公共绿地体系以及亲近宜人的休闲景观空间框架。同时，国土部门和规划、园林、产业部门共同协商的城市公共景观规划结合城市经济发展的建设格局，能够有效引导、调整和活跃以城市公共景观为核心的地块开发活动，合理整合城市空间，美化城市环境，实现城市空间格局的良性发展，实现城市调整经济、产业布局，优化城市经济结构，吸引外商投资兴业，留住外来高水平人才。城市景观是城市历史的沉淀，城市公共景观与历史文化的互动能有效协调城市社会历史特色与时代发展。城市公共景观建设在时代的发展中已经成为政府对于促进城市空间、文化以及经济发展的一种新的公共干预手段。

（2）构建有序的城市景观风貌

城市中的细碎元素是构成城市景观的主要因素，是人们对城市形态识别的重要途径。基于互动视角的城市公共景观营造实践路径通过城市公共景观之间的相互关联整合，将破碎的景观片段和区域连接成多层级、有序的城市公共景观风貌，如城市的绿环、绿带、绿楔、绿色走廊和公园体系等。通过不同形态、功能、类型和尺度的城市公共景观之间的相互联系、相互作用建立起有序的城市公共景观风貌。

（3）维持和改善城市生态环境

城市公共景观联系着城市的人工与自然环境，基于互动视角的城市公共景观营造强调对城市自然资源的珍惜，对山水格局的衔接和优化以及对生态安全格局的构建等，这些都将有利于城市生态环境的维护和改善。

（4）构建城市的现代生活和社会交往

城市公共景观能丰富市民生活，促进社会和谐发展。基于互动视角的城市公共景观建设是对市民需求的响应，其通过组织有活力的城市公共空间系统，对支持人在城市空间中的公共行为具有重要意义。其次，基于互动视角的城市公共景观建设是对市民社会交往需求的响应，为交往提供适宜空间。多样化的公共活动，商业娱乐场所和安全、轻松的空间环境能够促进人们的相互交流、互相了解，理解不同的观念、信仰、价值和态度，从而削弱城市中不同人群的隔阂和冲突，降低城市社会的矛盾对立面，这些对改善现代精神生活与社会交往活动起到积极作用。

## 4.3.3  城市公共景观互动性评价指标体系

为了明确公共景观的互动效果，需要构建一个科学的量化评价反馈模型。本书提出的基于互动视角的城市公共景观营造的"软件"和"硬件"，为定量研究城市公共景观营造的互动性提供了完整的理论架构。为了克服传统研究中忽略了公众意见的缺点，本书提出了城市公共景观营造的互动性评价方法。考虑到专家在指标两两比较时评判的不精确性，采用了区间数 AHP 法对各指标进行赋权，并根据 Vague 集理论更加全面地刻画了专家的互动性评价信息。本章的研究能够有效地展示城市公共景观环境营造中的互动情况，为对策和建议的提出打下坚实基础，有效地提高城市公共景观项目的建设管理水平。

# 4.4　互动的营造策略

基于互动视角的城市公共景观营造研究以一种直观的方式对城市公共景观发展演化过程中与城市、周边和人之间的相互作用、相互影响关系的机理进行探究。在基于互动视角的城市公共景观营造理论框架的指导下，针对城市公共景观营造的管理、时间、空间、形态、功能以及技术等维度，提出了"多元""缝合""整合"和"更新"四大互动的营造策略。通过寻找丢失联系、修复受损关联、强化现有关联和激发潜在互动等一系列过程，一方面，促进城市公共景观营造过程中各部门的有机配合、紧密合作，在城市公共景观营造参与主体和部门之间建立起一种系统、动态、合作的高效互动模式；另一方面，力图打破过去城市公共景观系统孤立、单一和散乱的局面，创造多层次的城市公共景观营造体系，有利于城市公共景观的有机整合。最终在城市公共景观营造中实现运行机制公平高效、城市公共景观与城市宏观环境协调呼应、城市公共景观与周边中观布局多义整合以及城市公共景观与人亲切互动的理想景观。

## 4.4.1　"多元"——找寻丢失联系

城市公共景观营造具有丰富的内涵与外延，其作为城市生态、社会、经济、文化以及人们日常生活的重要载体，不断地与城市、周边以及人之间发生着相互影响、相互依存、相互促进的互动关系。多元意味着有更丰富的选择和相互联系的方式，"多元"的互动营造策略是通过多元的、积极创新的方法对待城市公共景观营造过程中不同的过程和要素，实现寻找丢失联系，重建城市公共景观营造中各部分、各要素间的互动关系。多元的互动策略具有以下三个层次的内容。

（1）多元的学科交融促进城市公共景观营造中艺术、技术、人与自然的互动

随着城市发展程度的深化，城市环境日益复杂，城市公共景观营造所涉及的内容和需解决的问题也日益复杂与多样化，总是超出人们的预期。传统的由单一专业的专家来完成城市公共景观营造的任务已显出诸多不足，城市公共景观营造过程中多元的学科交融能有效加强各领域专家的紧密合作，通过学科间的相互渗透解决复杂的城市公共景观问题，促进城市公共景观营造中艺术、技术、人与自然的互动，实现城市环境的可持续发展。

20 世纪 70 年代之后，城市公共景观营造向多元方向发展。以生态学为代表的景观科学

化设计思想在大尺度的景观规划中如火如荼地发展着,生态学家和景观学家的合作成果改变着人们的世界观与方法论。与此同时,小尺度的景观设计一方面受 70 年代以来的建筑与艺术的影响以及后现代主义思潮的激励,使得艺术观念和哲学的比例在景观设计创作领域中逐渐增大;另一方面,由于不同景观流派间的彼此渗透,景观被视为文化的一种载体并得到重视,提倡尊重文化的多元化特征。

20 世纪末,高新技术的不断涌现使得景观分析与设计语言的表达更加生动,对景观环境与设计本身的研究变得更加方便。行为科学的发展及其向景观领域的渗透为景观设计提供了充分的依据,从而使景观环境更加人性化与富有人情味,实现功能性、舒适性与美观的最佳结合。不同学科间的相互交融激励景观营造变得更加自信,表意更加丰富、深刻,所表现出的思想观念和技术水平也更为先进,其不断创造新的形式与意义,有效寻找丢失的联系,构建多元价值取向间的互动。

(2)多元的合作机制构建政府、开发商以及公众间的互动

多元合作机制的建立在政府、开发商以及公众间搭建了一个积极互动的平台。在明确城市政府协调、引导、监察和调解职能范围的前提下,政府要制定一些积极的政策来吸引城市各经济单位对城市公共景观建设的资金投入,并时刻注重公众利益的维护。同时,公众的力量要被纳入决策与实施的主体之中,并充分发挥政府与开发商的中间层次的优势,平衡各方面力量,促进城市景观建设多维目标的实现,积极构建城市公共景观实践的互动合作新思路,保证建设的效率与公平,推动城市公共景观的稳步发展。

(3)多元的实践方式构建形式多样、关系复杂的城市公共景观要素间的互动

在面对具体的景观营造时,要充分认识到它是多元城市的组成部分,它具有自身的特征,并与周围环境发生着千丝万缕的联系。要针对营造过程的具体状况和具体要素,机动灵活地进行实践方式的选择,积极多元地处理景观营造中公共景观与城市、公共景观与周边以及公共景观与人之间的关系。

## 4.4.2 "缝合"——修复受损关联

城市公共景观的营造是一个动态过程,具有时间和空间的延续性。当前城市公共景观出现的各自为政、盲目模仿,"片段化""布景化"与"同质化",城市文化的转义,场所感的缺乏,城市性格丢失等问题,究其本质是一种时间与空间延续关系的割裂。缝合策略的提

出不仅是指对公共景观空间格局上的修补或此处与彼处互动的塑造，更是从精神、心理上对整个历史的延续，是过去与现在互动的实现。因此，以修复受损互动关系为目的的缝合具有"时间"的缝合和"空间"的缝合两个层次。

（1）时间的缝合实现现在与过去的互动

城市公共景观作为城市历史的积淀，不仅是城市居民公共生活、休闲、游憩的重要空间，也是认知城市，了解和品味城市文化的重要途径。所以，过去与现在的互动对于城市历史文化价值的继承和发扬显得尤为重要。现在与过去的互动由"显性的缝合"与"隐性的缝合"两部分组成，对城市公共景观的历史形态格局、建筑、设施、独特符号以及生物文化资源等的现代有机保护利用属于显性的缝合；对城市独特的传统文化和习俗，如风俗习惯、社会结构、宗教信仰、神话传说与历史典故等的展现及转译则属于隐性的缝合。

（2）空间的缝合打造此处与彼处的互动

从耗散结构理论看来，在城市系统的发展和建设过程中，不可避免地会出现许多碎片，影响城市景观的形态和功能，从而导致系统的互动和活力下降。缝合是在城市与公共景观中建立有机联系，消除碎片之间的割裂，使物质空间中的个体和局部能均衡、和谐发展并相互联系，形成具有连续性的城市公共景观和城市空间。空间缝合的具体设计手法可以归纳为形态缝合、打开边界和绿色织补三个方面。

第一，混乱的现实空间中存在着某种潜含的秩序，在不同地段中往往有许多互不相干，甚至是矛盾的构成部分，但是它们包含着相互关联和相互影响的空间形态特征，可以共同提供形成场所的潜力，它们的互动是城市个性和丰富性的来源之一。例如，节点型景观空间具有停顿、强调、标志性的含义，具有不同的功能形式和相应的意象形态，常常是连续的城市空间发生转折变化的地方。点状景观空间的植入能以灵活的形态渗透到城市各空间内部，与周边空间互动，完善城市空间结构。如线性景观空间作为连接件将破碎化的城市要素缝合起来，实现城市空间从破碎化走向整体化的目的。

第二，空间是相互流动的，空间之间的边界应是相互联结而成的缝线，而不应是孤立的障碍。因此，空间的缝合要求城市公共景观边界不是一张紧绷的、不透气的、泾渭分明的界面，而是一个弹性的、有肌理的、将景观内部空间与结构向城市打开的开放性界面，以加强城市公共景观与外界空间功能和信息的相互交流及传递，使其妥善完成内外空间转换与空间联系的功能。

第三，与空间的缝合类似，柯林·罗提出了织补的概念，"织补"究其本意是指对损坏了的纺织衣物等进行手工织平修补。城市就像一件织物，有其自身的组织规律和肌理。城市公共景观因其独有的柔性、流动性和渗透性的特质，所以能有机地融入城市结构中，织补割裂、破碎的城市形态与肌理。

在缝合策略的指导下，通过综合的设计方法穿针引线，对于城市公共景观与城市、城市公共景观与周边空间互动的塑造具有现实意义。

## 4.4.3 "整合"——强化现有关联

"整合"指具有相关形态和功能的各部分通过相互作用，产生大于部分之和的功能效果，是基于系统观念基础的"关系"的集合。整合是一种互动，促使被整合的个体对象主动适应。整合的目的是要使城市公共景观具有经济效率、多元性、人文生态等方面的价值取向，即通过整合促进空间优化、功能合理、经济发展，建立多元秩序，弘扬人文精神以及维护城市生态系统稳定平衡。从整合的具体实践上看，整合可以分为形态的整合和功能的整合两个层次。

（1）形态的整合强化无序空间的互动关联

城市公共景观空间系统作为一个开放系统，其空间形态总是以原有形态为基础。现代城市公共景观空间的形态与整合有着密不可分的关系，由于受到当今城市社会、文化、经济等各种力量的作用，城市公共景观表现出形态的破碎化与片段化，亟须实现新的整合。为了解决城市发展过程中出现的城市公共景观空间问题以及城市公共景观与周边空间的协调问题，需要对城市公共景观与城市，城市公共景观与周边空间的关联性进行梳理、调整与组织，利用空间相互作用的机制积极地改变或协调城市公共景观与城市，城市公共景观与周边的关系，实现景观空间结构的有序发展，加强景观的引导，变无序为有序，提高空间形象的可识别性，重塑完整有机的城市景观形态。换言之，空间的整合在于通过物质与技术手段探寻空间发展的自组织规律，以建立城市公共景观与城市以及城市公共景观与周边空间环境的秩序。由于城市公共景观空间形态的整合是一个渐进的过程，并不存在终极目标，并且整合区域的层次差异体现在整合的过程与步骤当中。因此，整合需要坚持整体与和谐的观点，它具有动态性与层次性的特征。

（2）功能的整合优化混合使用

城市公共景观空间是市民进行各种社会活动的中心，不断发展的城市功能和丰富的市民生活对城市公共景观的功能提出了更高的要求。例如，在公园、街头绿地和广场中不仅可以通过组织交通集散，提供市民休息、交往空间来进行各种纪念活动、文化活动和民俗活动等，还可以作为一些商业、贸易活动的场所。功能的整合是将多种功能通过不同层面空间以及多时间区段使用等进行混合使用，打破了某些公共景观空间大而空的单调感，取得功能变化丰富的效果，促进活动的发生，从而起到组织生活与事件的作用。同时，功能的整合也是适应现代城市生活发展的表现，公共景观的形象也会有所转变，有利于和谐社会的建设和城市空间高效、紧凑、有序的发展。例如，每个城市中都需要有大型政治活动的聚集场所，通常所需面积较大，如果平时这样的场地市民使用率低会造成土地资源的浪费。运用整合的策略，在保障集会空间要求的同时可以规划设置一些临时的、分散的小型休闲空间，集会的时候不影响功能，不集会的时候又可以有序地进行其他的活动，如跳广场舞、公益宣讲和文艺演出等。这样不仅能加强广场的使用率，减少资源的浪费，还能创造更多人们休闲活动的空间，避免"形象工程"的出现。

## 4.4.4　"更新"—— 激活潜在互动

经过两次工业革命的洗礼，大量不同类型的人工合成材料和新技术被应用于城市建设中，极大地突破了原有建造技术的限制，在使人们的生活环境更加安全、舒适的同时带来新的感官体验。新的城市公共景观体验给社会空间和人的心理空间均产生了深刻的影响。因此，城市公共景观营造技术的更新必不可少，新的技术可以激活城市公共景观与人的潜在互动。

首先，科学技术的日益发展与边界蔓延正不断地革新着城市公共景观营造的过程与实现方式。计算机虚拟数字技术，各类设计、分析软件的研发与应用，正在改变着传统二维模式的景观设计。VR（虚拟现实）技术能让设计师在设计的任意阶段走进虚拟景观世界，身临其境地观察和体验设计，同时也让设计师与业主、施工建造人员等之间的沟通更加直观有效，大大提高项目建设进度。

其次，声光电技术的介入突破了景观表达的常规模式，集图、文、影像和声音为一体的新型多媒体技术携带着时时可更新调整的多重感官隐喻，以激发城市公共景观与市民的互动为目的，成为一种新的设计语汇。其将环境中的潜在因素提取出来并加以强化和夸张，巧妙地在景观空间中和谐展现，实现了混沌与秩序的共生，使整体环境效应得到进一步的提升，成为现代城市的标志性景观。北京世贸天街的巨型 LED 电子天幕为整条商业街带来富于梦幻色彩和时尚品位的声光组合，声光电技术的介入让城市公共景观披上了绚丽的表皮。随着新型多媒体技术的介入，营造出公共景观全新的视觉图像和听觉感受，使公共景观更具互动性。

　　除了被观赏，安装了多感官互动装置的城市公共景观也不断革新着人们对于公共景观的想象，除了看以外还能与景观进行摸、触、踩、踏等多种形式的互动。多感官互动装置的设置以人的体验性和参与性为出发点，非常重视与公众的交流以及对自发参与的激发，创造出炫目的景观效果，吸引人们前来体验，促进人与景观的互动，调动人们各种感官的积极参与。城市公共景观营造中技术的更新突破了原有景观传达功能的限制，给人们带来了许多新的体验，有效地激发了城市公共景观与人的感官的互动。

## 4.5　本章小结

　　本章在前面研究分析的基础上，明确了基于互动视角的城市公共景观营造的实质与目标，提出了整体性与系统性、层次性与秩序性以及关联性与独立性三项基本原则，指导构建了一个由基于互动视角的城市公共景观营造的内部运行机制（软件）、外部实践路径（硬件）以及互动性评价指标体系（反馈）三个方面构成的系统化研究框架，并通过"多元""缝合""整合"和"更新"四个互动策略的提出，找寻互动中的丢失联系，修复互动中的受损关联，强化互动中的现有关联以及激活潜在的互动，为城市公共景观营造中互动的营造开辟路径。

第 5 章

# 互动的内部运行机制

将第 2 章和第 3 章中对城市公共景观与互动的概念和关系的深度解析以及相关理论研究作为主要依据，在目标与原则的指导下，在第 4 章提出了基于互动视角的城市公共景观营造框架，该框架包括基于互动视角的城市公共景观营造的内部运行机制、外部实践路径和互动性评价指标体系三个部分。因此，本章将对基于互动视角的城市公共景观营造的内部运行机制的建立展开系统论述。

内部运行机制是城市公共景观营造的内部支撑，包括对全过程的管控以及营造过程的管理两部分，涉及的参与主体与阶段众多。首先，基于互动视角的城市公共景观营造内部运行机制旨在通过对互动治理理论的三种治理类型的借鉴，对城市公共景观营造的全过程管控手段，分别运用动态控制、合作激励和综合保障等措施以保证在城市公共景观营造参与主体和各部门之间建立起一种系统、动态、合作的高效互动关系网络。其次，营造过程的管理由前期构思与策划、中期开发实施以及后期管理维护组成，采用多元互动的开发策略、多元化建设管理模式、合理公平的设计体制、公开透明的实施制度引导以及全过程的公众参与等一系列措施，改善原有的体制和办事方式，提高政策实施效果，从而持续和逐步地营造良好的城市人居环境。

## 5.1　全过程管控的多方式

在城市公共景观营造过程中各参与主体的目的和关注侧重不同，容易造成矛盾与管理的空白区，因此需要一个基于互动治理理论的，具有政府视角的自上而下的治理，具有行业协会视角的自我治理以及具有合作式治理视角的社会与政府互动的、动态的、多方式的全过程管控，来确保城市公共景观项目不偏离建设的初衷，具体可以从动态控制、合作激励和综合保障三个方面来实现。

## 5.1.1 动态控制

在基于互动视角的城市公共景观营造内部运行机制中，"控制"的内容包括：

① 城市发展和社会要求对城市公共景观项目开发和运作的多方式控制；

② 城市公共景观营造运行过程中的立体自控制；

③ 城市公共景观建设机制对具体工程实施后的可持续控制。

城市公共景观建设目标和原则的确定从某种意义上来说就是城市发展和社会要求的体现，是城市为了防止公共景观无序发展而制定的城市公共景观发展的主导性控制方法。城市公共景观的自控制是在城市公共景观营造的全过程中，依据实施对象及其使用者的信息反馈，及时修正营造中的不合理和误区，城市公共景观营造需要经过不断的各参与方的评价、反馈和修正等互动的动态过程才能实现。城市公共景观营造对建设活动和后续的城市公共景观的控制，大多是通过建筑设计、景观设计、市政工程设计等具体的工程设计的管理和控制来起作用。一般在城市建设过程中，个别开发往往都是强调对各自利益的追求，而与城市整体环境的形成之间会存在一定的矛盾和空白区。这些矛盾和空白区大多集中在城市公共利益方面，特别是对于城市公共景观的建设。因而城市公共景观营造在实施上述三个控制的同时，始终要用互动的眼光综合处理城市公共景观建设与城市发展之间的动态关系，不断修正决策，最大限度地实现与城市发展目标相呼应的城市公共景观建设。

## 5.1.2 合作激励

由于不同的营造参与主体有不同的建设动机，为了平衡相互间的利益关系，实现城市公共景观建设的可持续发展，激励机制的引入必不可少。政府需要通过经济手段或是社会公众参与手段，引导和鼓励代表社会公众利益的城市公共景观建设开发活动，并对由此而导致的开发商的利益损失予以一定的奖励和补偿。基于互动视角的城市公共景观营造中的合作激励包括两个方面：一是通过宣讲、展出等形式唤起城市各界对城市公共景观建设的重视，对优秀项目案例进行推广，树立正确的城市公共景观发展方向和建设标准，如对历史遗迹保护的考虑，使城市整体发展及其环境形成过程相匹配等；二是通过经济奖励或是政策扶持等，对为城市公共景观建设做出贡献的人和单位以激励，促进私人企业单位与政府部门合作，参与公共景观空间建设，使城市公共景观建设能够健康、合理的发展。

## 5.1.3 综合保障

城市公共景观营造过程是综合设计和管理的过程，必然交织着各种矛盾，为了保证城市公共景观营造的顺利进行并缓解各方面矛盾，在这个过程中强有力的保障必不可少，这种保障主要来源于法律、行政组织和经济三个方面。

法律保障主要通过国家和地方制定的各类法律、规章以及相应的管理政策等保障城市公共景观建设能够切实反映城市发展目标及社会公众的需求。法律保障是综合保障的前提。行政组织保障是指机构组织运用法规、行政手段、行政方式来组织并监督城市公共景观营造的全过程。城市公共景观营造历来有重"设计"、轻"管理"的问题，导致管理控制力不足，而行政组织保障是对建立面向管理的、以控制和引导为主要手段的营造新思维、新方法的有力保障。经济保障是为城市公共景观营造所提供的资金和财物政策等方面的支持。城市公共景观项目能够真正实施缺少不了资金的支持，传统的以政府为主导的城市建设活动资金筹措存在很多困难，在市场经济体制下，要寻找新的途径、多元化地解决城市公共景观营造的资金问题，才能真正实现经济的保障。三种保障各具特点，因此在营造过程中要综合运用、三管齐下，确保城市公共景观按要求完成（表5-1）。

### 表 5-1 综合保障的具体内容

| 类型 | 目的 | 方式 | 实现 |
| --- | --- | --- | --- |
| 法律保障 | 保证城市公共空间建设能够切实反映城市发展目标及社会公众的需求<br>保证景观营造过程的合法性、有效性 | 通过立法确立城市公共景观建设的社会地位<br>明确司法和管理权 | 使城市公共景观建设与城市各项建设活动协调发展<br>确保在城市规划法制体系中对城市公共景观建设活动进行调控<br>从"人治"向"法治"转变 |
| 行政组织保障 | 在决策、管理、实施等过程中形成有利于城市公共空间建设的组织和管理操作机制 | 合理的城市公共景观营造组织机构<br>具体操作的管理机构设置到决策程序方式等组织机制<br>运作过程监督机制 | 更确切地反映不同受益团体的利益关系<br>管理组织上具备从统领到分领域、分责任的管理模式，保证公共景观控制的综合性<br>分解政府职能，加大行政组织和市民对城市公共景观营造的监督力度，消除不平等、不公正和效率低下的现象 |

续表

| 类型 | 目的 | 方式 | 实现 |
|------|------|------|------|
| 经济保障 | 为城市公共景观营造提供财物政策等方面的支持 | 提供资金支持财物政策调整 | 设计、管理等费用的保证<br>形成整体环境目标的资金保障<br>协调社会利益和市场开发的矛盾（人文资源地区，开发商经济利益补偿；中心商业开发区，附加一定的保护公共环境的要求） |

## 5.2 前期构思与策划的多模式

长期以来，中国的城市公共景观开发和经营都遵循着政府主导驱动的单一模式，在这种模式里政府扮演了土地所有人、投资人和监管者等多重角色。随着中国经济高速发展和城市化进程的不断深入，不同城市对公共景观的需求也日趋多元化，公共景观建设的异质化呼声日渐高涨。因此，改变城市公共景观建设由政府主导驱动的单一模式，推行建设模式多样化势在必行。

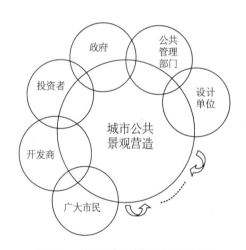

图 5-1 多元互动的前期开发策划构成

城市公共景观的营造涉及政府、公共管理部门、投资者、开发商、设计单位和广大市民。如果能够引入基于这些"利益相关者"之间多元互动的合作式建设模式，那么一定能够获得更好的效果，具体的前期开发策划思路如图 5-1 所示。

### 5.2.1 多元互动的开发策略

如前所述，城市公共景观建设不仅关系到整个城市的风貌和经济发展，也关系到百姓生活和景观企业运营，既有公益属性，也有经济属性。所以，政府规制和市场机制都应该成为城市公共景观开发的重要力量，并在其中形成有益的互动，而非只一味追求政府的完全主导。不同类型公共景观项目的特点不尽相同，这就需要我们充分考虑它们之间的差异，尊重"利益相关者"的合理诉求，在政府规制与市场机制的有效融合中形成呼应市场、服务社会的城市公共景观多元开发策略，其具体方式分述如下。

（1）以政府为主导驱动的开发策略

这种开发策略主要面对的是具有完全社会效益的公共景观项目，例如城市环境的美化、绿化和公益性的公共景观项目建设等。这类项目的特点是既与城市的形象有关，也与市民的切身利益有关，但由于缺乏可经营性，在商业上没有现金流入，无法吸引私营部门参与，必须依赖政府主导开发。在这种模式中，政府既是投资者也是管理者，主要采用行政命令的手段进行公共景观项目的建设，设计单位的设计依据是政府制定的各项计划，公众只有当项目进入投入使用阶段才能被动地参与其中，具体结构如图 5-2 所示。另外，以政府为主导驱动的开发策略虽然难以直接引入民营资本，但为了更好地拓宽项目资金来源，我们可以在此类公共景观项目投融资方法中进行合理的创新，采用更加科学的建设管理模式，具体内容将在下一节进行详细阐述。

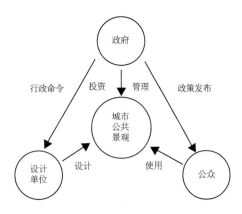

图 5-2　政府主导驱动模式

（2）以市场为主导驱动的开发策略

在国外，一些学者如库波特等人认为，市场的经济驱动同样也是城市建设发展的重要因素。以市场为主导驱动的开发策略主要面对的是具有一定商业开发价值的城市公共景观项目。随着经济的发展，越来越多的市民对生活品质提出了更高要求，许多商业项目为了摆脱功能单一和环境嘈杂的传统经营模式，正积极谋求与城市公共景观的空间开发设计相结合，打造出宜人的商业环境，创造出更好的消费氛围，从而吸引更多人群以获得更大效益。在这种模式中，居于整个架构核心地位的是市场。城市公共景观项目的开发商为了让项目在使用阶段拥有更好的商

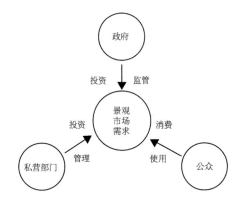

图 5-3　市场主导驱动模式

业价值，会在项目初期就充分考虑公众的实际需求，使公众在项目期初就真正参与进来。设计单位也同样如此，需要充分尊重市场，而非完全依据政府指令，具体结构如图 5-3 所示。

因此，这类城市公共景观项目可以尽量弱化政府和公共部门的主导作用，充分尊重市场需求，形成以市场为主导驱动的开发策略，发挥私营部门在城市公共景观建设项目融资、施工管理和运营效率等各方面的优势。

（3）以政府＋市场为主导驱动的开发策略

这种开发策略也称为公私合作关系（具体内容将在下一节描述），主要面对的是既具有一定社会效益，又具备一些商业特质的公共景观项目，例如对旧城区中一些老街道的环境改善项目等（图5-4）。在这类公共景观项目建设中，一方面要充分尊重其公益属性，强调政府参与的不可或缺；另一方面，又要充分考虑其经济属性，强调合理的市场竞争机制。换言之，这种策略是遵循了政府规制与市场机制有益互动的原则，强调政府和市场的良好分工与合作。既要充分发挥政府对此类项目公共属性的保障作用，又要通过适当的市场竞争引入私营部门参与，充分发挥其在公共景观建设项目融资、施工管理和运营效率等各方面的优势。总之，这种以政府＋市场为主导驱动的开发策略需要在充分协调好公私利益分配和风险分担的基础上，实现各营造主体密切合作，达成项目的各项目标。

为了更加形象地对比这些不同的开发策略，将其主要特点进行列表（表5-2和表5-3）。

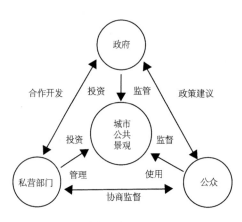

图5-4　政府＋市场主导驱动模式

**表5-2　各参与方在不同驱动方式中的角色定位**

| 驱动方式 | 适用对象 | 多元互动中的角色定位 | | |
| --- | --- | --- | --- | --- |
| | | 政府（公） | 开发商（私） | 公众（市民） |
| 政府主导 | 城市环境治理、公益性景观项目建设 | 主导 | 协助 | 参与 |
| 市场主导 | 具有商业开发价值的城市公共景观项目 | 引导 | 主导 | 参与 |
| 政府＋市场（公私合作） | 老街区环境的改善 | 监管 | 主导 | 监督 |

表 5-3　各开发策略的优缺点比较（以美国为例）

| 模式 | 优点 | 缺点 | 案例 |
|---|---|---|---|
| 政府主导 | 广泛地募集资金<br>官方的需求意见<br>对提出需要有明确的选择<br>有很长的满足大众对城市公共景观需求的历史<br>能提出建设大规模城市公共景观的要求<br>市民与产业公开参与设计 | 公众可能不相信政府管理公园的能力<br>许多公园管理部门缺乏有效的管理<br>相比私人部门，缺少创造性与企业家能力<br>决策可能受到特殊利益团体的影响<br>在市政资金压力下，公园预算总是首先被削减<br>心血来潮对公园的热情使资金得到改善，接下来却是滞后的维护与低预算 | 内河码头散步区（旧金山）<br>河畔州立公园（纽约）<br>什里夫波特河滨公园（路易斯安那，什里夫波特） |
| 市场主导 | 关注市场需求<br>创新地将使用者费用与专项税用于为广大市民服务<br>在城市高土地成本地区，可以提供高标准设施改造及高标准经营<br>在城市低土地成本地区，廉价或是免费的土地和志愿者劳动的结合，可以提供必要的设施改造与维持经营<br>财政与法律机制和管理动力将不断改善公园环境和保持高标准服务 | 对全城，而不只是高土地成本地区的支持也许会慢慢削减<br>在低土地成本的邻里志愿者管理结构也许不能持久<br>公共部门机构可能会感觉到来自私营部门的一时的强烈挑战 | 布莱恩特公园（纽约）<br>哈德逊河公园保护区与切尔西码头（纽约）<br>邮政广场公园（波士顿）<br>费城绿地（费城） |
| 政府+市场主导 | 关注市场需求<br>使用者费用增加资本<br>市民与商业机构公开参与开发与维护的资金募集 | 如果收取使用费，也许不能为广泛的市民服务<br>很少有公司能长期基于改造补贴，特别是考虑到商业环境的不断变化<br>依赖于私人部门长期持续的热情、赞助以及贡献 | 商业区公园（华盛顿，贝尔维尤）<br>雪松湖公园与小道（明尼阿波利斯） |

　　总之，一个成功的城市公共景观项目开发既要反映其应有的公共属性，也要反映一定的市场规律。根据不同类型的城市公共景观项目特质，遵循政府规制与市场机制良性互动的原则，科学地选取不同的开发策略，才能够经济、高效地完成城市公共景观建设任务。这样既能保证城市公共景观环境的质量，也促进了城市的商业开发，在确保其应有的公共属性的同时，也充分利用了私营部门的管理和技术优势，从而大大提高了项目管理绩效。另外，还对城市公共景观的建设管理提出了更高要求，不仅要善于处理城市公共景观环境的专业问题，更需要具备一定的项目投融资管理能力。

## 5.2.2　多元化建设管理模式

　　任何好的开发策略都要靠具体的开发模式落实，多元互动的城市公共景观开发策略同样需要多元化的建设管理模式实现。因此，在城市公共景观项目的前期策划中必须认真思考、科学决策，选择适宜的建设管理模式。在这里，城市公共景观建设的建设管理模式包含两层意思，其一是指建设资金的来源与筹集方式，其二是指实施过程中与之相匹配的项目管理模式。

　　随着中国市场经济体制的日臻完善，政府在城市公共空间开发中不仅需要考虑技术手段的实现，还需要考虑项目资金的来源。在许多城市公共景观项目的决策过程中，资金和技术往往是制约其发展的最大瓶颈。显然，建设资金对公共空间质量的提升具有显著的正相关性。依据霍曼斯的"理性命题"可知，政府会选择基于其当时所认为的结果价值与结果出现的概率乘积较大的行为。当资金不足时，资金的限制会使能够出现的结果类型减少，或者降低结果出现的概率。换而言之，如果仅仅依赖政府的财政投入，资金问题会迫使"理性的政府"在城市公共景观建设时很难有更多选择，只能降低标准做力所能及的事情。因此，拓宽城市公共景观建设的投融资渠道，创新项目管理模式吸引民营资本，既能在一定程度上减轻政府财政压力、提高城市公共景观品质、改善城市环境，也能给投资者带来合理回报，实现社会福利最大化，具体做法详述如下。

### 5.2.2.1　基于增值收益再分配的建设管理模式

　　这种建设管理模式主要适用于前面提及的纯公益性城市公共景观项目和一些基础性项目。由于缺乏盈利性，不具备市场融资条件，这些项目只能依靠政府直接投资。然而，城市公共景观建设的受益者并非只有市民，周边的房地产开发商同样也是获利者。在国外，高等[170]通过对日本东京和北九州的实证研究得出城市公共景观能为这两个城市地价分别带来1%~1.5%和大于3%的增值，吉姆[171]等对中国香港进行调查研究后得出社区公园可为周边楼价带来16.8%的增值；在国内，邱慧等[172]也实证分析了株洲市大型城市公共景观对周边楼盘的价格影响。因此，政府投资这类城市公共景观项目具有显著的正外部性，并对周边房地产产生了巨大的效益。然而，国内许多城市的开发商往往占有了这部分增值收益，如果能将这些收益部分"反哺"给城市公共景观项目建设，就能有效缓解政府的资金压力。

　　国外普遍采取的方式是让房地产商为此缴纳更多的税款，例如美国提出的"土地价值捕获理论"。美国早期在修建纽约中央公园时，其资金就有近1/3源自周边房地产商额外缴纳的税款。需要说明的是，采用这种管理模式需要处理好两个问题：一是确定合理的受益范围；二是定量分析具体的外部收益值。同时，为了提高政府投资城市公共景观项目的投资效率，改善项目管理绩效，还可以采用科学的建设管理方式，如代建制等。

### 5.2.2.2　基于公私合作伙伴关系的建设管理模式

这种建设管理模式主要适用于具备可经营性特征的城市公共景观项目。由于能够通过经营获得回报，这类项目完全可以吸引私营部门共同参与。美国著名经济学家萨瓦斯在《民营化与公私部门的伙伴关系》一书中提出[173]："公私合作伙伴关系（简称为 PPP）是公共部门和私营部门共同参与生产或提供物品与服务的任意组织形式，是因项目结盟而建立的紧密合作关系，是参与各方为改变城市状况的一种创新形式。"政府和私人合作参与这类城市公共景观项目建设通过优势互补、风险共担和构建长期互惠机制而实现共赢。在公私合作过程中，政府不但能减轻财政压力，而且借助私营部门良好的前期建设管理能力和后期维护经营水平，大大提高了项目资金的使用效率，提升了城市的环境品质，更好地实现了公共利益目标。遵循这种共赢思路，20 世纪 60 年代美国许多地方政府在城市设计中开始逐步推行 PPP模式（政府和资本合作）。在一系列有效的激励机制作用下，PPP 成为 80 年代美国城市建设的主流模式，并由此促成了巴尔的摩港湾市场、旧金山巴卡德洛中心、明尼阿波利斯城市中心和圣地亚哥霍顿广场等许多项目的成功，也为中国的城市开发建设提供了新的思路。

根据具体的特许协议安排，PPP 的运作模式有很多种且仍处于不断发展过程中，但如果仅就融资功能来看，BOT 模式和 BT 模式是目前应用最多的两种类型，其各自特点如表 5-4所示。

① BOT 模式（Build-Operate-Transfer）译为建设-运营-转让，是指政府通过特许协议让私营部门参与项目的设计、建造和运营，然后在约定的特许期满后无偿将项目移交给公共部门。上海市政府的滨海森林公园项目就成功采用了这种模式，上海市政府先进行了一些基础建设，然后中国香港的盛利集团通过授权，按照合同对原有设施进一步深化建设，并享有30 年经营权。期满后，盛利集团可享有优先续签合同权，也可不再经营并无偿移交给上海市政府。

② BT 模式（Build-Transfer）译为建设-移交，是指由政府通过招投标等方式选定私营部门，然后由私营部门直接负责项目的投资、建设直到竣工验收，再由政府按照事先签署的回购协议支付价款并接收该项目。这种模式现在比较受欢迎，因为政府可以对项目拥有更多的控制权，国内许多大型公共景观项目都采用了这种模式，例如株洲市的"四大百亿工程"之一的神农城就是很好的例证。

从表5-4可知，如果仅就融资功能而言，这两种运作模式在本质上并无绝对的优劣之分，应在具体的外在条件下选择合理的适用范围，比如政府财政压力较大又希望充分利用私营部门的项目管理和维护经营能力时，就应当选择BOT模式；而政府若只是短期内缺钱又不想失去项目的控制权时，BT模式显然是更好的选择。除此之外，还有一些公共项目融资模式如ABS（即固定资产证券化）等，由于其带有金融衍生品性质，风险较大且易传导，相关政策法规建设相对滞后，所以对公共景观建设来说并非理想的融资工具。

**表5-4　两种公私合作具体运作模式的对比**

| 运作模式 | 主要优点 | 主要缺点 |
| --- | --- | --- |
| BOT | ① 准备时间充分，公共部门资金压力较小<br>② 私营部门参与运营，能提高运营效率<br>③ 公共部门可以对私营部门进行知识学习 | ① 特许期协议的谈判花费较高，时间较长<br>② 特许期的确定比较困难<br>③ 特许期内，公共部门对项目控制力较弱 |
| BT | ① 准备时间相对更短，资金压力更大<br>② 不需要考虑特许运营期 | ① 对私营部门来说风险较大，吸引力更弱<br>② 回购价款与回购协议的确定比较困难 |

对于这类公共景观项目而言，如何平衡公私利益绝非一个完全静态的概念，其内容往往因城市特质、社会环境以及项目环境的改变而存在差异。城市设计需要在复杂多变的背景下不断创新各种激励机制，在动态过程中寻找双方利益的均衡点。在中国城市环境品质提升的客观要求的不断推动下，这种公私合作的建设管理模式将在城市公共空间建设和发展中发挥越来越重要的作用。

#### 5.2.2.3　政府引导和监管下的私人建设管理模式

这种建设管理模式既可以面对具有商业开发价值的城市公共景观项目，也可以是一般的城市公共景观项目。在这种模式中，对项目起主导作用的是私营部门，政府的角色应适当弱化为引导和监管，具体做法如下。

① 通过招标或委托选择合适的私营部门。这种做法主要针对具有商业开发价值的城市公共景观项目，首先由政府制定一套科学的量化评分细则，通过公开招标或直接委托的方式选择恰当的私营部门对城市公共景观进行建设管理。其主要特点包括：私营部门负责投资、建设、运营并自负盈亏；政府并不直接干预项目的运作，而是主要进行全过程的监督管理，以确保项目公共目标的实现。目前这种模式在英国应用广泛并已较为成熟，也为中国城市公共景观的建设管理提供了有益的借鉴。

② 通过优惠政策引导私人建设公共景观。这种做法可以针对一些并不具备商业价值的城市公共景观项目（在美国得到了很普遍的运用），例如在城市一些摩天大楼周围的公共空间中，这些景观项目虽然不具有商业价值，但却能吸引临近项目的私营单位投资。原因有二，其一是虽然建设面积不大，但通过精心的景观布置能够很好地舒缓高楼林立对人造成的压抑感，提升投资单位员工的工作效率；其二是政府制定了优惠政策或税收减免以吸引私营部门，比如纽约就曾经修订规划条例，通过容积率的奖励制度，在引导开发商在房地产开发的同时提供一定规模的配套公共景观，从而获得高出标准容积率的额外建筑面积。根据相关资料，仅曼哈顿岛就有 500 多处用这种方式建成的城市公共景观项目，其总面积接近中央公园的 1/10。同时，私营部门投资公共空间也很好地提升了整个城市的环境品质。

总而言之，城市公共景观项目绝非千篇一律，多元化的开发策略正成为城市建设与时俱进的发展趋势。如何既充分发挥市场这只"无形的手"在资源配置上的优势，又有效发挥政府这只"有形的手"在监督管理上的保证，"恰当的"建设管理模式在城市公共景观项目前期决策中变得越来越重要。国内外既有的项目案例告诉我们，政府应该根据拟建项目和当地的实际情况，合理运用上述建设管理模式，不断改善城市公共景观建设的项目效果，为广大市民营造更好的公共环境。

# 5.3 中期开发实施的多方参与

中期开发实施是城市公共景观营造中涉及部门和单位等最多、最复杂的一个阶段。合作治理是互动治理理念的直接体现，多方合作参与建设在完善的法律法规与合理公平的设计体制的指导下，通过政府、开发商和市民等不同参与方紧密合作，发挥市民和非政府组织的监督作用，改善原有开发建设模式易造成的城市公共景观建设与城市以及市民需求脱节等问题，让城市公共景观建设能够真正体现市民的公共福利。

## 5.3.1 合理公平的设计体制

（1）综合考虑多方参与设计

由于城市公共景观设计，特别是大型项目的设计，涉及城市的方方面面，单独的景观设计师、规划师或是建筑师在面对如此纷繁复杂的设计情况时，往往显得势单力薄。同时，由于现代城市公共景观设计日趋综合复杂，其所涉及的学科、技术和方法都远远超出了传统意义上的景观设计，这要求城市公共景观设计师在具备更为全面综合的专业知识和技能的同时更广泛地与规划师、建筑师、工程师、生态学家、社会学家、政府和市民的紧密合作，建立一个多方参与的设计集群，景观设计体制应该提供一个多方交流的技术平台，有效地解决城市公共景观营造中所面对的多重问题，提高设计水平。

（2）制定完善的设计制度

20世纪80~90年代以前，中国城市公共景观建设中的大多数项目是由政府的相关行政主管部门，如规划局、园林局等直接委托其所属规划设计院或某一家规划设计单位来承担，称为单线定向的委托形式或是指令性的委托方式。这种运作程序简便直接，有利于设计时间和质量的保证。进入新世纪以后，在城市公共景观建设市场中引入了竞争机制，邀请多家设计单位共同参与项目竞争，通过设计竞赛、招标、方案征集等多种方式，双向多线地选择最适合城市发展的城市公共景观设计。规划设计单位为了获得规划设计项目，无论从经济利益的角度出发还是从业界声誉的角度考虑，都以高度的积极性和认真的态度来面对任务，保证最终规划成果的质量。但是，为了进一步确保规划设计单位的成果质量，要制定严格的规划审批制度对设计方案进行多方面的评价，保证城市公共景观建设目标的实现。规划审批制度是行政组织保障手段的一种，在确保规划设计满足公共需要、反映公众意愿的同时，也使得开发商自觉接受城市建设规范要求。

## 5.3.2 设计实施的制度引导

城市公共景观的规划设计实施过程就是负责建设的部门寻找施工单位进行施工、监督施工以及验收工程的过程。优秀的施工单位是高品质城市公共景观建设的前提，是景观设计方案得以如实实施的保障。因此，在施工单位的选择上，可以效仿设计单位的确定，采用委托和招投标两种方式。当遇到施工难度大、施工技术复杂的项目，可以采用委托的方式，一般项目可以采用招投标的方式，通过竞争遴选更好的施工单位，控制项目造价。在项目的施工过程中，由于受到技术、材料、天气、地质等限制条件的影响，时常会出现设计变更的情况。为了防止建设组织单位与施工单位在利益的驱使下沆瀣一气，不按照审批方案施工，偷工减料，严重影响城市公共景观的建设质量，损害设计方案的预期效果，规划管理部门必须制定行之有效的管理规章制度，形成约束的力量。特别是在以下几个方面。

① 必须保证在审批手续齐全的情况下办理开工手续。经常有项目在没有规划局审批手续的情况下就匆匆开工，等审批部门发现方案出现问题或是不符合国家规定时，项目已经建设一大半，难以纠正，非常被动。

② 规划局、园林局等城市公共景观建设相关管理部门要定期跟踪监督检查施工项目的施工材料情况和建设质量情况，有没有偷工减料、以次充好的情况发生，发现问题要及时处理。

③ 对因不可抗拒因素造成的施工过程中的设计变更，如改变建设材料的色彩、质感，以及改变绿化植物的品种、规格等，要及时重新办理相关审批手续。

④ 要严格遵守竣工验收制度，对不符合规划批准的设计效果的项目不予验收并制定必要的处罚措施。

## 5.3.3　全过程的公众参与

5.3.3.1　加强城市公共空间建设中的公众参与，各组织应提高自身素质

（1）转变政府职能

地方政府为了有效地提高公众对城市公共景观建设事业的关注与参与热情，首先，应做到规划管理放权。通过管理权限下放打开原本封闭的管理边界，让公众确实行使自己的管理权，是公共参与的基础。其次，政务要公开透明。公众对城市建设享有知情权，政务的公开透明让公众对城市公共景观的建设更有信心，是公众参与的前提条件。再次，政府应及时公布与城市公共景观建设相关的政策、法规和管理程序，增进公众的景观建设知识，提高公众的参与兴趣，广泛吸引公众参与到公共景观建设中来。政府组织的公众参与城市公共景观建设可以是多种多样的，如以展示为主的展览、海报、宣传册等，或是以获得公众反馈意见为目的的访谈、民意调查等（表5-5）。

（2）公共景观设计师适当调整个人角色

计划经济时期，景观设计师的设计作品往往具有很强的行政色彩，而忽略了城市公共景观真正的使用者——公众的需求。如今，随着越来越多的市民关注城市建设，作为民心工程的城市公共景观建设将公众的需求摆在了重要的位置上。设计师应该认识到他们是在为大众服务而不是为某几个政府部门服务，应从与公众的对话中找到公众真正想要的景观设计，甚至是解决当前面临问题的灵感。同时，设计师也是公众参与景观建设的有力组织者与推动者，通过讲解理念、设计、方案等，吸引并鼓励公众参与到营造的整个过程中来。

### 表5-5  公众参与的多种模式

| 公众参与类型 | 具体参与方式 | 面对人群 |
| --- | --- | --- |
| 展授型 | 海报、宣传册 | 普通大众 |
| | 公共展览 | 普通大众 |
| | 巡回展览 | 普通大众 |
| | 特别简介会 | 公众人士、相关团体、专业机构 |
| | 专题导赏活动 | 相关团体和学校 |
| | 意见卡 | 所有受众 |
| 反馈型 | 面谈访问 | 普通大众 |
| | 电话民意调查 | 普通大众 |
| | 公众书面意见 | 相关团体、专业机构 |
| 综合型 | 专题小组工作坊 | 公众人士、相关团体、专业机构 |
| | 公众参与论坛 | 普通大众、公众人士、相关团体、专业机构 |

（3）提高公众主人翁意识

近几年，城市公共空间建设已成为人们关注的热点，公众对城市公共空间建设的参与权、知情权和决策权的要求日益强烈。"公众参与阶梯理论"中将公众参与分为三个层次八种等级，如图5-5所示。如果仅是被动的听众参与，基本等同于没有参与，无法对城市公共景观建设产生实质性的作用。因此，政府和设计师应该设计多样的、适合公众的、更加有效的参与方式，实现公众的高等级参与。而作为城市的主人，广大公众也应该充分认识到自己的责任和义务，学习相关知识，积极并有组织地参与城市公共景观建设活动。应该意识到公众参与并不只是形式，而是宪法赋予我们的权力与责任。

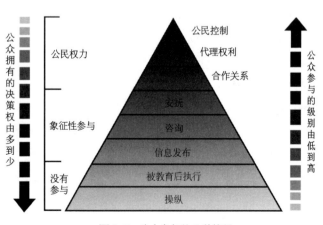

图5-5  公众参与的八种等级

5.3.3.2　公众参与在城市公共景观建设各阶段的操作措施

（1）第一阶段规划设计期：进行充分调研，了解公众意见

中国的多数城市已经积极开展了关于城市公共景观营造项目的公众参与活动。在城市公共景观营造初期拟解决问题的研究和战略目标的制定中，通常会用到的调查手段包括问卷调查、访谈记录整理和巡回展览等，也可以通过网络收集相关论坛和微博数据，获得更为广泛的民众意见和建议。调查所获数据经汇总后可以作为规划设计的基础资料。当进入规划设计阶段，方案初步确定之后，为了让公众更好地理解方案意图，可以运用图纸、文字、模型和多媒体技术等方式，结合公共展览、巡回展览、电视专题报道和特别简介会等形式，将设计理念、设计大纲、概念方案等向公众展示，并通过意见卡、面谈访问、电话民意调查、公众书面意见以及论坛沙龙等形式收集公众意见与建议，充分了解公众的想法，对方案进行优化，对一些不合理的意见进行解释说明。

（2）第二阶段公共空间规划设计成果审查期：公开专家论证过程

目前，中国城市重要的规划设计项目均要求以专家论证意见作为审批依据之一。对于市民而言，专家对城市公共景观设计成果的论证更能帮助其对城市公共景观建设的优劣进行理解，普及城市建设知识。因此，应建立一个开放的专家论证机制。比如，在论证会现场开放一部分市民席位，让市民近距离地感受自己拥有的参与权力，同时，在电视或是网络上播放专家论证的过程，这样一来可以促使专家全力投入论证，二来也能让市民更加深刻地了解设计方案存在的不足及其原因，并理解最终的规划定案。专家向市民介绍、解释，在公共参与的开展中扮演了技术教练的角色。

（3）第三阶段规划批准后：公开方案，舆论监督

市民对景观规划设计的最终方案享有知情权，方案批准通过后应予以公示。特别是城市大型公共景观项目，为了让市民更全面地了解最终方案，在公示的同时也可以将主要的规划技术指标、分析图纸、效果图纸等制作成简单的文件，供市民取阅。同时，仍然应该给予公众发表自己看法的渠道，比如在展示区发放意见卡、进行面谈访问、在网上设立后续讨论论坛等，培养市民对城市的热爱和监督规划实施的积极性。

# 5.4　后期管理维护的多措施

作为城市公共景观项目的最后一个阶段，管理维护同样也是保证城市公共空间正常运行

的重要条件。城市公共景观所营造的城市空间只有通过人们的使用活动才能为人们所认知，并最终形成具有完整意义的城市公共空间。然而，也正是在这个使用过程中，人们常常会对这一公共空间产生一定影响。这种影响可能是负面的，比如违法占用、破坏景观以及不讲卫生等；也可能是正面的，比如修缮景观设施，养护花草、苗木以及打扫卫生等。因此，如何鼓励市民参与积极行为，消除不良影响，是后期管理维护工作的实质所在。

### 5.4.1　正面鼓励与引导措施

首先政府需要设计合理的激励机制，鼓励有条件的个人或组织积极参与项目的后期管理维护工作，例如可采取私人认购模式进行修缮和维护工作。政府可将城市公共景观空间内及附近的配套设施交由私人管理维护者经营，收益用于管理维护，政府再通过减免税费等予以支持；或允许管理维护者在城市公共景观空间内开展与环境氛围、市民生活、城市精神面貌不相违背，并有助于休闲娱乐的有偿商业、游乐活动等。在美国，纽约中央公园的后期维护就一直采取这种方式。近年来，纽约园林部门进一步配套了相关的优惠措施，希望引导更多私营部门参与市内其他公共空间的维护管理，并已经取得了很好的效果。在中国，有些城市也正尝试采取类似的私人或私营部门认领公共空间的做法，比如市民对小块街头绿地的认领，私营企业或组织承担面积较大的景观及其附属设施管理、修缮等。同时，许多城市也正在加快相关政策的制定，以期尽快加入这个行列中来。

### 5.4.2　负面惩戒与防治措施

对城市公共景观后期管理维护工作而言，如果说正面鼓励与引导措施是一种"疏"的行为，那么负面惩戒与防治措施就是一种"堵"的方式，具体如下。

（1）明确管理部门，做到责权分明

城市公共景观的管理维护是一项看似简单实则复杂的系统工作，仅就不同职责的归属而言，就可能牵涉不同的城市管理部门，比如建设局、规划局、园林局、环保局、城管、森林公安和市政等，必须建立一个有效的综合管理机制以提高管理效率，明确管理部门，做到责权分明。例如，可明确包括各种城市公园和广场绿地等城市公共景观的建设、管理和维护都应由园林部门负总责和协调，而规划局和建设局只负责规划和实施的监督管理，市政负责城市道路绿地，环保局、城管、森林公安等负责相应违法行为的执法等。同时，引入社会监督机制，加强信息公开和举报问责制度，让公众能够参与到城市公共景观后期管理维护工作中。

（2）严明规章制度，做到公开公正

著名经济学家萨缪尔森指出公共产品是集体中的任何个人都能够消费的物品，而且在消费上无法排除其他人的消费。城市公共景观作为一种公共产品，对其使用者并无任何门槛限制，所以在其中游玩的人素质参差不齐，各种年龄和不同职业的人混杂其中，而他们的行为也必定会对空间造成不同的影响。为了确保城市公共景观的正常使用，必须设定一定的行为约束范围，以防止它被随意破坏，这些约束范围的合法载体就是制定各种管理条例或准则。因而，政府必须严明相关规章制度，并做到公开公正。此外，考虑到公共空间中还可能存在一些商业或游乐项目，为了确保这些项目不会破坏城市公共景观环境，不损害景观品质，同样需要对其进行必要的管制。政府应制定相应的管理措施，并将这些措施以严谨的法律条文规范下来，使经营者有法可依。

（3）提高市民素质，做到宣传到位

广大市民是城市公共景观空间的最终使用者，对其行为的约束不仅需要依靠规章制度的规范，还应该加强宣传教育，提高他们的综合素质。例如通过制作一些图文并茂的宣传栏、告知牌，发布各种集知识性、教育性和趣味性为一体的信息。这样做一方面可以丰富市民的城市公共景观文化知识，形成良好的文明意识；另一方面也可以逐步提高市民的整体素质，使其自觉地文明使用公共空间。同时，还可以在花草树木、景观小品等设施上树立牌子，既普及了一些科学知识，又用亲切、温馨的语言提示市民时刻注意举止文明。政府还可以定期通过公众微博、微信、电视和广播等各种现代媒介，将这些宣传作为公共信息发给广大市民，有效促进公众对城市公共景观的合理使用达成共识，营造一种自觉维护公共空间环境的良好氛围。

# 5.5　本章小结

城市公共景观营造的多方式的动态管控以及营造的全过程管理（前期、中期和后期）组成了城市公共景观营造的内部运行机制。本章通过对互动治理理念三种视角的借鉴，针对运行机制的不同方面采取了动态控制、合作激励、综合保障、多元互动的开发策略、多元化建设管理模式、合理公平的设计体制、设计实施的制度引导以及全过程的公众参与等一系列互动措施，加强了参与方的参与、沟通，在城市公共景观营造参与主体和部门之间建立起一种系统、动态、合作的高效互动关系网络，改善原有的旧体制和办事方式，提高政策的质量与效益，从而持续和逐步地营造良好的城市人居环境，确保城市公共景观建设不偏离为公共利益服务的初衷。

第 6 章

# 互动的外部实践路径
## ——"城市公共景观-城市"的互动

本书第 4 章中将基于互动视角的城市公共景观外部实践路径总结为"城市公共景观-城市"的互动、"城市公共景观-周边"的互动以及"城市公共景观-人"的互动，呈现宏观-中观-微观的层级结构。

本书第 2 章中分析了公共景观与城市的相互作用，得出城市公共景观是城市生态、文化、经济等共同作用的产物，同时也在不断地积极反馈于城市。本章作为互动的外部实践路径——"城市公共景观-城市"的互动，从自然、历史文化、生态安全和城市发展四个方面展开论述，旨在通过公共景观建设实现城市公共景观与城市大环境，如自然地理条件、历史文化、生态安全、经济等的相互关联、相互协调和相互影响，以及与城市的性质、功能、结构和形态关系的良性互动，为城市公共景观的发展定下和谐发展的基调，形成城市特有的公共景观风貌。

## 6.1 城市公共景观与城市自然景观的共生

自然景观既是多元城市景观中的重要组成部分，同时也是多变、动态的城市形态中的独特性元素和永恒性元素，自然景观特征对于一个城市来说显得尤为重要。杭州之所以被誉为天堂，得益于湖光山色；南京长江、钟山玄武湖的自然格局永远构成了南京城市特征的基调。自然山水是构成城市的骨架，是建筑景观的背景和衬托，是城市形态中重要的代表性元素，是城市形态的永恒象征。城市公共景观的建设首先要以自然资源的保护为前提，优化城市的生态承载力；其次，构建衔接自然山水的公共绿地体系；最后，城市公共景观究其根本是为人服务的，建立亲近宜人的休闲自然景观空间框架是十分重要的。

## 6.1.1 合理利用自然资源优化生态承载力

城市之于自然资源犹如果实之于生命之树,破坏自然资源就如切断了自然的循环过程,包括风、水、物种、营养等的流动,降低了自然的生态承载力。生态承载力指生态系统的自我维持与自我调节的能力,以及资源与环境子系统的供给能力,是在人类改造自然、征服自然的过程中对城市发展产生的限制条件。因此,城市的开发建设、社会经济活动要维持在资源、环境的承载和约束范围之内,才能实现城市的可持续发展。据世界自然基金会于2010年发布的《地球生命力报告》调查分析指出,人类对自然资源的需求已经超出了地球生态承载力的50%。城市公共景观建设中强调对自然资源的保护与合理开发利用,能保留较丰富的资源、创造较大的环境容量、有利于整体自然资源生态效益的发挥、优化生态承载力。

(1)合理规划,确定自然资源的利用范围

自然资源是城市开发建设中的基础与财富,合理规划、确定自然资源的利用范围是城市公共景观建设对自然资源利用与保护的前提,既要维护城市公共景观建设的需要,又要注意城市生态承载力阈值的限制。对于城市公共景观建设而言,可以利用的自然资源有自然山体、绿色植被以及水系等。起伏的山林、丰富的绿色植物群落、河流、湖泊、湿地等既能维持市生态系统的平衡可持续,又能提供城市公共景观的生态休闲需求。在编制和修订城市总体规划、风景名胜区规划、城市绿地系统规划或城市河流景观规划等专项规划时,要在综合评估生态承载力的基础上确定合理开发与利用自然资源的对象与范围,把对自然资源的保护作为前提条件纳入规划之中。同时,根据各个城市不同的自然资源分布特点、城市发展趋势、景观建设需求等,科学分析、合理开发建设,在宏观上杜绝盲目的破坏性建设。

在山体景观的开发建设过程中,根据景观特色、景观敏感度和生态定位等,从高到低划分不同的保护级别,对山体的景观形态和生态环境分别采用不同力度的保护控制措施。并且在各个级别的保护区内可再次划分核心区、控制区、协调区、缓冲区以进一步明确保护控制与可建设利用的范围与强度。对于城市水系的保护与开发,要在不同时期城市历史水系格局演变的基础上,调查、梳理城市及周边区域的水系现状,提出城市河道保护网络图,明确城市急需保护、恢复以及可以开发利用的河段,并通过对河道采用生态手段,维护和恢复河道及滨水地带的自然形态。

(2)深化设计,充分发挥自然资源的生态作用

宏观规划制定以后要进一步深化设计,综合分析城市的功能要求、景观设计要求、市民的生活需要等,确立可持续的自然资源的利用目标,将自然资源的重要价值发挥出来。并通

过具体的可行性研究方案和规划设计项目，将自然资源的保护和利用从文件、图纸、指标、数据等变成切实可行的城市公共景观规划设计成果。例如，城市森林资源在公共景观建设中，如果要充分发挥其生态功能，就要根据土壤、水分等立地条件深化设计，加强对山林植被的保护与改造，合理搭配植物群落，改善植被品种单一、生长不良等状况。

## 6.1.2　构建衔接自然山水的绿地体系

2016 年颁布的《城市绿地分类标准》将城市绿地分为公园绿地、防护绿地、广场用地、附属绿地和区域绿地五类，明确了风景游憩绿地和生态保育绿地等区域绿地的重要作用。这些绿地作为城市公共景观的重要组成部分，是城市中保持自然景观，使自然景观能得到恢复的地域。

中国城市建设大多依山傍水，自然的山峦、沟壑、河流等在给予人类生产、生活资料的同时，作为城市的天然肌理很难被人工改变，往往切割或限制城市发展，形成了许多不规则的楔形、带形和块状绿地。传统的绿地规划习惯于将一些特有的绿地形态排斥在规划之外，这样不仅脱离实际，而且导致了自然资源的废置，加剧了人与自然的隔绝，并最终导致城市结构混乱、生态环境失调。因此，要解决城市结构与自然格局之间的矛盾，可以以城市公共景观建设为契机，构建一个衔接自然山水的，与自然山水相得益彰、互惠共生的绿地系统网络，具体措施如下。

（1）建立顺应城市山水格局的绿地系统

自然山水是生物繁衍、生息的优质栖息地，顺应城市山水格局的城市绿地布局，首先要具有极大的适应性、灵活性与生长性，不要硬性地追求图案的形式，要顺应地形地貌的变化，为城市空间的发展提供自然的生态骨架。其次，要尊重城市的自然山水格局，重视保存优质、宝贵的山水自然资源，并加以合理的开发利用，建成城市公园、郊野公园、森林公园或构筑绿色廊道、城市绿脉，让城市绿地与自然山水充分融合。

（2）构建基于全域绿地的绿色生态网络

全域绿地的生态性、完整性和连续性为城市绿地系统提供了一个从市域到市区再到建成区的内外渗透、紧密联系的完整绿地生态背景，能有效维护和改善城市生态环境。以区域绿地的自然山水为依托，结合城市结构形态，形成市域内山林保护区、生态廊道与市内绿地建设相结合的，由基质-廊道-斑块组成的绿色生态网络布局，既能保证城市的发展环境结构合理，又能保证生态支持系统主骨架的系统性。连续的山体、森林、自然保护区、河流、湖泊等大面积绿地组成了绿色生态网络的面状本底，林带、城市组团间的隔离防护带、公路、铁路绿化、防护林带、溪流等构成了绿色生态网络中的廊道,公园、游园、水池、广场等城市小型绿地构成了绿色生态网络中的嵌块。基于全域绿地的绿色生态网络将城市的天然肌理和城市的人工环境有机地衔接起来,相互渗透、相互结合,强化了城市绿地网络的完整性与生态性。

(3)利用山水走向形成楔形绿带优化绿地布局

楔形绿地是利用山脉、河流、起伏地形、放射干道结合市郊农田、防护林等,由郊区伸入城市中心的由宽到狭的绿地。楔形绿地自身的大区域跨度特点能有效地把城市周边的自然生态要素引入城内,促使城市外围的山水与城市内部的人工环境形成有机体,进行能量和物质的交换与互动,有利于城市内部空气流通、降低城市热效和水土保持等。在株洲市景观风貌规划项目中,通过对株洲市冬季与夏季宏观风向、城市山水地形特征以及城市热力学计算机模拟分析,规划了与城市公园绿地相连、具有一定规模的楔形绿地通风廊道,最大限度地引导新鲜凉爽的空气进入城市,有效改善城市的大气环境(图6-1)。

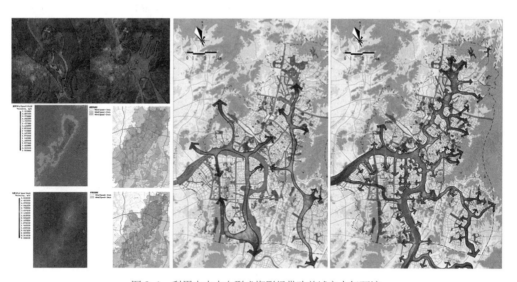

图6-1 利用山水走向形成楔形绿带改善城市大气环境

## 6.1.3 建立亲近宜人的自然休闲景观空间框架

现代城市快节奏、高密度的工作和生活往往令人感到身心疲惫,充斥着钢筋混凝土的城市也容易产生视觉疲劳,绿色城市公共景观空间能缓解甚至消除因紧张的工作而带来的精神压力，舒缓人的心情。城市公共景观空间包括湖滨、山林、各种绿地等自然开敞空间，也涵盖了城市广场、公园、小游园等人工空间，自然空间与人工空间的有机结合为市民创造了多种多样的休闲游憩、人际交往的户外活动空间。将市民的休闲活动空间组织、消解到大自然的天然网络中，满足了人类回归自然的需求，更丰富了市民的闲暇生活。为市民和游客提供城市生态健全，环境良好，使人心旷神怡的生存、游憩绿地空间。

因此，在城市休闲景观空间规划设计中，应根据城市自然生态格局、绿地系统、用地布局以及人的行为偏好等，以景观生态规划为手段，分析不同景观空间价值，并充分利用水系、自然岸线、山体、湿地等人们乐于前往的绿色空间，由此确定不同城市公共景观空间的用途，并进一步形成科学的城市公共景观空间架构，同时还要协调城市道路与景观空间的关系。道路能将孤立的景观空间联系成网络，特别是以步行为主的生态交通网络为人们提供了一个融自然、休憩为一体的复合系统和开敞空间，为人们提供了接近自然的机会，使人的活动过程与生态过程相互协调。《株洲市绿地系统规划（2010—2020）——主城区专项规划》中以"服务于现代城市的生态要求，服务于城市居民的休憩要求"为宗旨，通过户外活动场所、慢行道路等与城市绿地的结合，以期营造宜人的市民休闲绿色空间框架（图6-2）。

（a）户外活动场地布局规划　　　　　　　　　　（b）慢行绿道规划

图6-2　宜人的自然休闲景观空间框架

# 6.2　城市公共景观与城市历史文化的传承

城市公共景观是城市历史文化的写照，应充分发挥城市公共景观的社会功能塑造城市社会新形象。基于互动视角的城市公共景观与城市历史文化的互动是对城市历史文化意象的保护与再现。

## 6.2.1　历史文化景观意象的保护与再现

城市历史文化是城市的灵魂，是在漫长过程中积淀下来的宝贵的物质财富和精神财富，是形成城市特色风貌、展现城市人文精神的重要内容依托。城市文化景观因其自生的价值和叙事功能在历史文化保护与再现中发挥着重要的作用。

### 6.2.1.1　年代肌理的保留

20世纪90年代末以来，城市的快速发展让越来越多的城市历史文化景观受到因高强度开发而带来的威胁，2005年《维也纳备忘录》首次以"历史性城市景观"这一专门术语讨论了城市开发面临的问题。城市历史文化景观对我们来说弥足珍贵，其记载着城市的故事，其形态和肌理经历了岁月的洗礼，是城市具有文化价值和自然价值的历史层积，应该积极修缮保护，在形态上尽可能遵循其历史发展的轨迹，保留年代肌理。历史的延续是城市公共景观发展的根源，是形成独特城市公共景观的基础，是延续城市公共景观创造的原动力。

历史悠久的北京城是六朝古都，有着深厚的历史文化积淀。北京城的中轴线南起永定门，北至钟鼓楼，长约7.8千米，串联着紫禁城、皇城、内城和外城，是古都北京的中心标志。中国著名建筑大师梁思成先生曾经说："北京的独有的壮美秩序就由这条中轴线的建立而产生。"但在城市长期的发展中，中轴线受到了不同方面、不同程度的损害。近年来，随着城市历史文化景观保护力度的加大，反对旧城改造推倒重建的呼声越来越高，传统的空间架构和格局得以保存，做到保护与发展相统一，并尝试探索更多的保护方法和形式，加强了对建筑古迹的研究和保护。在时代的发展中，日新月异的北京城在原有城市公共景观空间特色和内在规律的启发下，维持和发展传统空间形态，延续原有城市公共景观空间的肌理、文脉，使之永不衰败。

杭州西湖是中国历史上有名的城市公共游园之一，以秀丽的湖光山色和上千年的历史积淀而闻名中外。历代文人墨客也多到于此，并留下了"欲把西湖比西子，淡妆浓抹总相宜"

的千古绝唱和许仙与白娘子的传奇故事。从 2001 年开始，杭州开展了持续 10 年的以传承历史、突出文化等为目标的西湖综合保护工程。通过综合保护，修缮、重建了 180 多处自然和人文景观，恢复西湖水面 0.9 平方千米，使西湖景观的历史文脉得以延续，"三面云山一面城"的城湖空间格局得以保护，"一湖两塔三岛三堤"的西湖全景重返人间。2011 年 6 月 24 日，在第 35 届世界遗产大会上，西湖文化景观全票通过审议成功列入《世界遗产名录》。

世界著名的文化古城巴黎，在发展过程中同样也遇到了发展与保护的艰难抉择，为了保护完整、和谐的老城景观，巴黎市政府决定将一座充满现代气息的新城坐落在老城之外。通过空间结构的呼应和城市肌理的延续，保护场所原本具有的意义，保持环境的原真性，使得老城和新城有机地联系在了一起。

### 6.2.1.2　空间演绎与情景再现

随着城市的建设，很多的历史文化遗存早已难觅踪迹，只留存于史书、地方志、诗歌或是人们代代相传的故事中。因此，在很多景观规划设计项目中通过空间演绎与情景再现的手法，根据记载将历史的盛景重新展现和演绎出来，让市民能重新领略历史文化的胜景。空间演绎和情景再现主要是通过模拟、再现和物化的设计手法，为历史文化景观的展现创造了一个合适的物质空间载体。具体说来，也就是一方面通过复原建筑和场景等重塑传统的景观空间；另一方面，通过再现出当时的仪式、人物、行为和故事等人文活动，演绎出文化遗产中所承载的传统思想。空间演绎和情景再现通过再造空间环境载体的物化承载历史文脉，对于历史文化景观起到表达展示和保护研究的目的，是城市历史文化景观得以传承的有效手段。

在西安曲江大唐芙蓉园的实践中，张锦秋院士凭借对曲江的历史文脉与山形地貌的研究，通过"因借曲江山水，演义盛世名园"的规划理念，展现出盛唐时期皇家园林的山水格局。芙蓉园内南山北池，水系环绕，并按功能要求规划了 15 处重要建筑，围合成主从有序的建筑布局。空间演绎和情景再现的设计手法对于实体遗迹缺损较大的历史文化景观的塑造非常有效。

## 6.2.2　历史文化的现代城市公共景观转译

所谓现代化，是由传统走向现代，而不是凭空冒出来的，必然与历史文化有着千丝万缕的联系。结合现代城市功能，通过对能体现特定历史风貌的景观与文化元素的提取与转译，创造出既体现历史文脉又适应现代生活的城市公共景观环境。

6.2.2.1 历史文化符号的现代表达

历史文化符号的现代表达是通过对城市历史文化的原型进行归纳与提炼，再以艺术的形式应用于城市公共景观空间中的结构布局、设施和材料。这种表达必须是经过升华、抽象的文化符号，而非简单地修建几个仿古街区或是几栋仿古建筑。

（1）借鉴与重构

借鉴与重构是在对传统文化深刻理解的基础上，对历史文化本体的构成要素、形态特征、符号语言进行概括、提炼、变异和升华，而非纯粹的抄袭和照搬。借鉴与重构可以通过对历史景观中的场景、空间、建筑和构筑元素等显著特征的提取和归纳，抽象出历史景观的原型，在此基础上保留其历史文化的精髓和神韵，以新的形式运用到新景观的创作中，让历史传统与新建环境的表现和特征有本质的关联，既与现代环境相协调，又具有历史的韵味，得到将传统和历史都回归到现实之中的创新设计。

图6-3 重庆天地

图6-4 杭州玉鸟流苏商业街

在新中式景观的营造中就大量地运用了借鉴和重构的手法，以当代的景观设计语汇表现传统中国古典园林的内涵，以现代人的功能需求和审美爱好来打造富有传统韵味的景观，让传统在当今社会得到合适体现——既保留了传统文化，又体现了时代特色。新中式景观的诞生让东方文化以一种新的面貌又重新活跃于世界舞台。重庆的重庆天地（图6-3）、成都的宽窄巷子、杭州的玉鸟流苏商业街（图6-4）都是运用新中式的手法，借鉴城市历史文化的本体，通过模仿、变异和重构将中国传统文化意境融入颇具现代感的城市景观中。

（2）形式与内涵的隐喻

隐喻是指人们通过对景观环境的形态和空间构成的处理，所表达出来的对传统思想、历史文化和风土人情的认知，是转译历史文化的有效手段。隐喻可以从"形"与"义"

两方面来展现。在现代城市公共景观的创作中要充分利用景观符号的叙事特性，将其作为本体，通过隐喻、象征和暗示的设计手法来表达其内在的文化含义，让人们产生联想和回忆，从而感受到城市公共景观所要传达的信息与内涵，获得新的体验与感受。

图 6-5　波士顿中国城公园

美国的波士顿中国城公园是波士顿大开挖工程的一部分，在这里，那些华人记忆深处的故乡田园、溪流、风水林、石牌坊和通往村庄的道路等，都通过隐喻的手法在城市公共景观中得以展现（图 6-5）。公园中红色的钢板构成简约而鲜艳的门，是对故乡村口寨门的回忆；门口野趣盎然的茅草象征着故乡村口的荻花和稻田；一条流线型的路径穿过红色门洞，五条竹屏构成三进空间；一挂跌瀑和一条小溪流淌在河卵石上，隐喻的设计语言中深深地蕴涵着传统与固有的文化内涵，让人感受到浓浓的中国味道。

厦门园博会大师园中网·湿·园（图6-6）、学园、竹园、蔗园以及北京园博会创意园中的流水印、凹陷花园等都是通过隐喻的手法来实现其所处环境中包含的传统文化，"中国元素"这一符号在世界范围内具有越来越高的艺术价值。

图 6-6　厦门园博会网·湿·园

#### 6.2.2.2　突出历史文化的景观设计

为了引导人们解读城市环境蕴含的深厚历史文化沉积，需通过结合城市遗存、强化景观表达、展示历史文化的特殊性，来实现历史文化与人心灵上的共鸣。

（1）遗迹自身展示

城市的历史遗迹片段通常是原空间景观的局部保留，其蕴涵的历史文化价值是任何现代景观均无法复制和代替的。将其作为现代景观的表现元素，在原址上开辟出专门的展示空间，既满足了人们对历史景观的好奇，也有利于对遗迹所代表的文化意义的诠释。坐落于北京故宫博物院与王府井步行街之间的皇城根遗址公园是历史上明、清皇城根东墙的位置。在公园的下沉式广场中，运用恢复小段城墙、挖掘部分地下墙基遗存等手段，使老北京的历史文脉得以充分展示，唤起人们对北京皇城的回忆（图6-7）。2002年，广州市北京路步行街

图6-7　北京明皇城东安门遗址

图6-8　蓟城纪念柱

在整饰工程路面开挖过程中，掘出了自南汉以来共五朝十一层的路面和宋代拱北楼基址。为了保护遗址并向世人展示从唐代至民国年间不同的筑路技术的发展过程，将遗址保护于透明钢化玻璃之下。鉴于广州雨季长、地下水丰富，还在四周设置了止水墙和排水沟以及通、排风口，构筑了一处集聚现代与古代文化意义的标识性城市公共景观。

（2）建造景观纪念物

随着城市的快速建设，很多历史上具有特殊文化意义的场所早已不复存在，可以通过查找史料文献，在原址上修建标志性景观纪念雕塑来展示和铭记那段历史。北京古城历史悠长，20世纪末，在建设西二环时发现的大型夯土遗址证实了今日北京建城始之于蓟。为了纪念北京3000多年的悠久建城历史，在遗址上建筑了一座蓟城纪念柱（图6-8）。从此，这座城市雕塑就成为北京建城史的著名标识物，柱身上镌刻着著名历史地理学家侯仁之院士撰写的《北京建城记》。虽然景观纪念物并不能在具体形象上反映历史空间景观的原貌，但是能够依靠景观自身的艺术表达力和感染力给人们留下深刻的印象。

### 6.2.3 再生工业废弃地的时代更新重构

工业的"退二进三"使城市内部产生了大量的荒废或半荒废的工业"废弃地",成为城市时代发展的见证。工业废弃地所具备的时代特征使其成为城市公共景观的新焦点。与以往的大拆大建不同,工业废弃地的创造性更新重构使废旧物在利用中获得新生,将工业繁荣逐步转化为文化繁荣,在保护和传承工业文化的同时,保留珍贵的城市记忆,成为城市公共景观营造的新思路,为城市发展探索了一条可持续之路。

(1)创意 LOFT 模式

创意 LOFT 模式是 20 世纪 40～50 年代纽约的艺术家们在纽约苏荷区(SOHO)自发形成的一种对废旧工厂厂房的利用形式。第二次世界大战后由于制造业的衰败,苏荷工业区逐步衰落,艺术家们将废弃的厂房改造为极具特色的生活空间和艺术工作室(LOFT),将居住、展览和艺术创作空间融为一体。后来随着各国政府的支持和市场的引导,形成了众多具备一定规模和特色的创意集聚区或创意园,国内较为有名的有昆明的创库、北京"798"艺术区(图 6-9)和上海田子坊等。创意 LOFT 模式深刻挖掘了工业遗产的文化价值,使原本废弃的工业厂房和厂区成为新的文化艺术空间,为工业遗产增加了新的美学价值,激发了城市老工业区的活力。

图 6-9 北京"798"艺术区

(2)改造成博物馆

将工厂厂房和船坞码头等工业遗产改造成与工业历史有关的博物馆、艺术展览馆等文化场所,这样不仅能完整地保留工业遗产的风貌,还能最大限度地利用遗存下来的厂房空间和设备,体现博物馆的史料价值、体验价值和科教功能,例如由英国利物浦阿尔伯特码头工业区改造而成的工业博物馆群。利物浦阿尔伯特码头建成于 1846 年,占地 200 公顷。20 世纪 80 年代,码头区成为英国复兴运动的核心,制定了一系列的复兴计划,将码头仓库改建为海洋博物馆和现代美术馆等,曾经的废弃码头再生为游人如织的旅游胜地。英国伦敦道克兰码头区、利物浦码头区、伯明翰运河码头区、伦敦泰德现代美术馆以及德国纽伦文献中心等同样都取得了成功。位于中国无锡的中国民族工商业博物馆由无锡茂新面粉厂改建,而位于西安的大华工业遗产博物馆由大华纱厂改建而来。以工业企业发展兴衰和产业转型作为背景，反映了共和国坎坷的岁月，具有独特的历史意义和价值，对于研究中国民族工商业发展史，保护、保存近代历史文物资料，对广大人民群众实施爱国主义教育具有积极的作用。

（3）改造成城市公园

随着西方工业经济的衰退和环境的恶化，新锐设计师们开始尝试将废弃工业园区改造为城市公园。基于不断创新的生态和生物技术，工业废弃地的改造与传统优美风光的景观营造有着不同的设计理念和审美标准，城市公共景观的营造进入了后工业景观时代，按其不同的特点，具有如下四种模式。

① 模式一：大地艺术的基底。大地艺术产生之初，其多维尺度的人文环境关怀设计理念，成为人们改造废弃矿区、矸石场、采矿坑等工业遗址地貌环境的有效手段。德国的科特

图6-10　将矿坑原有传送带作为艺术品

布斯露天矿区邀请世界各国艺术家，以巨大的废弃矿坑为背景创造作品，不少煤炭采掘设备如传送带、大型设备等都被保留下来，成为艺术品的一部分（图6-10）。美国加利福尼亚州的拜斯比公园原本是一个废弃的垃圾填埋场，设计师哈格里夫斯保留了场地北部的大量电线杆，阵列平齐的电线杆与起伏多变的地形融为一体，形成了一幅对比鲜明、壮观的大地艺术品（图6-11）。

② 模式二：游览公园。工业遗址还能改造为以游览为主要功能的公园。游览公园主要的设计手法是将大部分工厂原有的布局结构、厂房和设备保留下来，并做适当的外观改造和配套设施的建设，为市民的休闲游憩活动提供空间。中山岐江公园的前身是粤中造船厂，2001年经过改造成为综合性城市公园。公园保留了原有造船厂的框

图6-11　加利福尼亚州拜斯比公园的电线杆阵列

架和早已被岁月侵蚀得面目全非的旧厂房和机器设备，铁轨、机器设备的保留使原有土地的历史没有丧失，只是换一种身份讲述自己的故事。大胆的直线和强硬的空间设置突破了

原有空间的局限，给人耳目一新的感觉（图 6-12）。

③ 模式三：生态恢复性的景观公园。在工业废弃地的改造中，最棘手的问题是严重破坏的环境，通常会采用景观生态修复的手段恢复公园内以及周边地区的生态环境，并尊重场地现有的肌理，利用场地上的工业设施和厂房等改建为餐饮、休息、儿童游戏场地等公园设施，让原先被大多数人认为丑陋的工厂保持了其历史、美学、生态和实用的价值。美国西雅图煤气厂公园是对废弃地进行生态恢复的最早尝试（图 6-13）。由于煤气厂生产过程中的工业有机废弃物对场地的土壤造成了极其严重的污染，即使更换表层土壤，污染物仍然很难被清除。设计师理查德·哈格通过与生物学家合作，引进能消化石油的酵素和其他有机物质，通过生物和化学的作用逐渐清除土壤深处的污染。以生态主义原则为主导的工业废弃地改造不仅保留了历史的记忆，恢复了往日的生态环境，同时公园的造价和维护管理的费用也相对很少。

图 6-12　中山岐江公园

图 6-13　西雅图煤气厂公园

## 6.3　城市公共景观与城市安全的保障

城市公共景观建设是以环境和资源的保护为前提的合理利用，减少城市开发给动植物带来的灾难，是安全城市人居环境的基础。如果将城市景观单独从城市的基底上提取出来，我们可以看到一张由点、线、面构成的网络，这张网络联系着城市的各个部分。联系紧密的城市景观网络能减少重大自然灾害发生的概率，增强城市的防灾抗灾能力，提高城市的安全等级，从而维护城市的经济安全和政治安全。城市公共景观对城市安全的保障可以从建设生物过程与栖息地的安全格局，构建城市雨洪的绿色生态管理系统以及建设防灾与避险公园系统三个方面来实现。

## 6.3.1 建设生物过程与栖息地的安全格局

植物、动物和微生物作为城市生态系统中的重要组成部分，它们的生存和发展一方面受到城市环境和其他要素的制约，另一方面对城市环境的稳定和改善起着不可替代的作用。保护建设生物过程与栖息地的安全格局，其本质就是保护人居环境，并促进城市生态系统健康有序的发展。

（1）建立多样性城市绿地景观

多样性指绿地景观类型的丰富程度。与城市自然密切互动的城市公共景观规划建设应有助于城市景观类型的多样化、丰富度和复杂度。同时，在一定程度上随景观类型的丰富度和复杂度的变化，城市公共景观又能发挥更大的生物过程的承载功能。因此，在建设与城市自然互动的公共绿地景观建设中应重视多样性的建设。宏观上适当增加公园类型及数量，如树木园、社区公园和带状公园等，提高城市公共景观空间异质性，环境越多样化所能提供的生境就越多样，能支持的物种就越丰富。微观上，根据生态学原理在植物配置中合理搭配乔木、灌木和草本植物，充分利用空间资源，构成一个稳定的、长期共存的复层混交植物群落，以此提高环境多样性，使整个生态空间更加多样化，极大地丰富物种多样性。

（2）构建城市生态安全格局

城市山体与水系廊道等能为生物提供生境和暂息地，形成城市大格局的有机网络。在城市扩张过程中，维护区域山水格局和大地机体的连续性和完整性是维护城市生态安全的关键。在城市公共景观的建设中，要重视城市绿地系统、水系廊道和绿色廊道系统等的规划，增强各生境斑块的连接度和连通性，减少城市内外自然环境中动植物的迁移阻力，进而保证生态系统结构的完整性和稳定性以及生态格局的安全性。

（3）保护乡土植物，恢复和重建地带性植物群落

乡土植物是长期自然选择以及与本地气候和周围环境相适应的结果。1977年最早的城市生态公园在伦敦建立，公园利用城市中成片的、面积较大的荒地和废弃地，栽植适应当地气候或是抗性强的乡土植物，恢复和重建自然生态景观，保存物种资源和群落结构模式，促进

城市自然景观的保护和恢复，也为市民提供了参观、学习、休闲和游憩的自然空间。同时，以乡土植物为特征的植物群落多样性格局也为本地动物的繁衍、栖息提供了场所，是当地野生动物多样性保护和持续发展的有效途径。

## 6.3.2　构建城市雨洪的绿色生态管理系统

城市的绿色廊道、湿地、公园、森林保护区和自然植被区等开放空间与自然区域相互衔接，成为城市雨水的主要承载体、运输与净化通道。在城市中，通过雨洪管理的绿色生态系统的构建，恢复湿地、坑塘系统和河道自然形态，使绿色屋顶、植被种植、雨水花园、透水铺装及其他具有排水功能的城市景观要素延伸到城市的每个角落，以自然生态的方式系统管理城市雨洪径流，达到控制径流污染、改善水环境、减少城市洪涝灾害的目的，形成人与自然和谐共处的可持续景观，具体方式如下。

（1）保护和恢复湿地、坑塘系统

近年来，每逢暴雨城市就会发生严重的城市内涝，原因很多，但有点值得重视的是城市的大部分坑塘和河道等被填埋作为地产开发用地，雨水落在地面便无处可去。保护现有坑塘、河道，同时恢复部分已填埋的水系成为当务之急，同时还要在城市中结合低洼地、废窑坑等建立新的蓄水坑塘、湿地系统，在收集雨水的同时发挥净化水质、水土保持等功能。

3000 多年来，北京历代王朝建造了众多水利工程：护城河水系、水源河道、漕运河道和防洪河道等。随着北京的快速建设，旧城内部分水系改为暗沟或填平。全面保护和恢复具有重要历史价值的北京城河湖水系，不仅对保持古都风貌具有重要意义，同时还有很强的生态作用，能有效缓解雨季城市内涝的困境，并奠定北京市区河湖水系的雨洪安全格局。

（2）景观化的雨水管理

景观设计作为一门协调人与自然关系的学科，可以将土地、水、环境和人文等要素系统地联系在一起，实现以最小成本获取最大环境、社会和经济效益，故其对雨水资源管理的实现有着举足轻重的作用。通过对城市雨水的源头、传输和终端进行屋顶花园、雨水花园、下凹绿地、植物群落、铺设透水砖、植栽、洼沟、雨水跌水、生态湿地、景观雨水塘等处理，以实现对雨水资源的充分、有效利用（图 6-14），也可以创造美丽的生态景观，改善人们的日常休闲生活。

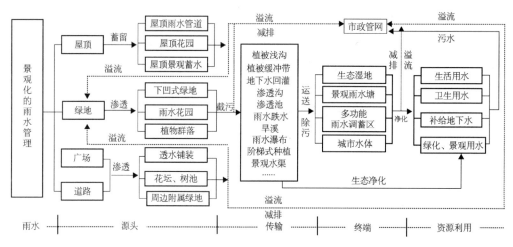

图6-14 城市雨水资源化的景观学系统模型

　　首先，在屋顶、街道、广场和绿地等能产生雨水径流的起始场所，根据不同需要选择建造屋顶花园、雨水花园、下凹绿地、植物群落、铺设透水砖等景观元素，汇聚并吸收降水，补充地下水源，维持良性的水循环。其次，当降雨强度大于地面入渗能力时，则通过植栽、洼沟、雨水跌水等一系列结合景观设计的手法过滤净化雨水，再将溢流的雨水汇集运输到生态湿地、景观雨水塘等。这样既可创造美丽的生态景观，改善人们的日常休闲生活，创造美丽环境，也能再一次通过生物净化雨水，补给景观、生活和卫生用水等城市用水。最后，如果景观水体容量再度达到饱和，则溢流至人工蓄洪池或城市河道，此时的排水负荷已然较轻。最终实现节水、水资源涵养与保护、控制城市水土流失和水涝、减轻城市排水和处理系统的负荷、减少水污染、改善城市水环境和生态环境等目的。

　　城市景观雨水系统利用多层次植物种植、改造微地形和直接景观存储等方法来科学管理城市雨水资源。城市景观雨水系统通过规划地表径流流向来减缓水流速度，降低对土壤的侵蚀，提高雨水的天然入渗能力，有效增加土壤含水量并回渗涵养地下水，减少城市洪涝灾害。同时，系统通过植物的过滤、阻滞功能来净化水质，减少受污染的地表水进入河流和水系，避免造成二次污染，降低对河流湖泊生态系统的破坏。经过过滤净化的滞留雨水将会增加空气湿度，回收后可进一步用于生态、生活与景观用水，最后才排入城市管网。城市雨水景观系统以多样的方式大大强化了土地对雨水的吸收并创造了雨水全生态的循环系统，因此，城市雨水资源化的景观学途径是一种高效的、生态型的健康循环模式。

### 6.3.3　建设防灾与避险公园系统

在 1987 年的美国芝加哥大火中，城市中心区受灾面积高达 730 公顷，造成 10 万人无家可归。为了提高城市的抗火灾能力，在灾后重建中，政府首先考虑通过建设公园系统来分割密度过高的市区，用系统性的开放性空间布局来防止火灾蔓延。日本是一个自然灾害多发的国家，很早就开始了对公园防灾的探索，其规定各城市在编制城市规划时必须将城市公园系统作为应对灾害的绿色基础设施纳入进去（表 6-1）。

表 6-1　日本防灾公园体系

| 公园类别 | 功能分区 | 面积及要求 |
| --- | --- | --- |
| 广域公园等 | 广域防灾据点 | >50 公顷 |
| 城市基干公园、广域公园等 | 广域避难场地 | >10 公顷或与其连为一体的周边空地共有 10 公顷以上 |
| 近邻公园、地区公园等 | 紧急避难场地 | >1 公顷或与其连为一体的周边空地共有 1 公顷以上 |
| 绿道 | 避难道 | 宽度 10 米以上 |
| 缓冲绿地 | 缓冲绿地 | 油库、化工厂等与其紧邻的城市街区之间的隔离带 |
| 街心公园 | 防灾活动据点 | 500 平方米左右 |

2008 年 5·12 汶川大地震后，中国的城市防灾与防护绿地逐渐成为研究的热点。中国城市人口密度大，市民防灾意识缺乏，城市整体的防灾功能滞后于城市发展，一旦发生灾害后果难以想象。利用现有城市公园、绿地等城市公共景观空间作为城市灾难（以及在避灾、救灾过程中的二次灾害），发生时的庇护与救灾场所，有着极其重要的作用。

城市防灾公园系统的规划应当结合城市公共景观建设，充分发挥各类公园的综合防灾功能，将避难人员停留时间与庇护需求作为规划的依据，合理配置各种类型、级别的防灾公园相结合的防灾公园体系，保证在灾难发生时，市民能有效地安全避难。通常城市防灾公园体系包括具有二级避灾据点机能的中心防灾公园和固定防灾公园，以及具有一级避灾据点机能的紧急防灾公园，它们通过避难通道和救灾通道紧密联系，形成网络，发挥不同的避灾特点，为安全避难提供重要保障。

（1）中心防灾公园

中心防灾公园的设立是为了在灾害发生时庇护、救助多个居住区的受灾居民，因此在其位置的选择上多为城市中心或是容量较大的城市和区级公园绿地，服务覆盖半径为2000~4000米，面积大于10000平方米，有足够的空间和场地可以作为安全生活的场所，如用作抗震救灾指挥中心、医疗抢救中心、抢险救灾部队的营地和外援人员休息地等。同时，中心防灾公园还需要具有避难生活所需的基础设施，在城市复建完成前为市民提供生活所需的必要保障。

（2）固定防灾公园

发生灾害时，固定防灾公园起到为人们提供较长时间避难以及进行集中救援的场所的重要作用。固定防灾公园通常可选择公园、广场和绿地等，服务覆盖半径小于2000米，面积为2000~10000平方米，并配备地下电线、自来水管等基础设施，用以暂时收容避难人员，等待救援，并引导避难人员进入层级更高的、更安全的、设施更完备的中心防灾公园的中转站。

（3）紧急防灾公园

紧急防灾公园是人们在短时间，一般为发生灾害3分钟内，自发性寻求紧急庇护的地方，是灾民临时集结并转移到固定避难场所的过渡性场所。紧急避灾公园应按照城区的人口密度和避难场所的合理服务范围均匀地分布于城市中，在居住区、商业区等人员汇聚密集的区域内或周边的小区游园、街心公园、景观广场、绿地等都可以作为紧急防灾公园的主要组成，通常服务覆盖半径为500米左右，面积大于2000平方米，为保证一级避灾据点的安全性和可达性，必须保证其与地质危险地带和洪水淹没地带的距离在500米以上，并至少有两条以上的避难通道连接。

（4）避难通道

利用城市的次干道及支路将城市的中心防灾公园、固定防灾公园和紧急防灾公园连成网络，形成城市公园防灾体系。为了避免城市居民避灾与对外联系发生冲突，避灾通道的选择应尽量避免对城市主干道的占用，同时，为了保障避难道路的通达，在沿路的建筑规划时应根据建筑的高度与道路红线保持一定距离。

（5）救灾通道

救灾通道是发生灾害时，受灾地区与外界联系、展开救援的主要交通路线。因此，为了保证灾害发生时救灾通道的畅通，道路红线两侧应规划10~30米宽度不等的绿化带。

## 6.4　城市公共景观与城市发展的相互促进

一直以来，城市公共景观总是被视为城市建设的附属物，认为其依附于城市经济发展，不但不能产生明显的经济效益，还要耗费大量的城市公共投资，是可有可无的"装饰品"，在城市发展中往往也最容易被忽略。然而，城市公共景观在美化环境的同时还带来了气候改善、环境质量提高等诸多生态环境效应，并且其自身的社会效益和经济效益也越来越明显地体现出来。我们经常能看到很多市民在闲暇之余聚集在公园与广场唱歌、跳舞、健身、散步和聊天。公园、大型绿地和步行街周边的房地产开发火爆，价格不断上涨。城市公共景观已经不再只是城市建设的附属物，而是从生态、经济、社会和城市格局等方面积极地推动着城市的可持续发展。

### 6.4.1　公共景观规划结合城市经济发展格局

（1）通过城市公共景观建设优化周边土地利用

著名福利经济学家庇古的"外部效应"理论中认为在实际经济活动中，生产者或者消费者的活动会对其他生产者或消费者带来某种非市场性影响。这种影响如果是有益的，那么这种有益的影响便被称为外部效益或正外部性。在市场经济下，优美的城市公共景观属于"公共资源"范畴，在城市的发展过程中，公共景观对于周边用地而言是一个利好因素，从而刺激地价的变化，为竞争日益激烈的地区发展注入强有力的景观资本，忽视积极的外部效应等会浪费资源并破坏景观的质量。由于传统工业在土地单位面积上的开发收益低于商业办公、文化娱乐、现代居住及高科技产业等，因此城市公共景观周边的传统工业用地通常被置换后进行商业、办公和居住开发。

在美国马萨诸塞州的莫尔登市河畔地区曾经是用于倾倒废旧轮胎的地方，这里垃圾遍布，满是疯长的杂草和入侵植物，如芦苇和臭椿。作为一个地产开发的综合性项目，脏乱的环境是开发商首先要面对的难题，装满垃圾的河道无法作为吸引购买写字楼或公寓的用户的滨水景观。为了增加规划中办公和住宅单位的价值，开发商大胆地在项目前期，在没有任何回报保证的前提下投资超过 1.7 亿美金用于河道的清理和景观改造，在任何建筑都尚未完工前就建造了一个占地 2 公顷的公园，最终该地产项目取得了极大成功。

印第安纳波利斯新中心河滨区由于城市产业结构的调整，工业厂房被废弃，变成没人愿意进入的无人区，甚至连周边的居民都不觉得他们是居住在水边。印第安纳波利斯新中心河滨改造项目对这段被废弃的河道进行了重新定位和设计，将这段曾经谁也不愿去的地方变成了城市人气与活力的中心。印第安纳波利斯新中心河滨改造通过为市民提供方便使用的滨水空间和一系列公园广场来吸引公共部门和私人部门的投资，刺激公共服务设施的完善。现在，印第安纳波利斯新中心河滨的巨大人气还吸引了投资者的眼球，投资者纷纷在周围建起了商场和餐厅，周边的房价也随之大涨。不仅如此，这段滨水景观空间还吸引来了印第安纳州立博物馆、历史协会、图书馆、政府中心、医疗研究机构和美国大学体育总会。在整个区域中，印第安纳波利斯新中心河滨区域起到了一个极核的作用，不仅对周边环境、设施有极强的带动和改善作用，同时周边环境以及设施的改善又反过来增强滨水区的极核效果。

（2）依托城市公共景观大力发展旅游产业

依托城市独特的自然风光和人文景观资源营造优质的城市公共景观项目，有助于城市旅游业的发展。城市化的提速带动了产业结构的调整，2008 年，上海存有 133 个产业，其中96 个因已进入生命周期的衰退期而不具备持续发展的动能；依托上海大量的优质城市公共景观资源，剩余产业中有大量的商务活动向旅游业转移。苏州物华天宝、人杰地灵，自有文字记载以来的历史已有 4000 多年。秀丽的山水、典雅的园林为其赢得了"人间天堂"的美名，更有"江南园林甲天下，苏州园林甲江南"的赞誉。苏州独特的小桥流水人家的水乡古城特色，每年吸引了大量的国内外游客到访，是中国重点风景旅游城市，也是长三角重要的经济中心。新加坡经过近 50 年的建设成为一座世界闻名的花园之城、绿色之城、最干净之城、最美丽之城，旅游业成为其经济的重要组成部分，对新加坡国民生产总值的直接及间接贡献率达 10%，从业人员占当地劳动力总量的 7%。

## 6.4.2 打造城市景观品牌，吸引外商投资兴业

国内有学者将城市的品牌归纳为四个方面，一是个性和特色，二是合适的城市环境，三是反映民族文化，四是完整、前瞻性的定位。具有地域风格与个性的优美的城市景观是城市对外宣传的品牌和名片，直接赋予了投资者对城市的第一印象，是营造良好投资环境的重要标准之一。就像埃及的金字塔、伦敦的伦敦眼、巴黎的埃菲尔铁塔、纽约的自由女神像、哥本哈根的美人鱼铜像、悉尼的歌剧院、芝加哥的云门、北京的天安门、上海的东方明珠等城市标志性公共景观闻名世界，成为城市的名片、体现着城市的魅力。

美国的水之城明尼阿波利斯在 1993 年被美国《财富》杂志评为具有最佳国际商业环境和最利企业发展的美国十大城市之一。在《财富》杂志列出的 500 家大公司中，有 31 家的总部设在这里。这一切都要归功于明尼阿波利斯的城市公共景观建设，它的公园系统将城市

内的 170 个公园连接起来，被认为是美国位置最好、设计得最好、维护得最好和经济状况最好的公共景观空间。

　　深圳经济特区是中国改革开放的窗口，一提起它，大家自然就会想到奋力拓荒的"孺子牛"的形象。这源于 1998 年出现在深圳市政府广场上的体现深圳精神内涵、象征性极强的"孺子牛"雕塑（见图 6-15）。在中国，牛是典型的农耕文化的符号，被赋予勤劳憨厚、不图回报的高尚品质。著名雕塑家潘鹤以牛的形象向人们讲述了这座新兴的现代城市从无到有、艰辛创业的开拓精神和

图 6-15　"孺子牛"雕塑

峥嵘历程。城市通过公共景观项目的建设有助于提高知名度，提升城市竞争力和吸引外商投资兴业。

　　大连市通过城市环境的改善，形成了旅游之都的城市形象，吸引大量的国内外朋友前来旅游观光、洽谈贸易，增加了外资的引进。自 1994~1998 年，大连用于环境改善的投资为 78.79 亿元人民币，吸引外商直接投资 476.44 亿元人民币，其中因为环境改善而引进的外资为 104.82 亿元以及有 10.41 亿元的外商上缴税金[174]。因此，城市公共景观建设不是单纯的无产出的资金投入，而是拉动经济增长的重要生产力。城市公共景观要结合城市自然、人文和产业特色，塑造形象鲜明的城市品牌，对促进全市经济发展起到重要的作用。同时，城市公共景观的建设又能消解与降低因为投资兴业而引起的城市环境的破坏和环境的污染，进一步吸引外资，实现城市公共景观建设和城市发展的良性循环。

## 6.4.3　提升环境竞争力留住外来高水平人才

　　21 世纪，软实力的竞争是真正的竞争，创新与知识是真正的生产力，能否保留和吸引更多的人才和投资是城市竞争力的关键。影响人才吸引力的因素有很多，城市环境是吸引和留住人才的重要因素之一（图 6-16）。在第十届国际人才交流大会上，诺贝尔奖获得者托马斯·斯泰茨认为"创新的人才才能带动城市的创新，而一流的、创新的规划才能为人才带来宜居的环境，吸引人才。"在 2012"魅力中国 —— 外籍人才眼中最具吸引力的中国城

市"评选中，青岛在"生活环境"方面获得最积极评价。仅 2012 年一年，青岛就引进外国专家 1500 人次，每年来青岛工作的国（境）外专家超过 5000 余人次，常住青岛一年以上的有 1500 余人。很多外国友人用"可爱""美丽"来形容青岛，他们觉得青岛是一个让他们愿意留下来的城市。2013 年"魅力中国 —— 外籍人才眼中最具吸引力的中国城市"评选中，获选的十大城市中，天津、广州、深圳、厦门、南京、苏州、杭州、青岛在评价的 18 项分指标中城市规划发展、人居自然环境均有较高的得分。上海和北京因为环境的污染，人居自然环境打分较低，逐步削弱了这两个城市的吸引力。作为城市人居自然环境建设核心的城市公共景观，不仅有助于提高城市的视觉美学品质和生态环境质量，还能够提高城市的文化内涵，培养和增强市民的城市归属感。应以城市公共性景观的改造建设为突破点，带动城市形象的提升及全面发展，提高城市环境竞争力，吸引和留住外来高技术人才。

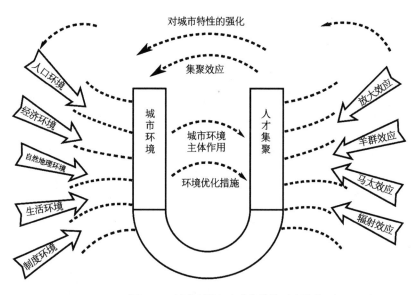

图 6-16　城市环境与人才集聚的互动关系

## 6.5　本章小结

本章研究了"城市公共景观-城市"的互动，从城市的自然、历史文化、生态安全和城市发展四个方面展开论述，通过城市公共景观与自然的共生、城市公共景观与城市文化的传承、城市公共景观与城市安全的保障以及城市公共景观与城市发展的相互促进的建构，实现城市公共景观与城市宏观环境的相互关联、相互协调、相互影响，与城市的性质、功能、结构、形态关系的良性互动，为城市公共景观的发展定下和谐发展的基调，形成城市特有的公共景观风貌。

# 第 7 章

# 互动的外部实践路径
# ——"城市公共景观-周边"的互动

城市公共景观并非孤立存在,而是嵌套在城市的肌理中,就像细胞一样与周围区域的发展演变相联系,与周边的不同形态和功能发生着相互关联、相互支撑、相互依存和多元共生的紧密联系。本章基于互动视角的城市公共景观营造的外部实践路径——"城市公共景观-周边"的互动,旨在探索公共景观与周边环境、空间、功能以及交通的联系和相互作用,通过互动策略的实施,实现公共景观与周边有效联系与融合、空间形象和谐、空间结构合理、功能配置完善和生动有活力的城市公共景观。

## 7.1 城市公共景观与周边环境的融合

城市公共景观周边的自然环境和人工环境是城市公共景观所处的背景肌理和发展基础,影响着城市公共景观意境的表达与形式的设计。城市公共景观与周边环境的有机融合将有利于完整的城市公共景观意象以及城市特色的塑造。

### 7.1.1 自然环境的影响

自然环境包括气候条件、地形地貌与水文地质等,城市公共景观在与周边独特的自然环境的互动过程中被赋予了特定的内涵,形成了它独特的地域特色。例如提到苏杭便会想起温婉的小桥流水人家,提到贵阳就会想起高原山地及丘陵、盆地、河谷的喀斯特地貌,这些浓郁的地域自然环境特色已经深深地烙印在城市景观中,成为标志性的符号。城市公共景观与自然环境的互动可以通过对气候差异、周边地形以及城市水体的响应来实现。同时,合理地利用气候和地形等资源可以为我们在创造优美景致的同时节约人力和物力。

### 7.1.1.1 适应地区气候差异

气候差异是地域差别的重要因素，直接影响了地域的水文条件、地形地貌和动植物资源等，也造就了人们不同的生活方式，从而极大地影响到城市公共景观风格的形成。城市公共景观规划设计应以地区气候为前提，合理分析利用气候特点，创造出与气候相适应的、宜于人们休闲游憩的公共场所。

中国南方的福建土楼为了满足炎热气候下的遮阴及雨季的内部交通需求，并对台风袭击有一定的抵抗作用，形成了圈环状的独特夯土建筑形式。而在美国的加利福尼亚州，由于天气晴朗、阳光充足，人们多向往户外休憩，为了适应当地的气候条件和满足居民的生活需求，加利福尼亚州的花园中都建造了带木质的露天休息平台、游泳池等，其中以托马斯·丘奇设计的唐纳花园最为典型。英伦三岛位于西北欧一侧，这里湿度大、云雾多、雨天多、日照少，广阔的牧场沃野和自然的缓坡稀树给英国自然风景定下了基调。同样，景观表现的关键要素之一植物也深深地受到了气候要素的影响，巴西园林设计师布雷·马克思充分挖掘了巴西热带植物的景观价值，创造了适应当地气候的具有地方特色的植物景观。

### 7.1.1.2 对周边地形的利用

地形本身形态各异，由于坡度大小、海拔不同等因素而表现出空间的多维性。城市公共景观的建设要合理利用所处以及周边地形，创造出多维性的景观空间和观景空间，丰富城市公共景观的层次和形式。欧洲景观从意大利台地园林到法国规则式园林，由于受到不同地形的影响，都具有各自强烈的形态风格与特点。意大利位于欧洲南部的亚平宁半岛上，境内多山地和丘陵。夏季在谷地和平原上异常闷热，这一地理地形和气候特点迫使人们思考如何在高处的台地上建园。法国位于欧洲大陆的西部，国土总面积约为55万平方千米，地形较为平坦，有利于大面积平面式园林的展开，展现意大利园林中无法看到的恢宏景象。

### 7.1.1.3 景观与城市水体的协调

河流是城市水体的重要组成，考虑到防洪需求，国家水利部门设置的对于防洪大堤高度的硬性标准是无法突破的底线。人类亲水的天性驱使设计师不断尝试各种方法来缓解城市安全与亲水的矛盾，充分考虑景观美感与空间感受，让人的活动基面尽可能地亲近水体，通过抬高城市基面、下沉亲水活动基面以及自然化堤岸景观等手段来弱化巨大的水泥工程砌体给人们带来的隔离感。

（1）抬高城市基面

对于水面标高接近或是高于城市基面标高的城市，为了降低堤坝对城市观水、亲水的影响，可以采取抬高城市基面的做法，局部或大面积构建高于或是等于防洪堤坝顶端标高的活动场地。宽度达到 200~300 米的超级堤坝能有效扩大城市滨水空间面积，用于兴建建筑、广场、公园等滨水设施，改善滨水空间的景观效果。在汉堡新港建设项目中，将 4.5~7.3 米的城市地面整体抬升到 7.5 米，构筑一个新的人工城市基面，在其上建设新城（图 7-1）。相比于汉堡的整体式抬高城市基面，一般城市可以采用局部式提升的方法，可行性相对较高。天津海河项目中，观景平台结合防洪堤坝，一方面扩大了堤坝上的休闲活动空间，另一方面平台下空间被用于商业，削弱了巨大的防洪大堤的闭

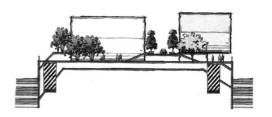

图 7-1　汉堡整体式抬高城市基面

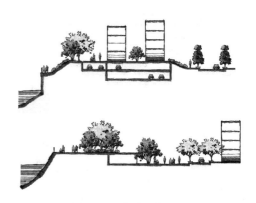

图 7-2　局部式抬高城市基面

塞和阻隔感。有时还可以将平台下 4~5 米的空间作为滨江区的机动车通道或是停车空间，解决滨江地区车流量大、停车难的问题（图 7-2）。在杭州滨江区城市设计中，将堤岸架空抬高，底层作为车库，上方通过绿化与城市连为一体，不仅消解了 4 米高的堤坝的压迫感，而且满足了此地大量的停车需求，实现了滨江区的休闲娱乐、餐饮功能与滨水的有机结合，成为杭州滨水区的一大特色。

（2）下沉亲水活动基面

对于水面标高远低于城市基面的城市，由于较大高差的存在，人们难以亲近水面。可以通过不同形式的下沉亲水活动基面，在满足防汛要求的同时为城市营造多样的亲水空间（图 7-3）。当滨水区空间非常狭窄时，通过将堤坝设计为后退的台阶式，变化的高差在为人们提供亲水机会的同时也丰富了景观的空间效果。当滨水腹地有一定宽度时，可以通过双层水岸的设计来营造有活力的亲水环境。在荷兰乌德勒支市滨水空间的设计中，临近水面的河堤

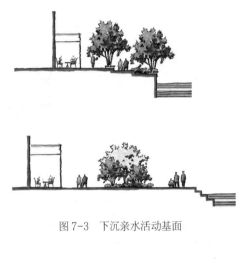

图7-3　下沉亲水活动基面

图7-4　自然化堤岸的处理手法

被设计成拱券的形式，用于开设小酒吧和咖啡馆等，在这些酒吧和咖啡馆的门口临常水位搭建亲水平台供顾客停留聚集，下沉的活动基面对丰富水岸空间起到了重要的作用。上下两层堤岸通过植物景观和台阶相互隔离又彼此渗透。当滨水腹地较宽时，下沉的亲水基面可以成为兼具景观、交通、商业、娱乐、休闲、停车等多元化功能的活跃场所。毕尔巴鄂的岸线设计中借助原有的海事设施，将海洋博物馆设计在堤岸的下沉亲水平台上，人们经过亲水平台可以直接步入博物馆，非常便利，形成富有人气的滨水空间。

（3）自然化堤岸景观

虽然抬高城市基面和下沉亲水活动基面能有效地减少堤坝的隔离感，增加人们亲水的机会，但混凝土浇筑的人工堤防还是很难融入周围的环境之中，对滨水区生态环境的改善与修复的作用也微乎其微。因此，在城市用地充足的滨水腹地可以后移防汛墙，将绿地与堤坝相结合，通过塑造缓坡入水的地形，用自然化的坡地景观来营造自然的滨水景观，不仅弱化了防洪堤的存在感，形成了自然的滨水效果，解决了亲水的问题，还有利于滨水区以及河道的生态修复，重塑原本物种丰富的河道生境（图7-4）。上海苏州河岸光复西路从普陀公园至武宁路桥段改造就是采用的这种自然化堤岸的设计方法。防汛墙退后30米形成缓坡绿地，草地入水处堆砌石块以防止水土流失，其上配置各种植物造景极大地改善和丰富了原有的滨水景观，同时为了保障安全、防止意外，在临水处还设置了铁链、铁栅栏等。

## 7.1.2 建筑形式的有机渗透

建筑是构成城市公共景观的重要因素，既是连续的一个组成片段，又在各自的空间地段中占据着中心和主体的位置，双重性的矛盾性和复杂性决定其作为城市连续界面的一部分时，应该强调城市公共景观与周边建筑的协调性；然而作为建筑物自身的艺术创造时，它的风格既要努力追求新颖独特，又要考虑到与周边城市公共景观的和谐共统一。因此，在城市公共景观与周边建筑的融合应是"整体统一""局部变化"和"选择保留"的有机结合。

（1）整体统一

整体统一可以通过运用相同结构、形式、材料、颜色或空间的重复来实现，使城市公共景观与周边建筑之间获得一种形式上的秩序，从而创造能被人感知的和谐。美国波士顿以承载着历史的红砖色为主调协调了新旧建筑之间的形式差异，谨慎处理与旧有建筑的关联。厦门市鹭江道城市设计考虑到对岸鼓浪屿山坡上大量的红顶别墅，运用"相似"的手法，在沿海高层建筑群中穿插低层的红顶建筑形态，使两岸红顶建筑遥相呼应。

（2）局部变化

局部变化可以通过将局部元素进行重构变形来获得，使城市公共景观获得变化下的统一。城市公共景观中建筑物形态的构成并不是以达到完全一模一样为最佳效果，不能全城公园、绿地和街道一个样，分不清楚城市生活的不同场所，这样机械的做法会扼杀创造的艺术性与生活的活力。威尼斯以其城市街巷中阡陌纵横的水域空间而闻名，几个世纪以来，城市虽在不断扩张但却一直保持着原有的老城的肌理尺度与街道走向。也有许多滨水城市由于河流一侧新城的迅速建设，形成了局部变化的两岸景观肌理，建构新旧肌理的互动统一。

（3）选择保留

选择保留是将建筑物的布局结构大部分保留下来，并作适当的外观改造和配套设施的建设。例如在滨水景观区，建筑是历史展现的重要构成元素，建筑的布局形态与外在形式体现了长久以来人们对滨水区的不同功能与目的的开发利用，对建筑的保护与更新要注重原有肌理的保留和历史的延续。在加拿大格兰威尔岛的更新中，为尊重与传承格兰威尔岛的悠久工业历史，大量的原有工业建筑被保留下来，在新建的建筑上设计师也增添和强化了工业建筑的元素，延续了原有建筑的风格和特色。

## 7.1.3　周边环境容量的合理控制

城市公共景观与周边环境的融合，除了要注意和周边自然环境、建筑环境的衔接外，还要对周边环境所能容纳的建设量和人口聚集量做出合理建议。对周边环境容量的控制可以从容积率和绿地率两方面来实现。

（1）周边容积率控制

鉴于城市公共景观的生态、景观和社会效益，城市公园、大型广场等公共景观周边建设用地的容积率不宜过高。如果城市公园周边建设用地的容积率过高，将会变成某些地产项目高楼围合下的私家院落，高楼包围下的公园很难被周边不熟悉环境的市民所感知，不利于周边居民的使用，城市公共景观的公共属性便难以实现。其次，围在高密度建筑中的公园，没有了好的景观视线和与自然交流的空间，环境质量也会下降。因此，城市公共景观周边地块容积率的制定既要考虑使用性质、土地的利用效率，同时还要兼顾当地的社会经济发展水平和环境承受力，不能一味地追求经济效益，要综合考量各种相关因素，合理规划。

（2）周边绿地率控制

绿地率指规划地块内各类绿化用地的总和与占该块用地面积的比例。绿地率的控制可以保证城市的绿化和开敞空间，为人们提供休息和交流的场所。城市公共景观周边的建设地块需要保证一定的绿地率，才能更好地利用和保护城市公共景观，而不应该把这种绿地需求都交给城市公共景观，这样在无形中增加了城市公共景观的压力，致使负荷加重，景观被破坏。

# 7.2 城市公共景观与周边空间的关联

关联是基于空间概念基础上的关系的整合，是一个动态的连续创作的过程。关联是实现空间互动的方法和手段。城市公共景观是城市空间中的重要组成部分，通过公共景观与周边空间的关联实现城市空间结构的有序发展，协调各要素之间的关系，变无序为有序，使城市各分离的局部相互关联，成为完整、连续的整体，提高空间形象的可识别性。

## 7.2.1 节点景观的有机植入

点具有停顿、强调、标志性的含义，具有不同的功能形式和相应的意象形态。城市中的点状公共景观往往由于较强的聚集效应与标志性，在景观体验中具有重要意义，成为城市容易识别、记忆的场所，能勾起人们对城市的向往和美好的回忆。这些公共景观节点是连续的空间发生转折变化的地方，即能使视线停留并产生视觉焦点的城市公共空间。公共景观点状空间以灵活的空间形态渗透到城市各空间内部，又保持空间的相对独立性，点的植入首先能完善景观空间结构，如图7-5，点 C 的植入让点 B、D 之间的联系更多样化，也更趋于稳定。其次，能有效地改善线性空间的单调，如音乐的节奏形成一个静态停顿点、一个小高潮，增强景观序列的节奏感。如图7-5中点 E 所示，异类的空间形式或元素的加入对于线性空间活力的营造非常重要，同时，还能成为从线性空间进入面状空间之前的过渡和缓冲，有助于形成有张有弛、富有节奏和韵律感的空间体系。

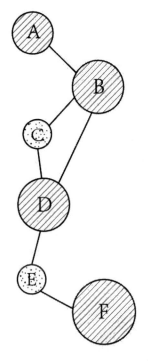

图 7-5　节点景观植入示意

点状空间的植入应结合不同环境的特点，赋予空间多功能使用的可能性，满足城市公共景观空间整合的需要以及人们多样化的活动内容及要求。小的广场或一个具有围合性的内聚空间都能成为合适植入的公共景观节点，从而使城市公共景观体系富有节奏和韵律。植入的景观点根据不同功能可以分为以下几种。

（1）节点型-城市景观结构的框架节点

节点型点状公共景观在空间体系中起到相互承接和转折的作用，其不仅控制整个空间的节奏，还有助于城市识别性和导向感的建立，创造易于识别的城市公共景观整体形象。城市公共景观节点的设计要根据周边环境以及区域的功能需求进行具体设计。

① 道路交叉口节点：是城市通道的重要转折点和交汇点，也是主要的视线交织点，道路交叉口节点的景观设计需要与交叉口周边的建筑的形态和空间进退相呼应。

② 主题广场节点：主题广场作为城市公共景观的重要组成部分，为市民闲暇休憩提供了多功能的综合公共开放空间，文化广场节点设计要注意广场主题的设置要反映城市的历史文化以及时代风貌，功能布局要满足市民集会、庆祝等公共活动的需求，如南昌的八一广场、株洲市的神农文化广场等。

③ 小型游憩绿地节点：根据绿地的服务半径和覆盖面积，合理布置街边小型绿地开放空间，在小型游憩绿地节点的设计中宜运用开花植物与异色叶创造丰富多彩的植物景观，结合游憩和健身设施为行人和周边市民提供良好的休闲与交流的空间。

④ 商业步行街的广场节点：在步行街区的连续性路线上植入广场节点能打破线性空间的单调感，成为步行街的标志性景观，并为购物人群提供舒适的休息场所，营造既优美又有活力的商业购物外部公共景观环境。澳大利亚的珀思干草步行街由数条传统步行街和室内步行街组成，是该市中心步行街系统的一个组成部分，利用步行街出入口的人流汇聚和视觉焦点的特点形成多个景观节点空间。

（2）标志型-城市景观意向的标志点

标志型点状公共景观空间通常基于城市标志性节点空间，是一个城市或区域、地段的标志，具有特殊的纪念和象征意义。标志型点状公共景观在营造时中心会设置一个代表主题的实体来作为空间的主体，如纪念碑、纪念雕塑和建筑等（图7-6）。标志性点状景观的植入有助于加强空间的凝聚力和引力，在提高城市公共景观质量、塑造可识别的城市特色形象的同时还吸引大量的游客慕名而来，增强周边地区的社会、文化和经济活力。

标志型点状公共景观空间的植入并非随意地布置，而是从地块、区域以及城市的过去、现状和未来出发，结合城市整体的发展框架和轴线，选定对地块、区域和城市发展具有战略性意义的点，而不至于出现标志点与局部空间孤立、与城市整体分割的局面。同时，标志型点状公共景观的规模设置也分层级，有城市级、区域级和地块级等。标志型点状公共景观空间是在城市发展框架中的一个节点，只有形成合理的层级序列结构，才能使城市的景观形象更加条理清晰、有层次。

图7-6 华盛顿纪念碑

（3）生态型–生态绿化网络的斑块点

随着城市的发展，城市正逐步被钢筋混凝土所覆盖，残存的绿色空间对于已经非常脆弱的城市生态系统来说至关重要。首先，城市景观是城市生态系统的外显，小型公园、广场等点状绿色城市公共景观都发挥着其不可替代的生态功能，是城市生态基质中的绿色斑块。绿色植物是生物的栖息地，绿色植物的空气净化、涵养水源、水土保持等作用保障了城市的生态安全。其次，在建设生态型绿色点状公共景观空间的同时，要以生态系统的多样性、生长性、地域性等特点为指导，使园林绿地建设在改善现有环境质量的同时发挥其更大的生态效益。多样性指绿化场地中植被类型的丰富多样程度；生长性指选择易于生长繁殖的植物，有利于绿色开放空间的抚育；地域性则是指绿色空间设计时要选择适合本土生长的植物，使绿化空间具有地方特色。最后，生态型点状公共景观空间的植入要结合城市内部的道路绿化系统、廊道系统等，不要孤立存在，要渗透到城市的各空间中，使城市的绿化景观更加丰富多样，生态系统的组成更加丰富。

## 7.2.2　线性空间的连接

### 7.2.2.1　线性景观的路径生成

根据空间线性连接的特点，空间碎片的景观缝合方式可以归纳为三种原型：串联、并联和辐射，形式可以是直线型也可以是自由曲线型（图7-7）。

（1）串联

闭合或开放环状线性空间串联空间单元，碎片空间呈线性分布，表现为"链形结构"，串联既可以是对称的也可以是非对称的。

（2）并联

有两条或两条以上的线性空间形成的空间格局，表现为树形结构。

（3）辐射

各空间围绕一个或多个中心向周边发散

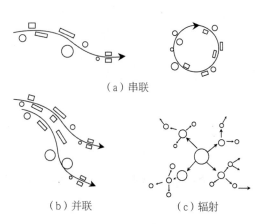

（a）串联

（b）并联　　　（c）辐射

图 7-7　线性景观缝合的路径生成示意

布置，建立了中心与周边的有机联系。

在线性缝合的路径生成运用中，不是简单而机械地运用这三种连接原型，而要根据实际情况将三种方式进行有机组合，以适应复杂多变的城市空间形态。

7.2.2.2　线性景观空间的缝合策略

按照线性空间与缝合碎片之间的空间关系，具体可以采用形成轴线、构建半网络和视觉关联三种策略。

（1）形成轴线

轴线是线性路径与空间碎片相互作用的产物，其强烈的统帅性可以将不同主题、不同类型的城市空间有机地组织起来，通过序列感给人整体的、连续的物理和情感体验，进而与城市景观环境的场所精神产生共鸣。其次，线性空间的方向性、开放性和生长性使原有空间因为轴线的组织发生关联，新的空间能够沿着轴线的方向继续生长（图7-8）。通过线性空间的缝合不仅能整合城市空间形态，还能确定未来城市的发展方向。城市中比较重要、具有标志意义或是历史意义的碎片空间可以运用轴线的方式加以线性缝合，如城市空间系统生长主要方向的城市发展轴、历史文化轴、自然生态轴和城市生活轴，串联城市主要场所的城市内轴线，街区内部主要场所的组织轴等。如广州市的中山路串联了多个点状公共景观，包括海珠南北广场、航海广场、维新广场、起义广场、人民公园、市政广场、中山纪念堂、越秀公园等，形成了广州传统的中轴线和公共活动的轴线。

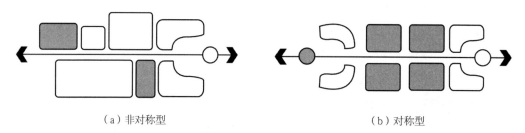

（a）非对称型　　　　　　　　　　　　（b）对称型

图7-8　线性景观形成轴线

（2）构建半网络

现代城市受功能主义的影响，强调功能分区、道路等级、人车分流、邻里单位、居住组团、城市中心分析等设置规划概念，城市结构表现出极强的树形结构特征，破坏了城市活动的横向联系和交叠，降低了生活的复杂性、多样性和随机性。克里斯托弗·亚历山大通过比较得出"一个有活力的城市需要是半网络结构的，半网络结构比树形结构具有更为丰富的可变性和

结构复杂性"的结论。 城市中较为重要的公共景观空间片段通常可以通过一系列的轴线形式加
以关联，而对于更为大量的日常生活场所之间的关联，则需要通过半网络的关联的建构。 通过
线性公共景观的连接，如带形公园、绿道、人行道和自行车道等，构建生活的半网络 —— 从
中心出发，向四周辐射，形成互相交叠和不闭合的网络，半网络的建立是对辐射、并联与串联
路径的综合应用。 如图 7-9 所示，在实际的城市空间中，半网络的建构是多情境的。

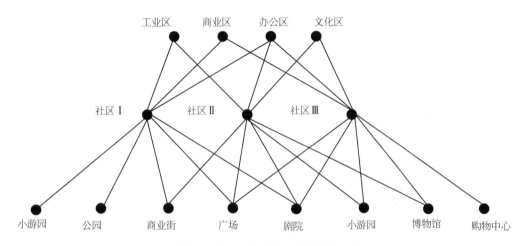

图 7-9  耦合生活的景观空间半网络示意

办公 → 居住 → 街道 / 街区广场 / 游园 → ……

社区 Ⅰ → 城市公园 / 城市广场 → 社区 Ⅱ → ……

工业区 → 社区 Ⅰ → 街区公园 / 街区广场 → 社区 Ⅲ → 城市文化区 → ……

这些复杂可能之间的半网络整合了城市中不同的空间，涉及居住、广场、绿地等。 由于
城市空间的生长性，轴线和半网络都不是静态封闭的，而是不断生长和发展的城市的缝合方
式，成为城市的空间骨架与形态肌理。

英国伦敦泰晤士河新千年庆典景观规划
通过线性滨河景观的串联，将公园、散步道、
码头、文化活动中心和地铁站等公共场所编
制成一个整体，为市民"编织"了一个城市
公共景观与社会生活空间耦合的半网络体系，
无论是河流还是城市都因此重新焕发了巨大
的活力（图 7-10）。

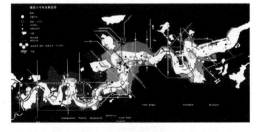

图 7-10  城市公共景观与社会生活空间耦合的
半网络示意

## 7.2.3　边界空间的打开

马丁·海德格尔认为："边缘并非事物的结束，而是显现事物的开端。"劳伦斯·哈普林认为："空间是相互流动的，且没有边界，许多边界是相互连接而成的缝线。"具有互动性的公共景观空间的界面不是一张紧绷的、不透气的、泾渭分明的边界，取而代之的是一个弹性的、有肌理的，将景观内部空间与结构向城市敞开的开放性界面，以加强城市公共景观与外界空间功能及信息的相互交流和传递，使其妥善完成内外空间转换与空间联系的功能。

（1）边界的无墙化设计

自古以来，中国的建筑文化就具有鲜明的墙文化特点，从古代用高大城墙封闭的城市，围墙分隔的市与坊，到现代由围墙限定的机关单位、各色公园、居住区等，功能纯化和分化观念造成当代中国城市公共空间边界的"墙化"现象，扼杀其开放性，公共生活被逐步销蚀。破除围墙、提高边界的开放性、设置具有多入口的边界，使边界空间与周围城市空间有更紧密的联系，能增加人们进入城市公共景观的机会，让人们走向真正的公共生活。

在设计纽约中央公园时，奥姆斯特德在满足公园功能的前提下尽可能地将公园的边界打开。公园向城市道路系统开放，边界间断性地与城市交融。摆脱传统公园观念的套路和封闭模式，将公园与城市之间的边界溶解，让公园的绿色渗透到城市中，城市的空间融入公园中。市民通过这种"开放自由"的边界参与到公园的活动中，走在公园旁的街道上就能感受到自然的气息。

（2）边界的多层次性

城市公共景观边界将城市和景观空间通过相互渗透、相互交流逐一组织在一起。层次分明、变化丰富、开敞与私密空间交融的边界空间能够共同创造出多层次的城市公共景观边界空间，为边界内外的游人提供富于变化的景观体验，吸引人的停留，并有效地增加空间活力，进而给城市带来生动的城市景观。

## 7.2.4　绿色景观的城市织补

城市公共景观因其独有的柔性、流动性和渗透性能有机地融入城市结构中，成为织补因现代城市建设无序开发所肢解的城市肌理和公共空间的"黏合剂"。具体而言，绿色空间的织补功能首先体现在空间肌理的梳理上。绿色公共空间形式多样，有网状、点状和线状，能较好地融入多样的城市肌理结构中，将破碎的城市空间黏合起来，形成完整的空间。其次，能起到柔化空间差异的作用。城市的历时性注定了不同时期、风格和尺度的片段会在同一时间共存，可能会存在不协调的问题。绿色景观能作为缓冲区，通过用柔软、曲折的植物枝叶遮挡和缓和不同片段的独立性与差异性，一方面使各片段空间相对完整，另一方面又起到了连接、衬托景物的作用。最后，能调整空间色彩差异。城市是一个色彩丰富的空间，难免会有杂乱。以绿色景观空间调整城市色彩，不仅形式灵活，如结合公园、山林等的平面式，利用攀缘植物的垂直立面式，以各色植物配置而成的重点美化式等，还能以丰富的季相形成城市动态的色彩变化。北京香山的红叶、法国普罗旺斯的紫色薰衣草田、日本富士山粉红的樱花都为城市增添了亮丽的颜色，赋予城市生机。

绿色景观空间的织补功能多而杂，涉及不同的尺度，具有以下三种模式。

（1）基质织补

在这一模式中绿地作基质，即为"底"，建筑或建筑群为"图"，通过图底关系的营造将不同片段融合到一起。图中的片段Ⅰ、Ⅱ、Ⅲ之间彼此孤立 [图 7-11（a）]，有两种方式可以将它们统一到一个大的背景体系下。

① 片段Ⅰ、Ⅱ、Ⅲ之间完全以绿色景观空间填充，让三个片段完全镶嵌于绿色的空间基底上，三者之间用道路相互连接整合，但又能形成三个较为独立的片段空间。此法适用于城市用地比较充足的地段 [图 7-11（b）]。

② 只在片段Ⅰ、Ⅱ、Ⅲ周边一定范围内布置绿地，用"绿色廊道"连接三者，让三个片段成为三个节点，并用线性的空间强化整体关系。在用地较为紧张的城市市区地段，此法能较好地树立城市的空间肌理 [图 7-11（c）]。

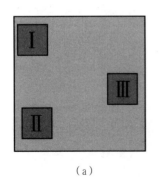 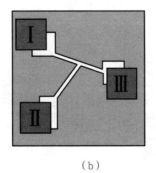 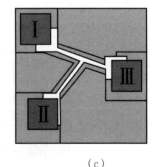

（a）　　　　　　　　　　　（b）　　　　　　　　　　　（c）

图 7-11　基质织补示意

（2）隔离织补

利用绿色景观空间的柔化和弱化作用，用隔离、遮挡的方法在多维空间关系下协调、连接不同性质的片段。依据片段的空间位置的不同将隔离织补分为两类（图7-12）。

① 当片段 I 和片段 II 并置时，在其中间设置缓冲绿带，对两个片段进行隔离。

② 当片段 I 包围片段 II 时，沿片段 II 周边设置环状绿带，使片段 I 与片段 II 分离，片段 II 的肌理、尺度保持相对的完整性。

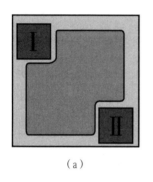 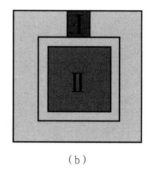 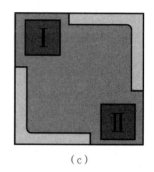

（a） （b） （c）

图7-12 隔离织补示意

（3）背景织补

背景织补是对绿色景观空间天际线优化功能的具体运用，主要用于片段背景形态的整合，勾勒片段的空间感，突出主题形象。背景织补模式可以分为边界型和轮廓型两种，在某些情况下是两者的综合（图7-13）。

① 边界型背景模式是通过植物对空间线性轮廓的强化来限定空间边界，形成完整、良好的视觉界面。如北京的中轴线、巴黎的香榭丽舍大街等。

② 轮廓型背景模式是为了使片段主体形象清晰可辨、形象完整，用植被充当片段的背景底色，勾勒片段轮廓的织补方式。

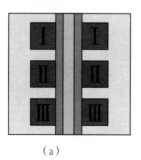 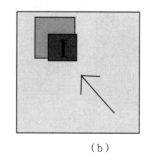

（a） （b）

图7-13 背景织补示意

# 7.3　城市公共景观与周边功能的交混

尽管现代主义的城市具有强大的功能性，但是城市的活力来源于各种活动的相互重叠和相互交织，这就需要使混合利用成为必然现象。即人们可以在一个单元内享受城市多元的服务和不同的空间体验，以体现出城市功能复合、形态多元和空间互补模式的优势和必要性。

交混主要考虑功能之间的互相协调性和组合效应。因此，交混使用中的功能关系包括混合不相关关系（即功能之间仅是简单的相融，并无发生相互支持或冲突的关系）、混合相关联关系（即功能之间是相容并且相互支持的关系）和混合排斥关系（即功能相互冲突但尚能混合的关系）。交混的目标在于混合后的整体使用效益，因此应尽量避免有内部耗散作用的负效应关系，争取良好的正效应混合使用关系。

## 7.3.1　不同功能的平面交融

城市是多种功能的综合体，各功能之间相互促进、相互影响和相互制约，当几种具有特定关联并相适宜的功能组合使用时，便会产生较佳的空间交混效益。人们对城市的使用不仅局限于一个公园或市民广场，抑或一个或几个建筑综合体，而在于整个街区乃至城市区域的综合使用。因此，原本单纯以休闲游憩为目的的城市公共景观应强化它在功能上的组合。不同功能使用的最终效益住往取决于空间-功能之间的混合效应。

将城市公共景观与具有一定兼容性的城市功能空间按照时间性、层次性、集聚性和流动性的特点相互组合，有以下三种功能关系：① 协作性的功能关系，即城市公共景观与周边相近功能之间的辅助关系；② 互补性的功能关系，即城市公共景观与周边由于功能不同而具有补充性质的关系；③ 综合性的功能关系，即多功能的集聚导致了辅助或附属性质的活动要求，城市公共景观空间之中既有辅助性的功能关系，又融合了互补性的功能关系，如大型城市综合社区景观的多功能布局。在空间布局上，通过对功能的互动整合来实现城市公共景观空间的合理布局与有效利用。

（1）相同功能协作式

相近功能类型的城市公共景观在机能上存在着协作式的关系，即相互协作、相互配合又

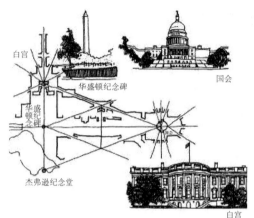

图 7-14 纪念景观与行政景观的交混

相互加持，产生集聚效应，使城市公共景观空间的形象和功能更加完整。相近功能的城市公共景观在空间布局上按照一定的秩序以统一主题布局，能很好地烘托氛围和强化城市公共景观形象，并为市民的户外活动提供很好的空间组合。

纪念景观与行政景观都是一个国家或城市的象征，具有相似的历史沉淀与纪念意义。这两种景观的交混能强化纪念景观空间情感的表达以及塑造行政景观历史的厚重感与时代责任感。法国设计师朗方设计的华盛顿中心区由一条长约 3.5 千米的东西轴线和较短的南北轴线及周边街区构成。东西轴线的东端为国会大厦，西端为林肯纪念堂，南北短轴的两端则分别是杰弗逊纪念堂和白宫，华盛顿纪念碑屹立于两条轴线的交汇处。纪念景观与行政景观的交混布置使空间庄严大气，暗示了场所的严肃性与纪念性。华盛顿中心区的纪念景观与行政景观的交混，一方面依靠历史性的内在语义关联串联起单个、分散的城市公共景观，将美国精神深刻地植入到景观空间的内涵和形式之中，强调诸事件在美国历史上的重要性；另一方面对各建筑地理位置的强调，形成了气势宏伟、展示首都风貌的中心区景观（图 7-14）。

城市的休憩景观散落在城市的各个部分，通过城市道路、滨水廊道等起连接作用的线性空间，将孤立的休闲空间有机地串联起来并形成系统，将更有利于休闲景观的合理分布与综合利用。20 世纪 60 年代，哈普林为波特兰市设计的三个广场由人行林荫道连接形成一组。爱悦广场是这组广场的第一个，广场如其名，活泼的瀑布设计吸引公众走入其中，乐趣无限。这组广场的第二个节点是柏蒂格罗夫公园，这是一个令人愿意停留休息的安静而青葱的林荫广场。演讲堂前庭广场是最后一站，也是整个广场系列的高潮，由混凝土块组成的方形瀑布广场是对美国西部悬崖与台地的抽象呼应。纵观整个系列，爱悦广场的勃勃生机、柏蒂格罗夫公园的舒缓闲适、演讲堂前庭广场的雄伟有力，三者之间形成对比并互为衬托。空间上连续，功能上协作，这种水乳交融的关系为各公共景观空间功能的展开与互动提供了非常大的空间。

（2）互补性的功能关系

不同功能的城市空间在机能上存在着互补关系，如商业、游憩、休闲、交通性公共空间的相互混合布局，发挥不同功能空间的相互性，互相支撑与补充，满足人们在城市公共景观中多种体验的需求。

高密度和高容积率在城市中心区的发展中是不可避免的，商业的发展吸引着大量人群的聚集，造成土地价值不断攀升，土地利

图 7-15　铜锣湾商业区与维多利亚公园

用更加集约化，与此同时人们也产生了对休憩交流等活动空间的渴求。通过中心区城市单元内部商业与休息功能的并置、景观形态的多元化和互补，来满足身居其中的人们对闲暇时光的多元需求。中国香港商业发达但面积狭小，铜锣湾商业区土地更是寸土寸金（图 7-15）。然而半个世纪以来，与铜锣湾高密度商业区面积几乎一样的维多利亚公园却始终保持着原有的规模，并在不断地进行着设施的完善，成为名副其实的城市中心公园。商业区与公园的并置在城市功能和空间形态上都形成了良好的互补，为城市中心区提供了一个既能享受多元服务又能提供生态休闲的地方。

## 7.3.2　多种功能的立体套叠

文艺复兴时期，达·芬奇就创造性地为城市设计了双层的街道，但由于技术条件和经济的限制而未能实现。传统城市公共景观的建设通常基于水平地面，随着现代建造材料和技术的革新，让城市公共景观形态和功能在水平和垂直方向上的立体化发展成为可能，形成了各具特色、功能互促的城市公共景观立体套叠。立体化的发展不仅优化了城市环境，还改善了城市空间结构，提高了城市效率。城市公共景观功能的立体化通常与城市的建筑、市政设施和其他功能空间结合，形成以下模式。

（1）多标高广场

多标高广场是由多个独立的、标高不同的广场组成的大型立体广场，各独立广场连接城市的不同标高基面，而独立广场之间又通过大型台阶相连。多标高广场具有强烈的引导性，

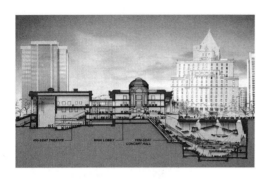

图7-16　加拿大温哥华的罗勃逊广场剖面图

图7-17　罗勃逊广场上连接不同高差空间的大台阶

图7-18　"66广场"

通常最高或最低标高处是整个立体广场空间的高潮和焦点。标高最低处的广场还可以和停车场结合，解决广场的停车问题，不占用有限的城市地面空间。多标高广场适用于地形较为复杂的城市，与建筑结合能较好地整合高程破碎的城市空间。例如埃里克森设计的加拿大温哥华的罗勃逊广场，是一个大型的多标高广场，既有下沉广场又有地面花园，且与上升式的法院广场结合在一起，各标高广场功能独立、环境优美，成为人们休闲停留的好去处（图7-16和图7-17）。

吉拉德里广场位于美国旧金山的渔人码头，曾经是吉拉德里巧克力工厂的一部分，后来经过与商户和市民协商改造成了集餐馆、商店、美术馆、剧院和电影院于一体的露天购物中心，也是全美第一座由工厂改造而来的购物中心。如此多的功能融合也是通过多标高的广场空间来实现，各层空间通过台阶、坡道相连，加上植物的点缀，使广场景色宜人，在广场上就可以饱览旧金山海湾的美丽风光。

（2）上升式广场

上升式广场由于不受周边交通干扰，更能创造出安静宜人的休闲空间，这样的广场具有较好的社会性与互动性。日本六本木山庄的"66广场"（图7-18）是一个架在三号环形大道上的上升式广场。广场直通地铁站，广场上起伏的绿色土丘、绿意盎然的高大樟树，为来访者提供了会面和小憩片刻的场所。另外，日本著名景观设计师佐佐木叶二设计的琦玉市新都心车站的榉树广场也是一个架空式上升广场。新都心车站为城市重要的交通枢纽，车站广场被四条东西向的道路所分隔，不便于市民使用。 为了加强五块被分隔的场地以及和铁路站点的联系，设计中将车站广场整体抬高 2 米，跨越整合多个地块，并以"空中森林"为理念在广场上栽植了 220 棵榉树，形成了一个绿色的屋顶花园。 榉树广场在繁忙的交通空间中创造出一处难得的闹中取静的城市空间，成为景观设计的典范（图 7-19）。

（3）下沉式广场

下沉式广场能够在大环境中营造一个相对独立、封闭的小环境，不受周边嘈杂的环境影响，给市民提供舒适的休闲空间。 上海的静安寺广场是地铁站的外广场，根据商业、交通、文化和观光等多种功能需求，广场呈不对称下沉式布置。 广场南侧的地下商场外还布置了半圆形的露天看台和舞台，供市民自娱自乐，节庆时则可转化为表演台，成为上海最好的文化广场之一。

其次，下沉式广场在成为整合地上、地下空间的连接件、提高空间的利用率的同时还不会影响周边空间的整体风貌，是历史文

图 7-19　榉树广场

化保护区空间更新的有效方法。 巴黎旧城区的历史建筑密集，公共开放空间缺乏，亟须改善。1962 年为了完善交通体系，基于两条地铁的建设，巴黎政府决定对旧城区进行大规模改造，雷雅乐下沉广场便是修建于此时。 为了不对旧城区的原有历史风貌造成破坏，下沉广场上部修建为城市公园，为市民在旧城区有限的空间里提供宜人的公共景观空间；下部连接地铁出入口，中间三层为地下商业广场，为市民提供了便利的交通和购物环境。 旧城区在保留历史风貌的基础上焕发出新的活力（图 7-20）。 多种功能的立体套叠对中国当前城市公共景观空间营造具有积极意义。

图7-20 法国巴黎雷雅乐下沉广场

### 7.3.3 发挥边界的多功能性

边界是相对于区域和中心提出来的，指事物的外界限制或表面约束，空间因为边缘的围合而存在。事物的边界并非是单一的线面形式，而是具有一定厚度和范围的三维空间形态，边缘空间担负着与外界交流并表达自我的责任。

要利用边界特征，通过设计手法建立设计师、公园边界空间、使用者及其他的人为因素之间的相互作用、相互协调和相互影响关系。城市公共景观的公共性使边界与周围城市空间有着紧密的联系，承载了外部多样化城市生活的城市公共景观边界，难免也承担了城市中的一部分功能。在边界空间处理的方式上，应激发边界的复合城市功能，实现联系公共景观与城市环境以及人的活动的作用。具有多样化功能的公共景观边界又进一步方便人们的使用，吸引人们进入公共景观空间中休闲游憩。

（1）生态功能

绿色植物不仅给人以视觉上的舒适感，在改善城市空气质量、涵养水源、防风滞灰和降低噪声上都有十分显著的作用，它们是维持城市中人类生存所必需的生态平衡的重要组成部分。

城市公共景观作为城市中的主要绿色空间，与城市的交接界面更应该发挥其生态功能。在边界空间的设计上应对原始的地形地貌、植被群落和水体在加以展示的同时予以保护，营造一个生态的公共景观边界空间。在浙江黄岩永宁公园生态设计中，大量应用乡土物种形成绿色基地，并在公园的边界上种植了由香樟等乡土树种构成的浓密边界林带，创造了兼具生态性和形式美的边界空间。这样的边界空间设计能在降低城市绿色空间被蚕食的同时，对改善整个城市环境起到重要的作用。

（2）展示功能

城市公共景观大多位于城市人流密集的繁华地带，是城市的窗口，也是城市特色的表达场所，其承载着展示城市文化的作用。作为城市公共景观外衣的边界空间，直接影响了人们对城市公共景观的最初印象，其展示功能的重要性不言而喻。

城市公共景观的地理优势为其边界展示

图 7-21　天心公园斑驳的古城墙

和宣传城市特色历史文化提供了良好的条件。在城市公共景观的边界空间设计中，公共景观边界也可以成为城市历史风貌和历史遗迹的展示空间，通过雕塑、文化景墙等向人们诉说城市的故事。长沙天心公园距今已有两千年的历史，历代均被视为长沙的标识，公园边界中斑驳的古城墙与周围环境对比强烈，体现和见证了古城长沙悠久的历史以及传统与现代交织的精彩城市生活（图 7-21）。

（3）休憩功能

在对丹麦哥本哈根的调查研究中，扬·盖尔提到"人看人"是人的天性，人们习惯于在各事件发生空间的周边观看、停留和休息，如举办活动的舞台、音乐喷泉的附近等。在人们乐于小坐和驻足的边界空间中设计休息空间和座椅，可在无形中增加人们对空间的使用。因此，在边界空间中休憩功能的营造必不可少。合理舒适的座椅设置方式，例如像路边咖啡座那样围聚在一起，将吸引人们的聚集与停留，有助于边界空间休憩功能的实现。边界空间中座椅的设置上要注意以下几点（图 7-22）。

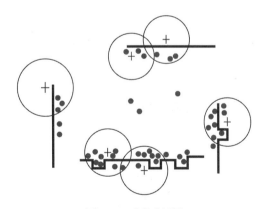

图 7-22　座椅的设置

① 要有良好的观赏对象，但应避免与私密环境对视。

② 布置在醒目的位置上，以便人发现和使用。

③ 边界空间中的座椅设置应或集中或分散，以适应各种需求。也可结合花坛、树池和水池等构成休息空间。

④ 边界空间中座椅的设置应该根据周边环境的特点以及人的使用需求，决定其位置、数量和造型等。

（4）商业功能

自从城市出现以来，消费与买卖等经济活动便成为城市生活中的重要部分，遍布于城市的每个角落，服务于城市中有着不同需求的人们。雷姆·库哈斯等认为最普及的公共活动之一便是购物，消费空间已经成为城市中最为积极的组成部分，为城市公共空间集聚人气，是城市生活活力的催化剂。可以在不破坏整体空间环境的前提下规划出不同的商业空间，适当地设置如手艺人展示、儿童游乐和旧书摊等空间。这些商业空间在服务于公共景观和城市的同时，将产生消费活动，同时吸引街道上的行人进入和使用公共景观，为各种社会活动提供了发生的场所，也为人们的见面和交流提供了更多的机会。

# 7.4　城市公共景观与周边交通的整合

城市公共景观与城市之间通过通道来实现空间与能量的连接与流动。一方面，人们通过车行或是步行的方式来到城市公共景观空间，系统而便捷的交通规划将加强这两部分空间的紧密联系。另一方面，周边空间的动植物能通过线性廊道与城市公共景观紧密联系。因此，应以城市公共景观与周边交通系统的整合为契机，通过路网结构的调整、可达性的加强以及交通空间的多样化表达来实现城市公共景观与周边空间的有效联系与互动。

## 7.4.1　路网结构的优化

道路是影响市民能否方便快捷地来到周边城市公共景观空间的重要因素之一，城市路网是一个有机协调的系统，合理的城市路网结构和布局将极大地提高城市公共景观的被利用程度。路网结构的优化首先要适当增加支路网的道路密度，做好干路和支路网规划，优化城市公共景观空间周边交通微循环。其次，对公共景观空间周边的交通方式和出入口位置进行优化，避免道路冲突对城市公共景观使用造成的影响。

（1）增设各级支路网络

城市交通类似于人体的血管，城市里的高速路、主干道、次干道是联系各个功能单元的主动脉，胡同、弄、窄街和便道等支路类似于人类的毛细血管，是交通分流、疏解和完善城市路网结构的重要基础环节。

城市公共景观周边的支路对维持城市公共景观各项功能的正常运行和保持道路的畅通有重要作用。城市支路的不断减少不仅损伤了城市交通的微循环，还降低了片区的多样性和混合性，使得区域趋向于单一化。城市公共景观周边各级支路网络的增加是促进城市公共景观与周边交通互动整合的有效方式。

城市公共景观周边各级支路网络的增设要以完善和落实总体规划与分区规划对道路交通设施和停车场（库）等的控制为前提，深化路网结构，满足非机动车、步行等其他交通方式换乘公交的便捷性；并考虑弱势群体的需求，设立行人专用通道，在重要换乘点给予行人优先通行权；将部分路段过于密集的线路进行抽疏，改行其他道路。

黄浦江南延伸段 C 单元既是城市滨水区又是中心城的外围区域，在 2007 年《徐汇区 BCD 区单元综合交通规划》中的《黄浦江南延伸段 C 单元控制性详细规划》中对 C 单元区域内部和外围的道路交通系统进行了重新规划、整合与建设。规划将区域内的道路分为主干路、次干路和支路三个等级，主干路 1 条是区域对外交通的通道，次干路 1 条是联系对岸的连接通道，原有 8 条道路加上 10 条新规划道路组成了区域内部交通集散支路网络。路网结构的调整将滨江与城市内部紧密联系起来，促进城市区域旅游、休闲文化业的发展。

（2）支路交叉口适当缩窄

传统的交通管理理念中，为了提高通行能力，道路交叉口一般建议拓宽。但在一些非交通密集区域，公共景观周边支路交叉口没必要都统一拓宽，而是可以适当缩窄。一方面，将缩短游人的过街距离；另一方面，缩窄的交叉口能有效限制过往车辆的车速，这些都更有利于人们的安全及对城市公共景观的使用。

（3）合理的出入口设置

城市公共景观与周边交通的路网结构的优化除了支路的增加和支路交叉口的缩窄，还要考虑调整后的支路路网如何与现有道路和城市公共景观空间出入口进行衔接。城市公共景观空间，特别是大型城市公共景观的出入口位置设置不合理，一方面，会导致交通组织不流畅，影响到游人的进出和城市公共景观的形象；另一方面，还会影响到城市公共景观周边的交通秩序。但目前在城市公共景观建设中，对其重要性的认识还不充分。很多城市公共景观的出入口直接与城市主干道相接，严重影响了人流集散和景观的展现。因此，对进出城市公共景观的交通活动要统一规划，既满足城市发展的需要，又要考虑城市公共景观的人流活动并符合设计要求。

## 7.4.2　可达性的加强

在当代城市中，代表高效的机动性是一个重要的公共资源，保证人人都能够自由出行并方便到达。随着当代城市居民使用的交通方式不断增加，我们应该将这些多元的交通方式联合起来，以加强城市公共景观的可达性。

（1）多样的外部交通手段

交通可达性是城市公共景观能够吸引周边人流、形成丰富公共景观空间活动的基本保证。想要增加城市公共景观的交通可达性，首先，应鼓励来自不同方向的、多种形式的交通到达方式；整合场地内外的优势交通资源，通过快速公交专用车道、地下空间和过街天桥等，构建起集地铁、轻轨、快速公交及立体化步行系统于一体的高效交通体系，有效衔接场地内外交通，克服物理空间的阻隔。其次，通过人车分行、快慢分行等交通策略形成立体高效的交通组织模式，大大提升城市公共景观的可达性以及对周边地区的吸引、辐射和带动作用。"公共交通服务公共空间"是支持美国旧金山滨水区域公共景观开发成功的重要原则之一，时至今日其依然是众多城市滨水区交通系统开发重要指导思想。

（2）建立便捷的步行系统

城市公共景观作为最大的生活性场所，步行系统是场地内各节点可达性的重要构建基础，应关注人的行为、人在其中的日常活动感受。以滨水区为例，通过便捷的步行组织合理地串联起滨水广场、公园，甚至和滨水建筑群体的中庭空间相联系，形成一个人性化的复合开敞空间。此外，便捷的步行系统还能成为公共交通的有效补充，提高公共交通的利用效率。例如，滨水区车行与步行系统之间的无缝衔接是滨水区可达性的重要标志，也是滨水区高效性与人性化共融的真正体现。

## 7.4.3　交通空间的多样化表达

交通空间在城市中扮演着连接和流动的重要作用，交通空间的多样化表达不仅美化了交通空间的形象，还丰富了空间的功能。交通空间的多样化表达可以根据交通类型和功能的不同，分为美化型、休闲型和展示型三种模式。

（1）美化型

城市的交通空间承担着城市各个片区、地块之间的联系功能，保证城市中人、物以及信息、能量等的流动。以机动交通为主的交通空间的公共景观营造，应在充分考虑道路的交通安全的前提下，根据道路的需要进行具体的景观美化设计。以机动交通为主的交通空间中，车行的速度往往使人对道路景观的体验变成了一种唯视觉的抽象活动，决定了人们对道路两边景观细节观察的可能性大大降低。因此，道路景观的设计要注重整体统一，不要琐碎杂糅，自成体系，但也不可一味雷同，加重道路的单调感。此外，还需要注意道路景观特色的营造。城市道路由于其所处的城市地段和文化背景不同，在设计中可以对道路及其周边文化资源进行提取整合，对道路景观进行分区、分段规划，形成不同区段的、各具特色的道路景观。

（2）休闲型

人在城市中最简单及直接的休闲方式就是散步，这类以城市步行游憩为主要功能的交通空间，通过贯通的空间路径保证步行游憩或是自行车骑行的进行。休闲型交通空间通过协调城市步行交通系统与城市周边用地的关系，穿行于城市各种不同性质用地之中，结合可利用的绿地，最大化地发挥休闲游憩的功能。West 8 景观规划事务所设计的西班牙巴塞罗那萨格雷拉线性公园是一个斜穿过巴塞罗那的绿地，这个公园把海、城市及公园周围多个地区的自然环境结合在一起，形成了一个丰富多样的休闲空间。萨格雷拉线性公园将一系列有着共同斜轴的微型公园连接起来，行人和骑车族可以尽情穿梭于绿茵如盖的人行道，休憩于道路两旁喷泉形式的停靠点和不规则形式的座椅上。这个 22.2 万平方米的项目位于公交设施周围，为参观者和当地居民提供一个充满活力的绿地。

（3）展示型

展示型的交通空间有城市游线和遗产廊道两种。城市游线指城市中经过精心规划的、串联众多自然和人文景观的旅游线路，形成系统的游览体系。沿途变化的景观展示了城市风貌的轮廓线和时代精神。遗产廊道是拥有特殊文化资源集合的线性交通景观，是对城市历史文化的展示。在遗产廊道的保护与再利用中，通常的做法是分类保护和利用与功能更新相结合。在大运河江南段工业遗产廊道的保护中，为了对构成工业时代记忆的历史信息及其文化意义加以保存，根据工业遗产建（构）筑物及其所在地段遗产价值和功能定位的差异，有选择性地采取保护、再利用和再生等处理方式。同时，采用开发旅游，结合建筑设立博物馆、展示馆、纪念馆，改建设计工作室和改造特色休闲商业设施等更新模式，使其具有社会、经济、文化持续再生的活力，成为认识城市历史、重拾过往回忆、延续城市生活的重要功能区。

在伦敦泰晤士通道公园项目的规划中，建筑师特里·法雷尔在泰晤士入海口核心区构想了一个各种不同类型的、以公园作为连接件的大型开发项目。不同类型的线性连接公园将

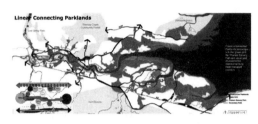

（a）美化型

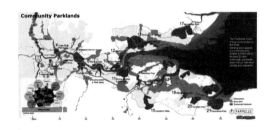

（b）休闲型

（c）展示型

图 7-23　伦敦泰晤士通道公园规划

交通空间的三种表达类型包括其中。线性连接公园沿着泰晤士运河周边道路规划成为区域内主要的交通通道，美化了人们进入泰晤士河河口区绿色地带和开放空间的通道［图7-23（a）］。社区型公园打通泰晤士河与社区间的联系纽带，如修建人行道和自行车道，开辟新的区域以安装运动休闲设施［图7-23（b）］。泰晤士河河口区具有厚重的历史文化积淀，城市公园以廊道的形式重塑了该地带的历史文化气氛，积极打造了文化与社会的互动［图7-23（c）］。

## 7.5　本章小结

城市公共景观在城市中并非孤立存在，而是与周边区域的环境、空间、功能和交通的发展演变相互关联、相互支持、相互依存，共同构成了城市的肌理。本章通过互动策略的运用，强化公共景观空间与周边的有效联系、整合与混合，实现空间形象强化、功能配置完善、空间结构合理、生动有活力的城市公共景观意象。

第 8 章

# 互动的外部实践路径
## ——"城市公共景观–人"的互动

在城市公共景观空间中发生着各种公共活动和事件，如宗教活动、政治活动、经济活动和日常活动等。城市公共景观是展示社会生活的舞台，是社会生活的"容器"，两者互为依存。城市公共景观与人类活动之间有一种互构关系：特定的空间形式、场所和元素会激发特定的活动和用途，而各种活动也倾向于发生在适宜的环境中。同时，人们在城市公共景观空间中通过相互交往而散发出活力，自然地渗透到整个城市之中，实现城市公共景观更高效、更频繁、更积极地被使用。

本章重点通过研究单个城市公共景观空间中与人的体验有关的要素，如人的尺度、心理、生理以及公平参与等，来实现城市公共景观与人之间的互动关系。

## 8.1　城市公共景观与人的尺度的协调

亚里士多德在《诗学》里写到秩序、比例和大小是使事物看起来美的重要因素。中国画中通常采用视觉上、经验上的审美逻辑，如用"丈山、尺树、寸马、分人"的大致比例来确定画作中各部分的相对关系。同样，在城市公共景观营造时，其空间、建筑、植物、雕塑等元素之间也都具有一定的比例尺度，这种关系直接影响到城市公共景观给予人的感受。比如空间或实体比例为 1:1 时具有端正感受；1:1.618 时具有稳健感；1:1.732 时具有轻快感；1:2 时具有俊俏感；1:2.236 时具有向上感等。古希腊哲学家普罗泰戈拉认为人是万物的尺度，因此，城市公共景观营造中空间和景物大小的确定不能脱离人的心理和生理尺度。城市公共景观尺度的处理适当与否，直接关系到人对景观的感官体验，进而影响到景观给予人的舒适程度和在空间里的停留时间。以人的主观体验为中心，以互动的营造为出发点，适宜的公共景观空间尺度可以通过人与人、人与物、人与空间之间的比例关系得以表现（表8-1）。以人的心理和生理尺度来协调景观空间中各要素的大小、位置、距离等相互关系，合适的观察距离、适当的空间尺度以及恰当的围合高度，为促进人在景观空间中逗留打下良好的空间环境基础。

表 8-1　人在空间中的三种尺度关系

| 空间关系类型 | | 具体描述 |
| --- | --- | --- |
| 人与空间 | | 人对比不同空间和形成空间的实体之间的感受，如人在过大的空间中会感到恐惧、敬畏和无所适从<br>人在狭小的空间中会感到压抑、消极 |
| 人与物 | | 以人的生理结构为基准的尺度关系，包括人与物之间的位置、距离、比例等<br>以人的心理感知为基准的尺度关系，包括人与物之间的亲近感、喜好度、舒适度等 |
| 人与人 | 心理距离 | 一种心心相印或近在咫尺却形同陌路的关系 |
| | 空间距离 | 陌生人之间保持的一定空间距离 |

## 8.1.1　景观空间的特征尺度

空间尺度一方面表征着空间的大小，不同大小的公共景观空间能提供不同的服务功能，也给予人各异的心理感受。通过对众多学者对各种空间尺度的研究比较（表8-2），找出其中的共性，可以总结出人在城市公共景观空间中的行为尺度特征，并将这些特征距离用于指导日常的城市公共景观空间实践。

通过比较可发现，在城市公共景观空间大小的设计中应注意如下问题。

① 小于3米的空间对外部空间而言过小了，应慎重运用。

② 12~14米的户外空间是比较亲切宜人、适于交流的人际空间尺度。

③ 25~35米是一个户外空间设计需要重视的数值，在这个范围内人能在视觉和听觉上有效地感知周围，是一个具有公共活动性质的尺度，适宜作为人们户外休闲、活动的场所大小。

④ 100米为休闲型公共景观空间控制的最大尺度，超过这个尺度，过大的距离超出了人们的视听限度，会弱化人们交往的深度。纪念型公共景观由于要表达特殊的气氛，如在精神上塑造崇高、神圣、庞大、威严等感觉，经常会采用这种夸张的超人尺度。

⑤ 220米是人们乐于接受的步行距离，在单视场景观空间之间的距离应控制在舒适的范围之内，照顾到大多数居民的步行心理。

　　因此，在城市公共景观空间中，距主要观景面 20~25 米这一范围通常组织为近景，作为框景、导景来增加场地景深层次；距主要观景面约 70~100 米为中景，要求能看清景物的全貌；距主要观景面 150~200 米的范围为远景，可看清景物的大体轮廓，以及其与背景的整体关系。

### 表 8-2　众多学者对空间尺度的研究比较

| 学者 / 理论 | 研究成果 | | 主要观点 |
|---|---|---|---|
| 古代形式说 | 《葬经》 | 千尺为势 | 势指远观的、大的、群体性的、总体性的、轮廓性的空间及其视觉感受，千尺约为 230~350 米 |
| | | 百尺为形 | 形指近观的、小的、个体性的、局部性的、细节性的空间及其视觉感受，百尺约合 23~35 米 |
| 梅尔滕斯 | 《造型艺术中的视觉尺度》 | | 对物体的视觉感知的范围是两个交叠的不规则圆锥形，大约是向上 30 度、向下 45 度以及每边 65 度的范围<br>在 12 米的距离识别人<br>在 22.5 米的距离认出人<br>在 135 米识别形体动作，这也是识别男人还是女人的最大距离<br>在最远 1200 米的距离看见并认出人 |
| 凯文·林奇的城市空间尺度理论 | 《总体设计》 | | 约 1200 米处辨别出人<br>25 米处辨认出是谁<br>14 米处看清人的面部表情<br>1~3 米处感到他是欢喜还是困扰<br>超过 110 米很少有良好的城市空间 |
| 卢原义信的外部空间模数理论 | 《外部空间设计》 | 十分之一理论 | 即外部空间可以采用内部空间尺寸 8~10 倍的尺度，约 25 米可构成亲切宜人的外部空间 |
| | | 外部模数理论 | 即外部空间可以采用每行程为 20~25 米的模数 |
| 扬·盖尔的社会性视域 | 《交往与空间》 | | 500~1000 米可以分辨出人群<br>100 米社会性视域<br>70~100 米观赏体育比赛的最远距离<br>30~35 米舞台到最远观众的距离<br>20~30 米能看清人的表情与心绪 |
| 克利夫·芒福汀 | 《街道与广场》 | | 可以看清楚一座建筑物的最大角度是 27 度，或者是在一个等于建筑两倍高度的距离<br>当广场的宽高比是 4:1 时，一个处于中心的观察者就可以转动身体欣赏空间的所有面<br>当欣赏场地的全面构图或是几栋建筑，观赏的距离就应该是建筑物高度的 3 倍<br>从中心点欣赏广场的所有面，要求广场的宽高比是 6:1 |

续表

| 学者 / 理论 | 研究成果 | 主要观点 |
|---|---|---|
| 卡米诺·西特 | 《城市建设艺术》 | 很多古老城镇和城市古老部分中令人愉快亲密的广场尺度为15 ~ 21 米<br>广场最小尺寸应等于它周围的主要建筑的高度<br>广场最大尺寸不应超过主要建筑高度的两倍，即 $1 \leqslant D/H \leqslant 2$（$D$ 代表广场直径，$H$ 代表周边主要建筑高度） |
| 费雷德里克·吉伯德 | 《市镇设计》 | 25 米左右的距离可以辨认出建筑细部和人脸细部，产生亲切感是优美的古典街道的尺度<br>当建筑立面的高度等于人与建筑物的距离时，即水平视线与檐口夹角为 45 度，此时具有很好的封闭感<br>当建筑高度等于人与建筑物距离的 1/2 时，人的视野最大值为 30 度，是创造封闭感的最低限度<br>当建筑立面高度等于人与建筑物距离的 1/3 时，水平视线与檐口夹角为 18 度，高出围合界面的后侧建筑物成为组织空间的一部分<br>当建筑立面高度为距离的 1/4 时，水平视线与檐口夹角为 14 度，空间的容积特性消失，空间周围的建筑如同平面的边缘，起不到围合作用 |
| 格哈德·库德斯 | 《城市结构与城市造型设计》 | 私密的小型广场可以拥有较高的边界<br>边界高度与广场宽度的关系在 1:1 或 1:1.5 时，广场显得更为完整，边界亲近而且具有保护作用<br>当边界高度与广场宽度为 1:5~1:8 时，广场空间将显得十分开敞，利于举行大型活动<br>对于中等大小的广场要建立私密性，边界高度与广场宽度比例在 1:3~1:4 时较为适宜 |
| 蔡永洁 | 《城市广场》 | 广场空间尺度分为基面尺寸和边围尺寸，理想的空间效果是广场基面大小、基面比例以及边围高度这三者之间关系和谐<br>历史上较成功的广场的基面尺寸通常介于 0.5~5.0 公顷之间，超过 1 公顷的广场已开始变得不亲切，2 公顷以上的广场便显得过分宏大<br>广场的边围尺寸比值在 1:2（27 度）与 1:3（18 度）之间时，具有较理想的空间品质<br>当基面的深度达到边围高度的 4 倍时，边围的围介性能开始明显减弱，基面深度小于边围高度时，广场空间犹如一口井 |
| 徐磊青 | 《广场尺度与空间品质》 | 广场绝对尺寸的大小要比广场的竖向比例与视角更能影响人们的空间偏好和空间适宜性的感受<br>研究支持了景观偏好的"庇护所-视野"理论<br>公众偏好的地标性广场的特点是面积大且高宽比小<br>公众偏好的商业广场的特点是面积大且高宽比大<br>公众偏好的休闲娱乐广场和文化广场的意象都随广场面积和高宽比增加呈现减少趋势，即空间较小、但开敞感强 |
| 人与行走距离的关系 | 《景观设计师便携手册》 | 人较为舒适的步行距离 500 米（步行约 5 分钟）<br>人能够忍受的步行距离 1250 米（步行约 15 分钟） |

## 8.1.2 景物欣赏的多重尺度

景观空间中的景物包括硬质景观，如雕塑、主题壁画、喷泉等，以及软质景观，如水景和植物绿化等，也称为景观小品。观景人与景物之间的空间相对位置即观景距离，一般情况下观景距离越近，景物的易见性和清晰度就越高。景物欣赏随着观景距离的变化表现出不同的景观效果（图 8-1），对人的活动带来的视觉影响也不同。

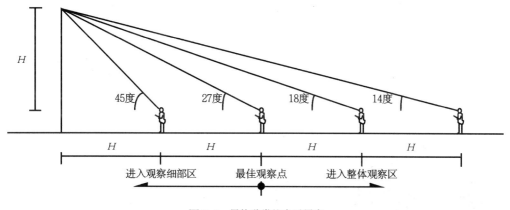

图 8-1 景物欣赏的多重尺度

① $D/H=1:1$，视点距离与物体高度比为 1：1 时，人处于 45 度仰角，水平视角 90 度，是观赏环境中景物细部的最佳位置。

② $D/H=2:1$，视距为景物高度 2 倍的距离，人处于 27 度仰角，水平视角 54 度。这时既能观察到景物的细部，又能感觉到对象的整体性，进则观察细部，退则观察整体，空间围合感以及视觉效果最和谐，是一个观察主体的较佳观赏点，公共景观中主观景点的设计可以合理运用这个尺度。

③ $D/H=3:1$，视距相当于景物高度的 3 倍，人处于 18 度仰角，水平视角 36 度。观察者能看到十分清楚的主体对象与周围背景，并且主体与背景相融合，是整个视野里的控制中心。传统广场大多为此比例，特别是西方传统城市的很多古典广场基本都在这个比例范围之内，十分受市民欢迎，为城市营造了具有持久活力的休闲景观空间。

④ $D/H=4:1$，视距相当于景物高度的 4 倍，人处于 14 度仰角，水平视角 28 度。仅能看清景物的轮廓，观察者倾向于将景物看成是突出于整体背景中的轮廓线，场地对人的影响减弱。

⑤ $D/H=5:1$，视距相当于景物高度的 5 倍，人处于 11 度 20 分的仰角，水平视角为 20 度 40 分，观察者可以看到景观小品与环境的关系，水平视角偏小，视觉较分散，景观小品与整体环境的相互影响很弱。

⑥ $D/H>5$ 时，视野范围内目标分散，干扰因素多，只能研究景物的大体形态。

鉴于观赏角度和观赏距离对人观景的影响，应该尽量将把具有标志性的硬质景观设计在人们的最佳观赏范围内，也就是 $D/H=2$ 时，垂直视角为 27 度，水平视角为 54 度，景观物体的高度依据最佳观赏位置的视角来确定，并根据具体功能做适当调整。如要突出场所的威严肃穆或特殊意义，标识景观的高度可以适当增加，这样更利于视觉的汇聚，突显其重要性。

位于上海世纪广场西端的《东方之光》雕塑（图 8-2）以日晷为原形，整体高为 20 米，雄伟大气。人们在广场中欣赏雕塑时空间开阔，视角约为 25 度，能较好地观看到雕塑的全貌。而位于上海世纪广场入口处的《方柱》雕塑（图 8-3）由 8 根方柱组成，柱高 16 米。由于周围空间不大，人们观看雕塑的垂直视角大于 45 度，让人们的视线在此凝聚，具有框景的效果，起到门的作用，暗示主广场即将出现。

图 8-2 《东方之光》雕塑

### 8.1.3 适合交往的人际尺度

空间距离决定了人和人的交往方式。美国人类学家霍尔通过研究把空间距离归纳为四种：亲密距离（0~0.45 米）、私人距离（0.45~1.2 米）、社交距离（1.2~3.65 米）和公共距离（大于 3.65 米）。

在公共景观设计中充分考虑这四种尺度间的特征和关系，让私人、社交和公共这三种距离成为设计人与人空间距离的三个尺度。例如，通常休息区景观座椅的长度设定在社交距离的范围之内，因为在一般情况下，同座的人往往相互认识，社交距离保证人们交流顺畅，又不会过分靠近。因此，常用的座

图 8-3 《方柱》雕塑

椅尺寸为 1.2 米、1.8 米、2.2 米就是充分考虑了人与人心理尺度的需要。座椅之间的间距通常为 5~10 米，过短的距离谈话容易被听到，干扰交流的私密性。在城市公共景观设计中，要充分考虑适合交往的人际尺度，创造适宜人停留、观赏和社交的多样尺度空间。

# 8.2　城市公共景观与人的心理的激发

简·雅各布斯在《美国大城市的生与死》一书中提出，正是人与人活动及生活场所相互交织使城市获得了活力。人是城市公共景观使用的主体，具有互动性的城市公共景观营造通过构建适宜的景观场所将人与日常休闲活动相互交织在一起，激发公共景观活力的产生，进一步吸引人们对城市公共景观的使用。

## 8.2.1　高品质的空间增加使用机会

空间质量的好坏直接影响到人们对公共景观的使用。当城市公共景观空间具有较高质量时，会延长人们在其中停留的时间，而大量的自发性活动如小憩、交谈和玩耍等会随之发生，进而大大增加空间使用机会。高品质的公共景观空间具有以下特点：

① 易于被人们看到并进入的位置；

② 场地具有明确的功能；

③ 场地让人有安全感；

④ 针对使用人群，特别是老人和小孩等弱势群体配置适宜的设施；

⑤ 鼓励不同群体的使用，并保证不同群体的活动不相互干扰；

⑥ 考虑日照和风力等自然条件对场地的影响。

丹麦哥本哈根市区的每一项公共景观的质量改善都促成了公共空间使用率的上升，高品质的公共景观空间为市民活动的发生和开展创造了先决条件。城市的人口没有增加，而积极主动地使用公共空间的兴趣却大大增加了。被誉为"中华第一街"的上海南京东路在 20 世纪末进行了以"开创高品质城市公共景观"为目标的街道改造，借助简洁洗练的地面铺装、美观实用的街道小品以及形式多样的绿地、广场等塑造上海国际大都市的时代形象，受到各界人士好评，客流量显著上升，从而促进商业发展。好的户外环境作为高质量的公共景观空间是增加人们日常使用的重要条件。

图 8-4　ARAGO 铜质纪念章

图 8-5　富兰克林故居建筑轮廓

图 8-6　富兰克林故居水泥展窗

## 8.2.2　充分激发设施小品的媒介效应

城市公共景观中的设施小品类型多样、形态各异，虽然有的可能小得不起眼，但却和化学中的催化剂一样具有媒介效应，能够激发空间场所的内在活力和意义，促成开放空间中人与环境的共鸣与相互交流。因此，在城市公共景观的营造中应充分激发和展示设施小品的媒介效应。

（1）作为创造思想互动的媒介

设施小品在设计中可以通过对事件、传奇或历史故事的提取和融入来增添作品的感染力和互动性。为了纪念著名科学家阿拉果在统一法国度量衡中的杰出贡献，艺术家让·迪贝兹在卢浮宫公共走廊地面上，沿巴黎市南北顶点的子午线方向镶嵌了 135 个直径为 12 厘米的阿拉果（ARAGO）铜质纪念章。人们在参观时，每看到纪念章上的南北极标志就会驻足，并回想起科学家的努力付出，让平淡无奇的空间产生不平凡的意义（图 8-4）。

富兰克林故居遗址"幽灵框架"也是采用了激发思想互动的设计手法，成为一个具有特殊内涵的地标式公共景观小品。富兰克林故居毁于火灾，在原场地地下修建了富兰克林博物馆，地面上只有宅邸基础得以保留。建筑大师文丘里没有在原基址上进行建筑的复原，而是采用景观小品的形式，用白色框架勾勒出故居建筑外轮廓（图 8-5）。故居庭院里还设计了若干个简洁的水泥展窗（图

8-6），通过地面上的水泥展窗人们能看到地下的考古遗址。无论是抽象的白色框架还是水泥展窗都能让人不自觉地回忆起富兰克林的生平事迹，想起那段传奇，激发起公共景观与人们心灵的互动。

（2）作为激发行为互动的媒介

城市公共景观小品能通过光线、方向引导，创造新奇的视觉、声音、气味等感官刺激，使人与环境发生不可言喻的偶发感应，激发人们的玩心、创造力和想象力。例如芝加哥千禧公园里的著名不锈钢雕塑《云门》，其长 20 米，高 10 米，呈豆荚形状，下方有一个 4 米高的拱形"门"。不锈钢的凹凸曲面将周围的市民、建筑和天空尽收其中，就像一个万花筒一样，人们可从不同的角度观看到自己与城市的影子，激发人们与环境的互动（图 8-7）。艺术家杰克·马基在西雅图百老汇区域的人行道上嵌入了 8 组"舞步"

图 8-7 《云门》

图 8-8 地面上的"舞步"

铜质鞋印艺术小品。根据不同的环境特点，每组鞋印按照特定舞步的运动轨迹设计，鞋印上刻有舞步顺序和左右脚标志"L""R"。鞋印周边用箭头标示出舞者正确的脚步移动方向（图 8-8）。舞步景观小品受到公众的认可和喜爱，人们每走到这里，都会情不自禁地踩着地上的鞋印，按舞步的顺序舞动一段，与其互动。

另外，欧洲很多街区活动场所内布置了醒目而吸引人的景观小品，如国际象棋棋盘和黑白棋子等，引来周边居民和儿童的好奇，搬弄这些棋子玩耍。国内一些商业广场上基于当代流行文化，通过布置排列有序的卡通雕塑，使其成为吸引游人的互动装置，很受欢迎。

### 8.2.3 具有吸引力的植物配置

城市公共景观在不断变化，但人们对植物景观的认同和喜好却从未改变过，并将其作为评价环境优劣的基本标准之一。用大量的绿化种植点缀公共景观环境时，不仅美化了环境还能为居民提供听觉、嗅觉和触觉等多方面的感官享受，合理的植物品种选择与空间规划能为市民营造多样的不同感受的活动场所，让人们在繁忙的工作之余向往走入其中，放松心情。

8.2.3.1　选择感官舒适的植物品种

（1）视觉

植物的姿态和色彩是引起人们注意并获得舒适感觉的重要条件。空旷草坪中高大浓密的香樟树、溪流水池中随波轻摇的莲花、树荫下鲜艳的观花观叶植物等，都能吸引人们步入草坪、停留水边或徘徊花间。

① 外形姿态。植物的外形指单株植物在自然生长状态下所呈现的外形轮廓，常见的外形有圆柱形、尖塔形、圆锥形和伞形等。不同的外形特征给人不一样的视觉感受（表8-3），比如圆柱形、圆锥形等植物挺拔、竖直向上，给人庄重肃穆的感觉。而与此相反，球形植物给人的感觉较为柔和。城市公共景观空间要根据空间类型、功能和氛围选择合适姿态的植物。

② 色彩特征。

a.干皮颜色。深冬季节我们可以发现不少植物具有色泽独特的枝干，如枝干为红色的红瑞木，其枝干的形态和醒目的颜色成为冬季主要的观赏景观，打破了单调景观的沉闷，是萧瑟大地中的一抹亮色，提高了城市公共景观的色彩活力。

b.叶色。自然界中大多数植物的叶色都为绿色并有深有浅，如山茶、女贞、桂花等叶色为深绿色，而水杉、落羽杉、玉兰等的叶色为浅绿色。此外，还有很多植物的叶色会随着温度和季节的变化发生改变，如春季银杏的叶子为绿色，到了秋季则变为黄色。因此，在城市公共景观空间中进行植物配置设计时，不仅要考虑植物正常叶色时的景观效果还要协调季相变化时的色彩关系，保证不同季节的观赏效果。

c.花色。花色醒目的木本植物、草本植物和水生花卉品种相当多，一年四季竞相吐露芬芳。但即使在同一季，众多植物的花色也各异，比如春季有白花的白玉兰、梨、山杏等；红花的榆叶梅、碧桃、海棠、樱花等；黄花的迎春、连翘、黄刺玫等；紫花的紫丁香、紫藤花、泡桐、瑞香、楝树等；蓝花的风信子、鸢尾、蓝花楹等。种植观花植物时应考虑其在公共景观环境中的观赏效果，做到四时有景，三季有花，色彩搭配协调。还可利用景观小品组成悦目的花坛、花径和花园等，更能激发人们对植物观赏的兴趣。

表 8-3 植物外形姿态特点与观赏效果

| 类型 | 代表植物 | 观赏效果 |
|---|---|---|
| 圆柱形 | 杜松、塔柏、新疆杨、钻天杨等 | 高耸、静谧，构成垂直向上的线条 |
| 尖塔形 | 雪松、冷杉、南洋杉、水杉等 | 庄重、肃穆，宜与尖塔形建筑物或山体搭配 |
| 圆锥形 | 圆柏、云杉、幼年落羽杉、金钱松等 | 庄重、肃穆，宜与尖塔形建筑物或山体搭配 |
| 卵圆形 | 球柏、加杨、毛白杨等 | 柔和、易于调和 |
| 广卵形 | 侧柏、紫杉、刺槐等 | 柔和、易于调和 |
| 球形 | 万峰桧、丁香、五角枫、黄刺玫等 | 柔和、无方向感、易于调和 |
| 馒头形 | 馒头柳、千头椿等 | 柔和、易于调和 |
| 扁球形 | 板栗、青皮槭、榆叶梅等 | 水平延伸 |
| 伞形 | 老年期油松、老年期落羽杉、合欢等 | 水平延伸 |
| 垂枝形 | 垂柳、龙爪槐、垂榆等 | 优雅、和平、将视线引向地面 |
| 钟形 | 欧洲山毛榉等 | 柔和、易于调和，有向上的趋势 |
| 倒钟形 | 槐等 | 柔和、易于调和 |
| 风致形 | 老年油松 | 奇特、怪异 |
| 龙枝形 | 龙爪槐、龙爪柳、龙爪桑等 | 扭曲、怪异，创造奇异的效果 |
| 棕榈形 | 棕榈、椰子等 | 构成热带风光 |
| 半球形 | 金露梅等 | 柔和、易于调和 |
| 丛生形 | 玫瑰、连翘等 | 自然 |
| 匍匐形 | 匍地柏、迎春、地锦等 | 伸展、用于地面覆盖 |

（2）体感

植物通过蒸腾作用既能增加空气湿度，又能起到降低周边温度的效果，提高人们夏季在户外的体感舒适度。中国多数城市气候为夏热冬冷，选择植物时要充分考虑植物带来的不同体感体验，创造宜人的户外景观环境，例如选择行道树时宜配置冠大、分枝高的树木，以提高烈日下街道上的舒适感。另外，由植物林冠形成的林下郁闭程度也会直接影响人的体感舒适度。城市公共景观区树林的郁闭度应尽量控制在0.4~0.6之间，当乔木的枝叶过密时，需及时抽稀，过于郁闭的树林会影响林间采光，给人们以不安定的感受，同时也会影响林内中、下木的生长。

（3）嗅觉

芳香类植物素来受到市民的喜爱，可适度种植在道路或场地边缘，触动人们的嗅觉神经。芳香植物根据释放芬芳部位不同，可分为香草、香花、香果、香蔬和芳香乔木等八类。城市公共景观空间中常见的开花类芳香植物有桂花、栀子花、茉莉等。除芳香类植物外，某些药用植物也会散发出特殊味道，具有一定功效（表8-4）。

表8-4　芳香类植物气味及作用分类

| 植物名称 | 气味 | 作用 | 植物名称 | 气味 | 作用 |
|---|---|---|---|---|---|
| 茉莉 | 清幽 | 增强机体抵抗力、令人身心放松 | 丁香 | 辛而甜 | 使人沉静、轻松，具有疗养的功效 |
| 栀子花 | 清淡 | 杀菌、消毒、令人愉悦 | 迷迭香 | 浓郁 | 抗菌，可疗病养生、增进消化机能 |
| 白玉兰 | 清淡 | 提神养性、杀菌、净化空气 | 紫玉兰 | 辛香 | 开窍通鼻，治疗头痛、头晕 |
| 桂花 | 香甜 | 消除疲劳、宁心静脑、理气平喘、温通经络 | 细辛 | 辛香 | 疗病养生 |
| 木香 | 浓烈 | 振奋精神、增进食欲 | 藿香 | 清香 | 清醒神志、理气宽胸、增进食欲 |
| 薰衣草 | 芳香 | 去除紧张、平肝息火、治疗失眠 | 橙 | 香甜 | 提高工作效率，消除紧张不安的情绪 |
| 米兰 | 淡雅 | 提神健脾、净化空气 | 罗勒 | 混合香 | 净化空气、提神理气、驱蚊 |
| 玫瑰花 | 甜香 | 消毒抗菌，使人身心爽朗、愉快 | 紫罗兰 | 清雅 | 神清气爽 |
| 荷花 | 清淡 | 清新凉爽、安神静心 | 艾叶 | 清香 | 杀菌、消毒、净化空气 |
| 菊花 | 辛香 | 降血压、安神、使思维清晰 | 七里香 | 辛而甜 | 驱蚊蝇和香化环境 |
| 百里香 | 浓郁 | 食用调料，温中散寒、健脾消食 | 姜 | 辛辣 | 消除疲劳、增强毅力 |
| 香叶天竺兰 | 苹果香 | 消除疲劳、宁神安眠、促进新陈代谢 | 芳香鼠尾草 | 芳香而略苦 | 兴奋、祛风、镇痉 |
| 薄荷 | 清凉 | 收敛和杀菌作用、消除疲劳、清脑提神、增强记忆力并有利于儿童智力的发育 | 肉桂 | 浓烈 | 可理气开窍、增进食欲，但儿童和孕妇不宜闻此香味 |

#### 8.2.3.2　植物配置的原则

根据城市公共景观空间的功能和市民需求，植物配置时应选择自然优美的乡土植物，利用植物的形态和意境美，做到四时有景，营造浓郁的文化氛围。植物空间的营造要具有多样性和层次感，形成疏密有致、视景丰富的景观空间，而非贫乏、无趣的单调绿化，以产生比较强烈的视觉吸引力。具体进行植物配置时，需考虑单株植物或组群植物与整体的关系，突出主导树种，将主导树种成片、成行种植，突出景观效果和诱发居民对该植物的兴趣，更加有利于人们与植物的近距离接触。

#### 8.2.3.3　植物配置的形式

根据植物排列分布的形式，植物配置可以分为自然式和规则式。

（1）自然式

自然式的植物配置方式多选用外形美观、自然的植物品种，具体方式有孤植、对植、丛植和群植。

① 孤植。孤植指的是单株植物的孤立栽植，常用于大片草坪中和小庭院的一角，起到主景或庇荫的功能，并表现了植物的个体美（图8-9）。孤植树造景时须注意树体的高矮、姿态等要与空间协调。开阔空间应选择高大的乔木作为孤植树，而狭小的空间则应选择小乔木或者灌木等作为主景。在草坪、空地、山岗上配置孤植树时，必须留有适当的观景距离，并以蓝天、水面、草地等作为背景加以衬托。

② 对植。对植多用于公园、建筑的出入口两旁，或纪念物、台阶、桥头等的两侧，可以起到烘托主景的作用，也可以作为配景、夹景。对植植物在外形上要整齐、美观，如桧柏、云杉、银杏、龙爪槐等，按照构图形式对植可分为对称式和非对称式两种方式，形成左右均衡、相互呼应的动态平衡（图8-10）。

图 8-9　孤植

图 8-10　对植

③ 丛植。丛植指将几株树木种植在一起形成树丛效果，常用于大草坪中、水边或是路边，起到主景、配景或背景的作用（图 8-11）。丛植时要按照美学构图原则，使植物在姿态上有所差异，既有主次之分，又相互呼应，如通过乔木搭配灌木和草本花卉，浅色搭配深色，形成优美的群体植物景观，吸引人前来观赏。

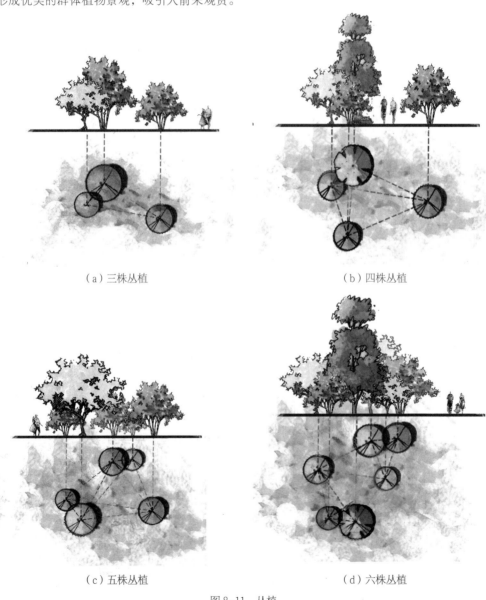

（a）三株丛植　　　　　　　　　　　　　（b）四株丛植

（c）五株丛植　　　　　　　　　　　　　（d）六株丛植

图 8-11　丛植

④ 群植。群植指将以一两种乔木为主题，与数种乔木和灌木搭配，组成较大面积的树木群体来展现植物的群体美，多用于大草坪中或水边等位置。按照栽植密度，树群可划分为密林和疏林。一般郁闭度在 90% 以上称为密林，遮阴效果好，林内环境凉爽、潮湿；疏林的郁闭度在 60%~70%，光线能够穿过林冠缝隙，在地面上形成斑驳的树影，林内有一定的光照。应根据气候条件、观赏效果和心理感受合理设计栽植密度。北京陶然亭标本园群植配置中以高大舒展的馒头柳作为群植组团的中心，配以枝条开展的黑杨、垂柳等落叶乔木，外围栽植低矮的花灌木，如榆叶梅、连翘等，整个组团高低错落、疏密有致、色彩协调，并具有较好的林下感受。

（2）规则式

规则式的种植配置应选择形状规整、效果整体统一的植物。通常用到的方法有对植、行植、环植和带植。植物的整齐排列具有较强的视觉引导、规律性和韵律感。如图 8-12，同样的公共景观空间采用不同的植物配置方式，景观效果迥异。自然式空间变化丰富，给人放松的舒适感；规则式栽植整齐，给人感觉空间明确，仪式感强。因此，植物配置时要结合环境特征与建筑特色、场地功能相协调，根据具体情况混合搭配使用，充分调动人的感官体验，创造丰富的、吸引人的、更具舒适感的公共景观。

8.2.3.4 吸引停留的植物空间设计

树丛和花丛在地面上的垂直投影轮廓即林缘线，林缘线往往是虚、实空间的分界线。林缘线直接影响人对空间、视线及景深的感受和体验。图 8-13 为半封闭的植物空间，一侧封闭一侧开敞，人们沿着道路走来可以看到被曲折流畅的林缘线勾勒出的进退适度的草坪空间，会被吸引进入草坪中休息游憩，提高人与植物的互动性。图 8-14 展现的是一个封闭的植物空间，如果栽植的是分支点较低的常绿植物或高灌木，则空间封闭性强，通达性差，人们无法走入草地或是树林中，只能远观欣赏，人与植物的互动性受到一定的限制。

## 8.2.4 高新技术的介入

经过两次工业革命的洗礼，大量不同类型的人工合成材料被应用于城市建设。这些新材料和新技术能使城市公共景观的结构和功能突破原有水平的限制，在使人们的生活环境更加安全、舒适的同时带来新的心灵体验，从而构筑新的城市公共景观形象。

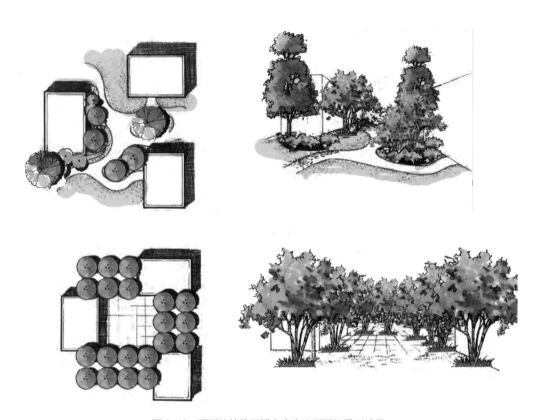

图 8-12　不同的植物配置方式产生不同的景观效果

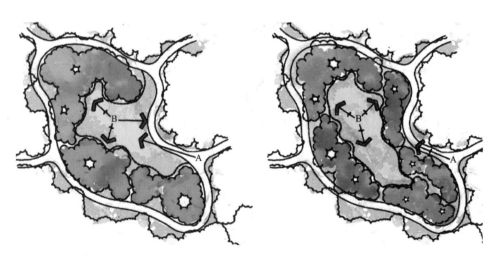

图 8-13　半封闭植物空间　　　　　　　　图 8-14　封闭植物空间

#### 8.2.4.1　声光电技术的介入

景观的实体要素通常包括景观建筑、植物和雕塑小品等，声光电技术的介入突破了景观表达的常规模式，营造出新的视觉图像和听觉感受。集图、文、影像、声音为一体的新型声光电技术，携带着时时可更新调整的多重感官隐喻，以激发市民互动为目的，成为一种新的设计语汇，巧妙地在景观空间中和谐展现，使整体环境效应得到进一步的提升，成为现代城市的标志性景观。

2010 年上海世博会采用了大量的声光电技术，围绕人、城市、地球以及足迹、梦想五个概念营造了展示都市人生活的不同场景，通过回顾过去与展望未来，展现了人、城市和地球环境的影响与互动，留给人无尽的思考和回味。同样，韩国丽水世博会也是运用合高科技的声光电结合多媒体演绎的海洋主题，成为世博会的一大亮点。目前声光电技术的应用多以 LED 为主体的模式出现，声光电技术的介入让城市公共景观披上了绚丽的表皮。

（1）景观中的 LED 照明

利用 LED 照明器材构成如同屏幕一样的"媒体化表皮"，进而将其无缝地组织到景观构筑物表皮中，是对表皮肌理的多元补充。在洛杉矶国际机场（LAX）的环境设计中，设计师对机场周边的标志性艺术装置和灯光进行了巧妙布置，使整个机场光彩夺目（图8-15）。每当夜幕降临时，入口处的巨型字母 LAX 就成为机场醒目的标志，周围环绕的15 根方形灯塔全都亮起，在电脑的调控之下变换出不同的颜色，在各色灯光的交织中展现出与白天不同的动态和妩媚。

图 8-15　洛杉矶国际机场外的多媒体灯柱

（2）建筑的 LED 表皮

北京奥运会体育场馆之一水立方的 LED 灯光为建筑穿上彩衣，水的多姿多彩和中国文化中对"方"的推崇都通过光艺术完美地表现出来。水立方时而透出迷人的蓝光、晶莹剔透，时而又色彩斑斓，除了表现水的柔和、含蓄、优雅，还表现了水的力量和激情，更增加了互动效果和特殊效果的场景。周围的行人不约而同驻足，车中的司机们放慢速度看了过来，与人产生了强烈互动。

纽约的时代广场是世界金融中心以及文化娱乐的典范，纳斯达克交易所大楼的巨型媒体外墙正是公共景观空间中建筑界面与 LED 显示屏有机结合的成功典范之一。大楼入口上方 50 米高的建筑立面被 LED 显示屏覆盖，巨型屏幕上滚动播放的图片、数字、宣传片等不仅以一种互动的方式传递着多彩的金融和文化信息，同时更加丰富了公共景观空间的形态表达。

（3）公共艺术中的 LED 屏幕

艺术家约姆·普朗萨设计的《皇冠喷泉》坐落于芝加哥千禧年公园内，成为芝加哥的标志性公共景观之一，备受市民、游客，特别是小朋友的喜爱。与古典喷泉不同，皇冠喷泉是

图 8-16 《皇冠喷泉》

现代技术的产物，喷泉以 15.2 米高的玻璃塔楼为载体，装有受电脑控制的 LED 显示屏，交替播放着芝加哥 1000 位市民的不同笑脸。当墙上的脸变成微笑时，大家便会围拢过来，迎接从嘴部喷出的水柱（图 8-16）。LED 技术在城市公共景观中架起了一座沟通景观与市民游乐的桥梁，在促进城市公共景观与人的互动营造上起着重要作用。

8.2.4.2　人机互动式装置的应用

长久以来，城市公共景观都被界定为人们观赏的对象，而安装了多感官互动装置的城市公共景观不断革新着人们对于城市公共景观的想象，除了看以外还能与景观进行摸、触、踩、踏等多种形式的互动。多感官互动装置的设置是以人的体验性和参与性作为原则，非常重视与公众的交流以及自发参与的激发，能促进人与景观的互动，调动人们的各种感官的积极参与。例如地面传感器装置可通过人踩在传感器上的压力的变化，而呈现出不同的色彩或形态的变化，创造出炫目的景观效果，吸引人们前来体验。

（1）人与声光的互动

投影结合当代电脑控制技术是实现人与声光互动的最简便的多媒体手段之一。城市公共景观空间中的地面、墙体等为投影背景幕布，景观空间的表情也跟随影像内容的交替变更而时刻改变，呈现出更多元和动态的影像，为景观空间注入更多的虚幻与动态情景。2008 年北京奥运会开幕式的多媒体景观互动的体验方式为观众带来了快乐的感受，与以往景观中静态

的风景不同，多媒体景观中漂浮的祥云随着人的脚步而改变，给人们带来的是一种全新的体验，更具吸引力。

建筑师及艺术家乌士曼·哈克于 2012 年在埃因霍温的荷兰广场上完成的作品《细绳》，是一个通过声音将公众与公共景观紧密联系起来的作品。在广场上，人们通过各种不同的声音创造了身边丰富多彩的空间，庞大的高功率投影仪根据不同声音的频率、节奏等在空间中投射出动态的、颜色细腻多彩的穹窿，极大地创新了城市公共景观的表达。广场成为表演的舞台，公众便是演员，独自或是几人合作奏响了空间的色彩奏鸣曲，创造了属于他们自己的公共空间记忆。《细绳》的互动性极大地提升了人们对于城市公共景观的参与热情。

乌士曼·哈克的另一个作品《唤起》将建筑物和墙体等的外立面作为投影的背景面，产生奇幻的景观，投影的影像与公共景观空间融为一体，让建筑与景观相互融合与对话，使景观空间更具强烈的时空感与互动性，而且模糊了对景观空间的常规理解。《唤起》用一个80000 流明的动画投影照亮了整个约克教堂的外立面。公众通过他们的声音将色彩斑斓的图案从建筑的地基中呼唤出来，浮于教堂表面，人们不同频率、节奏和音色的声音产生出令人眼花缭乱的梦幻视觉效果，赋予了建筑一种完全不同的立面表现方式，也点亮了周围的公共景观空间，新技术与旧景观的结合赋予了公共景观全新的生命力。

（2）与传感器等感应材料的结合

依靠感应技术的公共景观实体与传感器等材料结合，让传感器在受到外力作用的时候，能够通过景观实体以光电的变化形式表现出来，让景观元素成为互动性行为实施的界面。

LED 与感应器的结合在设计中运用较多，通常是在透明或半透明材料的地面材料，如玻璃、高分子复合板、透光混凝土等下安装 LED 照明系统和光脉冲传感器等传感装置，当人踩在地面上，传感器上的压力发生变化，带动激发光脉冲传感器产生出色彩或形态的变化，创造出炫目的景观效果。2010 年上海世博会的世博轴尽端的庆典广场便是由 498 套压力感应交互式 LED 光砖铺成。人走在上面，光砖就会随着脚步变换颜色和亮度，并产生涟漪般的水波扩散或犹如爆炸般的放射效果，趣味横生。

韩国麻谷中央广场获奖方案中，人行天桥的外部皮肤由太阳能电池板、玻璃、绿墙、LED 灯组成。太阳能电池板收集的电能用于 LED 灯的使用，过往人群的行走是控制 LED 灯燃灭的开关。同样，广场地面上的压敏电元件在人们的运动中将动能转化成电能，为广场照明。这些互动系统促进了人与人之间的沟通，为广场增加了更多的活力。

图8-17 意大利交互式森林

图8-18 《生命之光》亭子

建筑师达里奥·庞贝的作品《意大利交互式森林：会发光的 IT 树》，每个 IT 树的顶部都安装 3 个超声波近距离传感器，使人体的位置能够被检测到，并且通过开源微处理器传达到 LED 照明系统。广场因为 IT 树成为一个显眼的空间，只要有人通过的时候树就会被点亮（图8-17）。

荷兰雕塑家和建筑师丹·罗斯加德的作品《沙丘》，采用了光纤材料、光感和声音两个传感器和其他媒介材料。一簇外表有着透明发光尖端的黑色管子却非常感性，根据人们不同的活动，它的灯光有 128 种变化。没人的时候，它会进入睡眠，在黑暗中散发着柔和的光；有人经过时，光会随行走出现变化；而当行人发出很多噪声时，沙丘也会疯狂地闪光。丹·罗斯加德赋予了原本存在于环境当中的景物以新的生命和活力，它可以随着人类的活动而改变自身形态，成为有交流的风景。

位于韩国首尔的名叫《生命之光》的小亭子，它的表皮可以根据周围空气质量的好坏产生闪烁等变化。亭子的表皮是一张巨大的首尔地图，上面装载有几十个传感器，传感器能够及时判别地图上所对应地区的空气状况，从而使得这张地图成为一张可以通报空气质量的交互式建筑表皮。市民可以进入亭子里，也可以从附近的街道和建筑物里眺望它，从而与它产生信息的交互（图8-18）。

# 8.3　城市公共景观与人的生理的契合

在景观营造过程中，对于人生理的契合往往直接影响了市民对城市公共景观使用的感受，更能够体现出对城市公共景观的人本性思考，由人性化的细节设计要求设计师及时把握人们活动生理的特征，充分挖掘人们潜在的需求，以务实的态度考虑景观细节，创造出安全、舒适、宜人的公共景观环境。

## 8.3.1　契合生理特性的景观材料

每一种材料都有其独特的物理属性和使用感受[175]，影响人的视觉和触觉等感官体验。因此，景观材料在选择时要结合材料自身特点和人的生理特性，营造安全、舒适的公共景观场所。

（1）设施人体尺度的适应性

公共景观设施是指作为景观元素的公共景观家具及公共景观中的功能性装饰部件，如公交站亭、书报亭、休闲座椅、户外广告牌、雕塑和小品等。设施为人使用，需要满足人的各种行为特征。

人体工程学通过对人体的尺度、心理以及行为特点与设施关系的各种因素的分析和研究，寻找最佳的人与设施的协调关系，为景观设施设计中的使用对象提供人体尺度，如人体结构尺度、人体生理尺度和人的心理尺度等数据参数。在景观设施设计中，如果不考虑人体尺度的需求，那将是景观设施创作的失败。

（2）材质契合视觉的适应性

通常大都市环境中的光污染容易造成人们精神紧张、心情烦躁。因此，在城市公共景观空间中维护一个和谐的视觉环境非常重要。光污染的产生往往和景观材料的选择息息相关，如景观空间中的建筑、设施、雕塑和小品等的表面使用光滑材料容易显得环境细腻而美观。然而，由于自然光线的强度难以控制，在城市公共景观中光滑材料的使用需十分慎重。夏季日光照射到玻璃幕墙、镜面不锈钢和抛光的石材等材料上，容易形成环境中的"高光"体，与周围物体的亮度拉开极大差距，使人产生眩晕感，出现恶心、头晕等不适感，从而引起事故，甚至受到严重伤害。

图8-19　Z58墙面设计

为避免这一现象，可采取两种措施。一是对材料表面进行处理，改变材料表面的肌理，让材料表面变得凹凸不平，形成漫反射。二是减少此类材料的使用面积、调整使用角度，以避免过多光线直接反射到人眼。如上海番禺路上的众泰控股集团上海总部大楼Z58，其墙面虽为不锈钢，但在不锈钢安装槽间置入了绿色植物，减少和柔化了不锈钢墙面的厚重感，也避免了光线的过度汇聚，很好地控制了墙体的反光性（图8-19）。

（3）材质契合触觉的适应性

不同的材质由于其物理特性的差异，除了具有不同的视觉效果，还具有不同的触觉感受，会使人产生不同的生理和心理体验，对于那些表面华丽，实则感官体验不良的景观设施，时间一久就会对它们敬而远之。因此，在城市公共景观的建设过程中，需要挖掘材料的触觉特征，把握好材料的触感和触温，使其适应人的生理习惯，从而提升人与材料接触过程中的喜悦感，也能更好地发挥材料的表现性和功能。

质地是表达材料触感的基础，不同质地的材料适用于不同的景观环境和使用功能。例如，在雨雪天气多发的城市，城市公共景观空间中特别是人流量大的公共服务空间和运动场所，地面铺装材料的表面不宜过分光滑，而更应该考虑防滑的需要。此外，材料表面的差异可能是材料的天然特性，也可通过后期加工处理而得。

除了触感，人接触材料时还能通过皮肤感受到一定的温度，称为"触温"。皮肤接触到的温度在不同区段时给人冷或热的感觉，人们一般更倾向于能带来温暖或凉爽感的材料，过烫和过冷都将造成不适甚至造成皮肤伤害。材料的导热性能不同，人皮肤接触材料表面所感受的温度感也不同。常见的景观材料里，木材和砖具有一定的保温性，又不具有高度的热传导性，是人们更愿意亲近的材料类型。

## 8.3.2　注重安全的景观施工

城市公共景观的营造在强调经济、功能、美学和工程学的需求外，常常忽视了对安全的考虑。在新闻中时常会看到如下的报道，人们在公共空间中活动时发生摔倒事故、跌落事故、碰撞类事故和触电类事故等。这些事故的发生不仅是因为个人疏忽，与空间环境及景观的设计安全性也有很大的关系。因此，景观设计师不能只看到景观环境在现阶段所表现的相对稳定状态，而忽视了其危险隐患的存在，需要从安全性角度来对各因素，如绿化、道路、水景、小品以及防护设施等进行考虑，以保障在公共空间中的人群能够安全活动。

（1）绿化工程的安全性

在城市公共景观营造中必然有大量的绿化工程，其安全性的高低与人们休戚相关。在绿化设计与施工的过程中应注意以下几点。

① 首先应注意其绿化功能设计，如设置道路旁的绿化带时要对其安全视角、植物高度等进行严格控制，特别是道路交叉口的植物不要遮挡行人与司机的视线，以免造成交通事故。

② 在选择造景植物时应优先考虑枝干不易风折、无毒害、少扬絮和尖刺，以及不易引起游人过敏的品种。在运动场和活动场地不宜栽植大量飞毛、落果的树木，如杨柳和悬铃木等。

③ 应注意与既有建筑物、地下管网的安全距离。某些植物，如竹子等的根系具有很强的穿透能力，对地下管网的破坏力度很大，其次，乔木浓密的枝叶还会影响建筑的通风和采光。因此，乔木的栽植应控制在距离建筑物 5 米左右，距离地下管网 2 米左右；灌木的栽植应控制在距离地下管网和建筑物 1~1.5 米。

（2）道路工程的安全性

道路工程对公共景观内部起着交通联系的作用，其安全性需要从以下几个方面去考虑。

① 组织引导设计是否对人群进行有效分类管理，既避免因迷路造成的安全感缺乏，也减少拥挤、踩踏事故的发生，还能在紧急情况下迅速疏散人群。

② 无障碍设计的完整性和实用性，以便给特殊人群提供必要的安全保障。无障碍设施系统是专为残疾人设计的设施，在建筑、广场、公园、街道等城市公共空间为各类残疾人提供方便，包括残疾人坡道、盲道、扶手栏杆等。这些无障碍设施的坡度和长度等要充分根据残疾人的生理特点来设计，才能真正发挥安全保障的作用。

③ 道路需满足坡度等地形要求，坡度过大时配备一定防滑措施，根据地形条件设置合理

的尺寸条件等以保护人们的安全。步行道坡度在 5%~8% 时，应有防滑措施或局部加设踏级，踏级数不宜少于三级，并应在材料或色彩上和坡道有所区别。

④ 道路施工质量除了对抗压强度的基本要求外，如果平整度不佳的话，易造成路面坑洼不平、诱使行人摔倒或碰撞事故发生，因此车行路面材料一般以沥青、混凝土为多。而在人行道路中，需要保证路面可承受一定的人力荷载，保证材料整体且平整。

⑤ 道路铺装材质安全性的关键是选择防滑、耐腐、防眩光和滑倒后易吸收能量的柔性材料，还应注意材质面层的图案、色彩的选取不致引起人们的压抑、头晕等不适。

（3）水景设施的安全性

水景设施是城市公共景观的重要元素，也是安全隐患的重点之一，其安全性需要从以下几个方面去考虑。

① 静水的安全处理，如观赏性或兼用作泳池时静水池的水深设计控制，以及池底的防滑处理等。小面积静水池的深度应保持在 0.5~1.0 米为宜，若兼用于泳池时，深度一般在 0.5~1.5 米，水深高差控制在 0.2 米以内。

② 流水、跌水的安全处理，如流水深度的控制，通过流水水道中安置深色卵石，可以在材质上给人指示，突显其与周边的高差以防止游人跌倒等，流水深度可在 0.2~0.3 米。在人们容易落水的位置适当种植植物或是设置围栏进行分隔，既不影响美观又保证了景观安全。

③ 喷水的安全处理，如喷泉的水源应选用无害的洁净水，设置溢水口以便清理、维修和防止结冰。喷泉的配套灯光设计应避免灯光直射游人眼睛产生眩光，水下照明设备应具有良好的绝缘性等。

④ 安全护栏与水边安全处理，各类水景的深水区或泳池岸边都应设置安全护栏，并配以醒目的安全标识以防止游人过度靠近而产生坠落危险，浅水池应考虑设置沿水驳岸以有效处理和防止水池周边的坍塌等。公园内的水景边缘或驳岸等危险区域要有护栏、观景台以及醒目的安全提示，防止雨雪天气或游人嬉戏打闹时出现落水事故。

（4）景观小品的安全性

景观小品的安全性主要指各类景观构筑物和功能、服务类的设施安全设计或管理措施，如雕塑的防儿童攀爬、棱角处理，休憩座椅的扶手靠背设计，凉亭、走廊和花架的夜间照明合理布置，健身器械及其设置场地防滑和选择柔性材料的安全处理，在醒目位置设置安全警示、宣传标识牌等。

### 8.3.3 安全舒适的照明设计

灯光夜景在当代城市公共景观中扮演着越来越重要的角色，灯光的造型和色彩变化往往成为城市中最亮丽的视觉景观，给人最深的印象。设计者应当根据人的视觉和心理特点，通过塑造安全、舒适、可识、可达、多样、愉悦的夜景环境，让市民更加方便、舒适地停留到夜景观环境中来。

（1）照明与心理感受

在暗视觉条件下，人眼对光线的视觉感受灵敏度与白天有着显著的差异（图 8-20），光谱的蓝端会给人更加明亮的感受。在夜景观色彩的选用上，要从人眼的视觉特点出发，采用夜间人眼较为敏感的颜色作为主要表现对象的载体，不太敏感的颜色作为辅助背景的烘托。然而，城市中心区和商业区等繁华地段滥用大功率灯具，人们对颜色的感受灵敏程度会受到干扰。因此，在夜景灯光选择时，不要一味地滥用高功率、色彩斑斓的灯具，要根据夜景亮度情况结合人眼的光谱灵敏度特点综合考虑，创造让人感觉舒适和谐的夜景灯光效果。

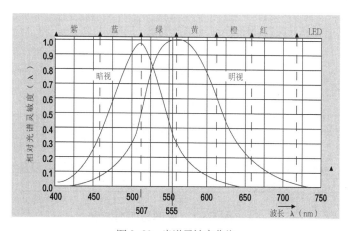

图 8-20 光谱灵敏度曲线

根据学者们的长期观测研究，除了光感灵敏度，夜景灯光色彩的色相（表 8-5）、纯度（表 8-6）和色调（表 8-7）等的差异也会给人带来不同的心理感受。城市公共景观空间的照明设计要根据环境氛围需要选择让人感觉舒适的纯度、明度和色相的光源。

（2）足够的照度水平保证环境的安全性

安全性是夜景观照明的重要前提，最小照度是保证夜晚安全性的重要指标，必要的水平照度能够保证辨识地面的高差和障碍物。针对步行者的行进特点，CIE（国际照明委员会）推荐了不同级别道路亮度的标准（表 8-8），以确保行人在行进过程中的安全性。

表 8-5　色相与心理感受

| 色相 | 特征 | 心理感受 |
|---|---|---|
| 红 | 波长较长，彩度高，视觉刺激强，使人感觉活跃、热烈 | 鲜血、高能见度→恐怖、危险、残酷→作为危险信号<br>血液和火焰→生命感、跳动感<br>明度适中→有分量感、饱满、充实→与吉祥、好运（鸿运）、喜庆（红事）相联，是节日、庆祝活动中的常用色<br>冲力强，分量重→强烈的热情、骚动不安、强烈的欲望、空间笼罩感 |
| 黄 | 明度、彩度都较高，颜色明亮和娇美 | 高明度的强光色→光明感、轻快、明锐、单薄<br>幼嫩的植物的浅黄色→新生、单纯、天真<br>中明度偏暖的黄→金黄、高贵<br>金秋季节的色调→蛋黄、奶油等食物 |
| 橙 | 明度在黄与红之间，柔和、温暖又明快 | 成熟的果实、富裕营养的食物→营养、香甜的联想 |
| 蓝 | 冷色的极端，沉静、清澈、理智 | 苍天，大海→高远、清澈、空灵<br>与红色的热情与骚动是对立的→静默清高、远离世俗、清净超脱<br>明度偏低，和重色配合→暗淡、低沉、郁闷和神秘感<br>明度偏低，与冷色配合→陌生，空寂和孤独感 |
| 绿 | 中等明度，稳进、柔和 | 大自然的色彩→平衡心境的和谐与恬淡<br>未成熟的果实→酸与苦涩的感觉<br>明度降到中低阶段，与重色相配合→稳定、浑厚、高雅感，或郁闷、苦涩、低沉、消极、冷漠感<br>明度提高→清爽、典雅 |
| 紫 | 明度和彩度都低，明度是有彩色中最低的，优美、高雅、雍容华贵 | 冷紫与黑搭配→低沉、郁闷、烦恼和神秘的感觉<br>提高明度→妩媚、优雅<br>降低明度→易失去色彩性 |

表 8-6　纯度与心理感受

| 纯度 | 心理感受 |
|---|---|
| 高纯度 | 丰富多彩、原始感、平面化；联想到节日的气氛，华贵、艳丽、欢乐、突进和热情；坚定而明快 |
| 中纯度 | 厚实、丰富、稳定 |
| 低纯度 | 典雅、稳静、柔和；联想起文雅安静的性格以及理智的、内在的意蕴；飘动而朦胧；具有超脱和远离感 |

表 8-7　色调与心理感受

| 色调 | 心理感受 |
|---|---|
| 高长调 | 明快、开朗、坚定、辉煌灿烂<br>处理不当容易造成单调、贫乏、呆板 |
| 高短调 | 明亮、柔和、亲切感，富于诗意<br>处理不当容易造成色彩贫乏，也容易使画面无精打采、毫无力量 |
| 中长调 | 明度适中、对比强、稳静而坚实、不刺目而具有注目性、很富阳刚之气 |
| 中短调 | 各种色相不仅明度不同，彩度值也不同，变化微妙<br>红和黄的彩度最高，蓝、青绿和绿的彩度较低 |
| 低长调 | 加强的视觉冲击力、耳目一新的效果<br>容易产生不协调的感觉 |
| 低短调 | 厚重而柔和，具有深沉的力度，但明度差不宜过小，要注意彩度变化，否则将使画面沉闷 |

表 8-8　CIE 推荐的道路亮度标准

| 交汇区类型 | 平均水平照度 $E_{H\,ave}$ | 照度均匀度 $U_E$ |
|---|---|---|
| 主干路的交汇 | 30/50lx | |
| 次干路的交汇 | 20/30lx | 0.4 |
| 支路的交汇 | 15/20lx | |

此外，人眼在不同亮度水平下的适应时间有很大区别，从较为明亮的区域进入较暗的地方，人眼需要较长的适应时间。夜晚的各种公共景观环境中亮度不一，当人们从广场等明亮的空间进入小道等较为黑暗的区域，眼睛需要一定的适应时间，容易发生危险，因此，在两种空间的高差转换、水面与陆地转换等边界地区应该设置安全照明，并且亮度应当适当提高。然而，当光源亮度过大时就会产生眩光，夜晚眩光对视觉的干扰容易致使处于城市公共景观空间中的人发生安全隐患，因此要合理设计景观照明亮度。

# 8.4　城市公共景观与人的参与的实现

城市公共景观艺术是以人为价值核心，以雕塑、小品、广告牌等景观设施小品为载体的艺术形态。随着公共景观艺术全面地进入人们的生活，许多让市民费解或是不能接受的现代公共景观艺术出现在城市中，公共景观艺术亲民性的实现是时代的迫切需要。因此，艺术家们在作品创作的过程中应当以公众的视角为出发点，关注公众所关注的问题，使用公众易于接受的设计形式，从而拉近作品与公众的心理距离，让艺术家的作品有效地与公众发生互动，让公共景观艺术真正成为大众共享的艺术，而不是表面的过场。

## 8.4.1　公共景观艺术内容走出精英文化

精英文化是指局限于某一领域内由少数人创作分享的文化。对于公共景观艺术而言，由专业艺术家或艺术评论家组成的精英文化圈子往往比较注重艺术本身所具有的审美意义和艺术家个人的精神创造。然而，公共景观艺术作为城市公共景观中的重要组成部分，需要走出艺术工作室，融入人们的生活，与公众发生广泛的交流，与社会进行亲密的互动。将艺术的普遍精神与平民情怀结合在一起是实现公共景观艺术与市民互动的重要前提。

图 8-21 《深圳人的一天》

（1）贴近市民生活的设计主题

公共景观艺术的公共性决定了其服务的人群是大众，它的社会价值比单纯的艺术性更值得关注。因此，在内容上需尊重和反映普通大众的文化情感和审美趣味，其精神内涵及价值观念的取向需顺应大众文化趋势，并与大众取得沟通、得到认同，满足不同年龄、职业、性别、习俗及兴趣爱好的人们的现实需求。营造有利于人们展开自由、自如的户外活动以及进行公共交往的友好环境与文化氛围。

深圳大型纪实雕塑《深圳人的一天》以 18 个普通人的一天作为雕塑原型（图 8-21），将大众的、平凡的、日常的、生活的、琐碎的点滴凝聚成一座市民的纪念碑，消除了城市雕塑的精英传统，让小人物的故事成为城市生活的主角，使景观设施小品更加贴近大众真切的生活体验和情感经历。在费城中心广场地铁站出入口处摆放了一个由克莱斯·奥登伯格设计的巨型《衣夹》雕塑。这座雕塑不仅体现出对普通民众生活的尊重，还突破了传统的艺术准则，成为大众文化乃至城市的象征。

（2）满足大众使用需求的设计内容

满足大众使用需求的设计内容即充分考虑大众活动的需要，使公共景观艺术作品在形态和文化心理上满足大众的使用需求，体现对公众的真挚关爱，为生活提供便利。在巴黎的一条普通街道上，一张巴黎地铁图被绘制在一座建筑立面上（图 8-22）。地铁图弥补了由于土地狭小造成的居住空间与建筑外立面的比例缺陷，同时一目了然的汽车和地铁站位置也为出行的人们提供了便利。这张《巴黎地铁图》不仅是一件优秀的公共景观艺术品，还以一种非常生活化的、大众的方式，跟人们的日常生活紧密联系在一起。城市公共景观艺术创作的内容不应只关注于那些所谓高雅的阳春白雪，还应该结合所处环境，反映人们日常的生活需求，为公众的生活提供方便、舒适和具有美感的服务，成为真正的公共艺术。

### 8.4.2　公共景观艺术形式的通俗化表达

要让公共景观艺术被普通大众所理解，最直接的方式之一就是形式上的通俗易懂。设计城市公共景观设施小品时应注重作品形式与公众的和谐亲近，让公众能感受到公共景观设施小品表达的精神内涵。而不只是艺术家们前卫思想的试验田，要从满足公众日常需求的视角来构思公共景观艺术的形式。

图 8-22　建筑外立面上的《巴黎地铁图》

纽约亚克博·亚维茨广场原来竖立着先锋艺术家塞拉的前卫雕塑《倾斜之弧》。这座由生铁铸造而成的弧形墙面雕塑长约 37 米，高约 3.7 米，将一个原本开阔的公共空间从中隔断，艺术家想通过这个雕塑改变人们对惯常空间的认知。然而，雕塑建成不久，众多民众却评价它是"连疯子都会觉得疯了的艺术"。过于巨大的尺度严重阻碍了人们对广场的使用，最终在强烈要求下不得不被移除。景观设计师玛莎·施瓦茨在之后的广场设计中认为广场的形式应该贴近市民生活，形式上采用简单的点、线、面布局和明亮的色彩，将长椅、街灯、铺地和栏杆等要素串联成一个有机的整体。人性化的曲线形式座椅为人们带来了多变的交流和休息环境，深得公众喜爱。《倾斜之弧》巨大形式下的艺术内涵让公众无法领悟，还成了公众正常生活的屏障。相反，一个简洁明了又通俗化的公共景观空间，才真正受人们所喜爱。

### 8.4.3　让公众成为景观艺术创作的主体

公共景观艺术的公共属性使其具有文化和社会特征，这种特征将社会个体对文化认知、体验以及享受的权利放在首位，尊重社会公共领域中的每一位社会个体，并维护他们参与社会公共领域实践的权益。在社会的转型时期及未来的社会公共生活中，公共景观艺术将与市民文化一起，推动和提高大众的艺术修养和日常休闲生活品质。

公共景观艺术从设计到后续管理，包括位置选址、题材选择和艺术创作等一系列复杂过程。在这个过程中，通过公众与艺术家之间、公众与公众之间的沟通、交流实现互动，让公众能成为公共景观艺术创作的主体，从而增添作品的亲和力和公众认可度。洛杉矶公共景观艺术项目的成功是一个很好的例子。洛杉矶公共景观艺术项目通过分区建立居民的社区意识，使公众关心自己的生活环境，积极参与到社区建设中来。同时，社区经常组织艺术家与公众共同创作，并将创作完的成品安置在社区中，成为人们生活的一部分。此外，还策划多种多样的公共景观艺术活动，如手工竞赛、涂鸦、展览、表演和游行等，为更多的居民创造参与到艺术中来的机会。

此外，西雅图的"邻里配合基金项目"也是通过以社区及居民为主体提出公共景观艺术创作计划，扩展了普通民众参与公共艺术建设的途径，进而演绎为西雅图最为人称道的、民众广泛参与的"公共艺术计划"。在这里艺术变得不单只是欣赏，还具有儿童游乐、宣传教育、经济发展和促进交流等多种功能，例如在派克市场有件深受市民喜爱的雕塑——《瑞秋猪》。其肥胖可爱的形象和满地散落的蹄印引来无数市民和游客与之合影。瑞秋猪是根据社区展览活动中一头肥猪的形象而设计的，在雕塑猪的背上还有一个投硬币的孔，成为社区筹集资金的渠道，为周边社区的低收入和弱势群体提供帮助。每年这座雕塑小猪的生日都是社区里非常隆重而有特色的文化节日。西雅图公共艺术参与计划让大家感受到了公众在艺术参与中迸发出的无限可能，极大地丰富了公共景观艺术的内涵和表达，并且有公众参与的艺术活动才更能直接地表达城市公共景观的公共属性。

# 8.5　本章小结

人作为城市公共景观的参与主体,在"城市公共景观 – 人"的互动中通过与人的体验有关的要素的互动,如人的尺度、心理、生理以及参与等,为人们提供适宜的滞留与交谈的空间,使得城市公共景观空间的品质有所提升,人在城市景观空间中的体验得到改善,吸引更多的人来到并使用城市公共景观。

# 第 9 章
# 城市公共景观营造的互动性评价指标体系构建与实证研究

为了明确公共景观的互动效果，需要构建一个科学的量化评价反馈模型。本书第 4 章中提出了基于互动视角的城市公共景观营造框架体系，第 5~7 章则分别从内部运行机制与外部实践手段详细论述了基于互动视角的城市公共景观营造手法，这些都为定量研究城市公共景观营造的互动性提供了完整的理论架构。遵循这个架构体系的指引，本书选取了具有代表性的指标，建立了基于互动视角的城市公共景观营造评价指标体系，并基于区间数 AHP 法和 Vague 集理论，提出城市公共景观营造互动性的评价方法。本章的研究成果能够有效地刻画城市公共景观营造中的互动情况，为改善城市公共景观互动性的科学决策提供建议。

## 9.1 城市公共景观营造的互动性评价指标体系构建

城市公共景观营造作为一个复杂的系统工程，对其互动性评价的首要任务就是根据公共景观特点以及相关规范，构建一个相对科学的指标体系，以期能够对评价对象做出正确的评判。在城市公共景观项目的建设过程中，既要考虑众多参与主体之间的合作意愿，也要考虑项目与所处内外环境的协同呼应，所以影响互动性效果的因素比较复杂。由于目前国内尚无明确的研究成果可循，因此构建一个标准统一、目标明确的评价指标体系是一项探索性很强的工作。

### 9.1.1 评价指标体系构建的原则

（1）全面性与综合性原则
城市公共景观互动性评价指标体系是一组可感知的参数集合，所选择的评价指标应尽可能地覆盖城市公共景观互动的各个方面。设计的指标体系应尽可能地反映城市公共景观空间中各个群体的需要，包括基本需要和高层次需要，能够真实反映城市公共景观营造从内部运行机制到外部实践路径的各个方面的互动情况，缺少任何一方面都会失之偏颇。

（2）系统性与层次性原则

由于城市公共景观互动性评价是一个涵盖多因素、多目标的复杂系统，评价指标应力求全面地反映该研究系统的综合情况，要既能反映直接效果，又能反映间接影响，以保证评价的全面性和可靠性。

（3）客观性与实用性原则

城市公共景观营造涉及城市规划、生活习惯、生产方式和经济建设等多个层面，在指标体系的确定中应避免因不同方面价值观的冲突而导致指标取向的片面性。指标选择和确定的最终目的是为了给规划决策人员提供依据，为管理部门提供行动参考，因此确定指标必须注重描述的准确性和内容的简明性，使指标具有较强的可操作性。

（4）定量与定性相结合的原则

由于城市公共空间属于城市公共资源，这使得它的最终目的是为大众服务，也使得它的提供者往往是来自政府部门。因此，评价指标的选取应坚持以满足使用者需要为主，兼顾提供者需要协调多方综合需要的价值取向，再加上指标的复杂性和系统性，因此有必要设定一些定性指标。评价应尽量对系统要素尤其是不可量度指标进行模糊数学处理，以减少因不确定性造成的主观影响。

## 9.1.2　评价指标体系总体框架的构建

在参考了国内外众多城市公共景观调查研究方法的基础上，根据第4章中提出的基于互动视角的城市公共景观营造框架体系，以及第5~8章中进一步阐述的内部运行机制与外部实践路径中的具体营造手法，本书将城市公共景观营造的互动性评价指标体系分为两个部分：一个部分是对城市公共景观运行机制中互动性的反映，分别从全过程的管控和营造过程的管理进行评价；另一个部分是对城市公共景观外部实践路径中互动性的反映，其中外部实践路径根据城市公共景观外部营造的系统性分出层次，从宏观到中观，又由中观到微观，使指标体系尽可能反映出不同层次的公共景观的互动性。最终，经过相关专家和技术人员的咨询反馈，本书构建的指标体系总体框架如表9-1所示。这套指标体系由1个目标层、2个准则

（一级指标）层、5 个领域层（二级指标）、18 个指标层（三级指标）和 59 个评价因子（因子层）组成。

表 9-1  城市公共景观营造的互动性评价指标体系

| 目标层 | 一级指标 | 二级指标 | 三级指标 | 因子层 |
|---|---|---|---|---|
| 城市公共景观营造的互动性评价 C | 内部运行机制 $C_A$ | 全过程管控的互动 $C_{A1}$ | 控制的互动 $C_{A11}$ | 城市公共景观发展的目标和管理办法的合理性 $C_{A111}$ |
| | | | | 管理部门针对实施对象和使用者制定的信息反馈机制的重视程度 $C_{A112}$ |
| | | | | 管理部门对建设活动后期管理的有效性 $C_{A113}$ |
| | | | 激励的互动 $C_{A12}$ | 对城市公共景观建设的宣讲、展出的力度 $C_{A121}$ |
| | | | | 管理部门对城市公共景观建设做出贡献的人和单位的奖励 $C_{A122}$ |
| | | | 保障的互动 $C_{A13}$ | 城市公共景观建设法律、法规的明确程度 $C_{A131}$ |
| | | | | 行政管理机构对城市公共景观建设的监管 $C_{A132}$ |
| | | | | 资金的筹措与合理运用的有效性 $C_{A133}$ |
| | | 营造全过程管理的互动 $C_{A2}$ | 前期构思与策划的互动 $C_{A21}$ | 开发驱动的多元化程度 $C_{A211}$ |
| | | | | 管理与投资模式的多元化程度 $C_{A212}$ |
| | | | 中期开发的互动 $C_{A22}$ | 多方参与设计的程度 $C_{A221}$ |
| | | | | 设计制度的健全与完善公平程度 $C_{A222}$ |
| | | | | 设计、施工以及管理过程中发现的问题与及时处理程度 $C_{A223}$ |
| | | | | 竣工验收与质量保修措施完善程度 $C_{A224}$ |
| | | | 后期维护的互动 $C_{A23}$ | 维护管理单位明确，责权清晰 $C_{A231}$ |
| | | | | 维护管理制度完善，执行严明 $C_{A232}$ |
| | | | | 后期爱护宣传工作重视程度 $C_{A233}$ |
| | | | | 道路、绿化、卫生以及设施设备的维护状况 $C_{A234}$ |
| | 外部实践路径 $C_B$ | "城市公共景观-城市"的互动 $C_{B1}$ | 城市公共景观与自然的互动 $C_{B11}$ | 保护利用城市自然山水资源 $C_{B111}$ |
| | | | | 衔接自然山水的公共绿地体系 $C_{B112}$ |
| | | | | 建立亲近宜人的自然休闲景观空间框架 $C_{B113}$ |
| | | | 城市公共景观与城市历史文化的互动 $C_{B12}$ | 景观遗迹的原生保护 $C_{B121}$ |
| | | | | 历史文化的时代表达 $C_{B122}$ |
| | | | | 工业遗产地的再生 $C_{B123}$ |
| | | | 城市公共景观与城市安全的互动 $C_{B13}$ | 建设生物过程与栖息地的安全格局 $C_{B131}$ |
| | | | | 城市防灾与防护公园绿地系统 $C_{B132}$ |
| | | | | 城市绿色雨洪管理系统 $C_{B133}$ |
| | | | 城市公共景观与城市开发的互动 $C_{B14}$ | 与周边环境功能的协调性 $C_{B141}$ |
| | | | | 周边土地价格 $C_{B142}$ |
| | | | | 周边商业设施数 $C_{B143}$ |
| | | | | 周边住宅数 $C_{B144}$ |
| | | | | 商业活动收入 $C_{B145}$ |

| 目标层 | 一级指标 | 二级指标 | 三级指标 | 因子层 |
|---|---|---|---|---|
| | | "城市公共景观–周边"的互动 $C_{B2}$ | 城市公共景观与周边环境的互动 $C_{B21}$ | 与周边自然环境的协调程度 $C_{B211}$ |
| | | | | 与周边建筑的协调程度 $C_{B212}$ |
| | | | | 周边环境容量的合理程度 $C_{B213}$ |
| | | | 城市公共景观与周边空间的互动 $C_{B22}$ | 空间布局的完善程度 $C_{B221}$ |
| | | | | 公共景观边界空间的开放程度 $C_{B222}$ |
| | | | | 绿色空间的衔接程度 $C_{B223}$ |
| | | | 城市公共景观与周边功能的互动 $C_{B23}$ | 与周边功能的平面混合程度 $C_{B231}$ |
| | | | | 与周边功能的立体混合程度 $C_{B232}$ |
| | | | | 边界功能配置的完善程度 $C_{B233}$ |
| | | | 城市公共景观与周边交通的互动 $C_{B24}$ | 周边路网结构的完善程度 $C_{B241}$ |
| | | | | 城市公共景观的可达程度 $C_{B242}$ |
| | | | | 交通空间的多样化程度 $C_{B243}$ |
| | | "城市公共景观–人"的互动 $C_{B3}$ | 城市公共景观与人的尺度的互动 $C_{B31}$ | 景观场地的空间尺度 $C_{B311}$ |
| | | | | 景物欣赏的多重尺度 $C_{B312}$ |
| | | | | 适合交往的人际尺度 $C_{B313}$ |
| | | | 城市公共景观与人的心理的互动 $C_{B32}$ | 空间的品质 $C_{B321}$ |
| | | | | 活动场所的丰富多样性 $C_{B322}$ |
| | | | | 边界的多功能性 $C_{B323}$ |
| | | | | 植物配置的欣赏效果 $C_{B324}$ |
| | | | | 高新技术的植入程度 $C_{B325}$ |
| | | | 城市公共景观与人的生理的互动 $C_{B33}$ | 符合人体生理特性的设施材质 $C_{B331}$ |
| | | | | 符合人体尺度的设施小品 $C_{B332}$ |
| | | | | 场地的安全情况 $C_{B333}$ |
| | | | | 夜间景观照明的安全舒适度 $C_{B334}$ |
| | | | 城市公共景观与人的参与的互动 $C_{B34}$ | 艺术内容的大众化程度 $C_{B341}$ |
| | | | | 艺术形式的大众化程度 $C_{B342}$ |
| | | | | 艺术创作过程的大众参与程度 $C_{B343}$ |

### 9.1.3 评价指标的基本构成及其释义

根据前述评价指标体系总体框架，下面介绍各级指标的基本构成及其含义。

9.1.3.1 具有互动性的内部运行机制

内部运行机制是城市公共景观营造的内在动力，是城市公共景观营造的管理层面支撑。具有互动性的内部运行机制的实质是通过制定一定的法则，在城市公共景观建设管理过程中的各个参与主体之间建立一种系统、动态、合作的高效互动关系，改善原有的旧体制和办事方式，从而持续和逐步地营造良好的城市人居环境。

因此，具有互动性的内部运行机制的评价可从全过程的管控和营造过程的管理两个方面来进行。在全过程的管控中，城市公共景观营造的相关管理部门占据了主动权，通过与其他参与主体的相互联系与影响，制定一系列的控制、激励和保障措施，为城市公共景观的合理发展与有效管理创造了坚实依据。

营造过程中的管理互动评价则分别从景观营造的管理全过程来进行，具体包括前期构思与策划、中期开发和后期维护三个阶段。在前期构思与策划中，开发驱动以及管理与投资模式的多元化是管理部门与开发商相互合作的结果。中期开发中，参与主体之间的互动关系更为复杂多样化，政府和设计单位的互动主要体现在多方参与设计以及是否具有健全、完善、公平的设计制度；政府与施工单位的互动体现在施工审批、监督，以及验收等方面；政府与公众的互动则更多地体现在公众参与信息的公开。后期维护阶段主要考虑的是是否制定了责权明确的规章制度来有效地确保城市公共景观日常的清洁、维修和维护等。

### 9.1.3.2　具有互动性的外部实践路径

城市公共景观营造由宏观-中观-微观三个层级结构组成，其外部实践路径的互动性同样也要从宏观、中观和微观三个方面来评价，具体表现为"城市公共景观-城市"的互动，"城市公共景观-周边"的互动以及"城市公共景观-人"的互动。城市公共景观与城市环境的宏观呼应构成了城市公共景观的大格局；城市公共景观空间的中观布局整合是城市公共景观空间形态密切相关的公共景观空间的内外部关系构建；城市公共景观与人的互动是城市公共景观微观营造的具体表现形式。表现城市公共景观外部实践互动性的影响因子具体如下。

（1）"城市公共景观-城市"的互动

"城市公共景观-城市"的互动指通过互动手段实现城市公共空间与城市大环境，如自然地理条件、历史文化、经济等的相互关联，以及与城市的性质、功能、结构、形态关系的相互影响，构建与城市互动的城市公共景观空间的整体结构与形态。宏观层面的互动性评价着重研究城市公共景观与城市自然、历史文化、安全和发展之间的相互关系。

城市公共景观作为自然的一部分，在美化和丰富城市环境的同时也在调节日益恶化的城市气候、修补日渐破碎的城市自然系统，实现城市生态环境的可持续发展。因此，城市公共景观与自然的互动从城市自然山水资源的保护、绿地系统与自然山水的衔接以及宜人的自然休闲景观空间框架（3 个方面，14 个因子）来评价。

历史文化是城市公共景观品质的展现，是在自然、经济等发展的基础上，作为人的精神层面的追求，是城市景观的精神内涵。城市公共景观是人与自然结合的产物，应在对历史文脉解读的基础上创造良好的人居环境。同时，城市公共景观空间是展现历史文化和文化特色的重要窗口，给人们了解和感悟城市文明提供了重要场所，因此历史文化在景观中的保护与延续十分关键。城市公共景观与城市历史文化的互动评价主要选取了景观遗迹的原生保护、历史文化的时代表达以及工业遗产地的再生 3 方面的指标。

生态安全是城市安全中的重要组成部分，自然灾害会使人民群众的生命、财产遭受巨大损失，经济发展严重受损，甚至社会动荡和地区冲突。城市公共景观的开发建设要以改善城市生态环境，构建城市生态安全体系为根本责任。建设在时空形态上要形成网络状和系统化的城市绿色基础设施系统，增强城市的防灾抗灾能力，提高城市生态安全等级。灾难发生时，城市公共景观能够提供城市主要的公共性开敞空间，是具有疏散人群和避难救护的重要场所，也是救灾系统中的重要节点。城市公共景观与城市安全的互动评价中选取了城市景观安全格局、城市防灾与防护绿地系统和城市绿色雨洪管理系统 3 个层面的指标。

城市发展是城市的基础，城市公共景观与城市发展的互动主要体现在城市公共景观对周边环境、土地、商业、住宅的相互影响，指标因子选取了土地价格、商业设施数、周边住宅数、商业活动收入等。

（2）"城市公共景观-周边"的互动

"城市公共景观-周边"的互动主要指与城市公共景观空间形态的肌理密切相关的公共景观空间的内外部关系构建，基于互动视角的中观层面的实践是对城市公共景观与周边布局的整合，涵盖了对城市公共景观的环境、空间、功能以及交通的研究。因此，中观层面的互动性评价选取了城市公共景观与周边环境的互动、城市公共景观与周边空间的互动、城市公共景观与周边功能的互动以及城市公共景观与周边交通的互动 4 个方面，12 个因子来评价。

城市公共景观周边的自然环境和人工环境是城市公共景观所处的背景和发展基础，影响着城市公共景观意境的表达与形式的设计。城市公共景观与周边环境的的融合程度将影响到完整的城市公共景观意象以及城市特色的塑造，因此选取了与周边自然环境的协调程度、与周边建筑的协调程度、周边环境容量的合理程度 3 个因子作为城市公共景观与周边环境互动的评价指标。

城市公共景观与周边的布局结构是在城市长期发展过程中逐步形成的城市肌理，是城市公共景观与周边之间的空间形态相互关系和相互作用的结果，因此选取了与空间布局的完善程度、公共景观边界空间的开放程度以及绿色空间的衔接程度 3 个因子作为城市公共景观与周边空间互动的评价指标。

功能交混是城市公共景观不同功能的平面或是立体的相互混合，是适应多元化社会需求的保证，对于功能交混情况的评价选取了与周边功能的平面混合程度、与周边功能的立体混合程度、边界功能配置的完善程度 3 个因子作为城市公共景观与周边功能互动的评价指标。

　　交通是城市公共景观与外部联系的关键，是城市公共景观被使用的前提。对于城市公共景观与周边交通的评价选取了周边路网结构的完善程度、城市公共景观的可达程度、交通空间的多样化程度 3 个因子作为评价指标。

　　（3）"城市公共景观-人"的互动

　　城市公共景观作为城市主要的公共空间为城市居民的交流、活动提供场所，是人们体验城市生活的主要场所。城市公共空间在承载使用活动的同时还为人们观察、理解和认知城市提供了必要的条件。城市公共景观的直接服务对象是人，因此城市公共景观与人的互动是从人的角度出发，评价人与城市公共景观构成要素之间的互动情况，主要包括：城市公共景观与人的尺度的互动、城市公共景观与人心理的互动、城市公共景观与人生理的互动以及城市公共景观与人参与的互动 4 个方面，15 个因子来评价。

　　城市公共景观尺度的处理适当与否直接关系到人对景观的感官体验，进而影响到景观给予人的舒适程度和在空间里的停留时间。以人的主观体验为中心，以互动的营造为出发点，适宜的公共景观空间尺度可以通过人与人、人与物、人与空间之间的比例关系得以表现。尺度协调的评价中选取了景观场地的空间尺度、景观欣赏的多重尺度以及适合交往的人际尺度 3 个因子作为评价指标。

　　人是城市公共景观使用的主体，具有互动性的城市公共景观营造通过构建适宜的景观场所将人与日常休闲活动相互交织在一起，激发公共景观活力的产生，进一步吸引人们对城市公共景观的使用。在公共景观空间中，空间的品质、多样的活动场所、多功能的边界、植物的合理配置以及高新技术的应用等直接影响到了公共景观中人的心理感受，并能激发活力，因此将以上要素选作影响因子。

　　在景观营造过程中，对于景观材质、小品设施等的处理往往直接影响了市民对城市公共景观使用的生理感受，更能够体现出公共景观中对人本性的思考，把握人们活动的变化，充分挖掘人们潜在的需求，以务实的态度考虑景观细节，满足不同地域、不同阶层、不同年龄的人的生理需要。因此，评价中选取了景观材质的生理契合程度、符合人体尺度的设施小品、场地的安全情况以及夜间景观照明的安全舒适度 4 个因子作为评价指标。

　　参与是城市公共景观与人互动的重要体现，伴随着城市公共景观全面地进入人们的生活，公共景观艺术亲民性的实现是时代的迫切需要。因此，在作品创作的过程中应当以公众的视角为出发点，关注公众所关注的问题，使用公众性的话语形式，传达公众的视觉经验，从而拉近作品与公众的心理距离，形成有效互动，让公共景观艺术真正成为大众共享的艺术，而不是表面的过场。因此，评价选取了公共景观艺术内容的大众化程度、公共景观艺术形式的大众化程度以及景观艺术创作过程的大众参与程度3个因子作为评价指标。

## 9.2 城市公共景观营造的互动性综合评价

### 9.2.1 基于区间数 AHP 的评价指标赋权

由于每个评价因子对城市公共景观营造的互动性影响程度都不同，要准确衡量它们对评价结果的贡献度差异，就必须通过权重的赋值来表达。目前，国内外既有的赋权方法众多，其中层次分析法（以下简称 AHP）应用最为广泛。普通 AHP 在采用1-9标度法对因素两两比较判别其重要程度时，只能给出定值，存在一定缺陷。例如在很多时候，专家在判别一些指标的相互重要程度时，常常难以给出足够精确的数值，却更容易给出评判信息的合理范围，即明确的上限和下限。因此，这种区间数的评价结论更加符合事物的客观本质，也更准确地表达了专家的真实意愿。本书采用了区间数 AHP 赋权，并引入了求解区间数 AHP 最常用的特征根法，其基本概念和具体计算步骤简介如下[175]。

设 $a=[a^-, a^+]=\{x\,(C_{ij})\,|0<a^- \leqslant x\,(C_{ij}) \leqslant a^+\}$ $(i=1,2,3,4; j=1,2,3,4,5)$，则称 $a$ 为一个区间数。区间数运算满足相应的交换律、结合律以及分配律等性质，以区间数为元素的向量或矩阵称为区间数向量或矩阵，它们的运算按普通数字矩阵或向量的运算定义。

若给定区间数判断矩阵：$A_i=(a_{ij})_{n \times n}=(A_i^-, A_i^+)$，其中 $A_i^-=(a_{ij})^-_{n \times n}$，$A_i^+=(a_{ij})^+_{n \times n}$。

① 求 $A_i^-$ 和 $A_i^+$ 的最大特征值所对应的具有正分量的归一化特征向量 $x_i^-$、$x_i^+$。

$$x_i^- = \frac{1}{\sum\limits_{j=1}^{n} a_{ij}^-} a_{ij}^- \qquad x_i^+ = \frac{1}{\sum\limits_{j=1}^{n} a_{ij}^+} a_{ij}^+ \qquad (9-1)$$

② 由 $A_i^-=(a_{ij})^-_{n \times n}$ 和 $A_i^+=(a_{ij})^+_{n \times n}$ 计算得

$$k = \sqrt{\sum\limits_{j=1}^{n} \frac{1}{\sum\limits_{i=1}^{n} a_{ij}^+}} \qquad m = \sqrt{\sum\limits_{j=1}^{n} \frac{1}{\sum\limits_{i=1}^{n} a_{ij}^-}} \qquad (9-2)$$

③ 权重向量为

$$w_i^{'} = (w_i^{-}, w_i^{+}) = (kx_i^{-}, mx_i^{+}) \qquad (9-3)$$

④ 根据求得的权重区间 $w_i$，取其平均值作为 $x_i$ 的权重，即 $w_i' = (w_i^{-} + w_i^{+})/2$，则相应各评价指标的权重向量为 $w_i' = (w_{i1}, w_{i2}...w_{in})^{\text{T}}$，再对权重向量做归一化处理。

⑤ 按照普通 AHP 计算规则逐层求组合权重，求出因子层对目标层的全局权重。

依据上面的思路，我们通过电邮和函询等方式共邀请了 10 位本领域的专家参与赋权工作，请他们采用区间数 AHP 对指标做出评判。首先，专家们对所有同层评价指标进行两两比较，并采用 1—9 标度法分层逐一建立区间数判断矩阵；然后笔者按照特征根法分层求权重，并逐层求组合权重，最后求出底层因子层的全局权重，具体计算结果如表 9-2~ 表 9-29 所示。

### 表 9-2　一级评价指标的判断矩阵

| 第一层 | 内部运行机制 $C_A$ | 外部实践路径 $C_B$ | 权重 |
|---|---|---|---|
| $C_A$ | [1，1] | [1/2，1] | 0.4167 |
| $C_B$ | [1，2] | [1，1] | 0.5833 |

### 表 9-3　一级指标 $C_A$ 所属二级指标的判断矩阵

| 第二层 | 全过程管控的互动 $C_{A1}$ | 营造全过程管理的互动 $C_{A2}$ | 权重 |
|---|---|---|---|
| $C_{A1}$ | [1，1] | [1，2] | 0.5833 |
| $C_{A2}$ | [1/2，1] | [1，1] | 0.4167 |

### 表 9-4　一级指标 $C_B$ 所属二级指标的判断矩阵

| 第二层 | "城市公共景观-城市"的互动 $C_{B1}$ | "城市公共景观-周边"的互动 $C_{B2}$ | "城市公共景观-人"的互动 $C_{B3}$ | 权重 |
|---|---|---|---|---|
| $C_{B1}$ | [1，1] | [1/2，1] | [1/2，1] | 0.2682 |
| $C_{B2}$ | [1，2] | [1，1] | [1，1] | 0.3659 |
| $C_{B3}$ | [1，2] | [1，1] | [1，1] | 0.3659 |

### 表 9-5　二级指标 $C_{A1}$ 所属三级指标的判断矩阵

| 第三层 | 控制的互动 $C_{A11}$ | 激励的互动 $C_{A12}$ | 保障的互动 $C_{A13}$ | 权重 |
|---|---|---|---|---|
| $C_{A11}$ | [1，1] | [1，2] | [1/2，1] | 0.3425 |
| $C_{A12}$ | [1/2，1] | [1，1] | [1/3，1/2] | 0.2019 |
| $C_{A13}$ | [1，2] | [2，3] | [1，1] | 0.4556 |

表 9-6　二级指标 $C_{A2}$ 所属三级指标的判断矩阵

| 第三层 | 前期构思与策划的互动 $C_{A21}$ | 中期开发的互动 $C_{A22}$ | 后期维护的互动 $C_{A23}$ | 权重 |
|---|---|---|---|---|
| $C_{A21}$ | [1, 1] | [1, 1] | [1, 1] | 0.3333 |
| $C_{A22}$ | [1, 1] | [1, 1] | [1, 1] | 0.3333 |
| $C_{A23}$ | [1, 1] | [1, 1] | [1, 1] | 0.3334 |

表 9-7　二级指标 $C_{B1}$ 所属三级指标的判断矩阵

| 第三层 | 与自然的互动 $C_{B11}$ | 与城市历史文化的互动 $C_{B12}$ | 与城市安全的互动 $C_{B13}$ | 与城市开发的互动 $C_{B14}$ | 权重 |
|---|---|---|---|---|---|
| $C_{B11}$ | [1, 1] | [1, 2] | [1, 1] | [1/2, 1] | 0.2396 |
| $C_{B12}$ | [1/2, 1] | [1, 1] | [1/2, 1] | [1/3, 1/2] | 0.1625 |
| $C_{B13}$ | [1, 1] | [1, 2] | [1, 1] | [1/2, 1] | 0.2396 |
| $C_{B14}$ | [1, 2] | [2, 3] | [1, 2] | [1, 1] | 0.3583 |

表 9-8　二级指标 $C_{B2}$ 所属三级指标的判断矩阵

| 第三层 | 与周边环境的互动 $C_{B21}$ | 与周边空间的互动 $C_{B22}$ | 与周边功能的互动 $C_{B23}$ | 与周边交通的互动 $C_{B24}$ | 权重 |
|---|---|---|---|---|---|
| $C_{B21}$ | [1, 1] | [1, 1] | [1, 1] | [2, 3] | 0.2927 |
| $C_{B22}$ | [1, 1] | [1, 1] | [1, 1] | [2, 3] | 0.2927 |
| $C_{B23}$ | [1, 1] | [1, 1] | [1, 1] | [2, 3] | 0.2927 |
| $C_{B24}$ | [1/3, 1/2] | [1/3, 1/2] | [1/3, 1/2] | [1, 1] | 0.1219 |

表 9-9　二级指标 $C_{B3}$ 所属三级指标的判断矩阵

| 第三层 | 与人的尺度的互动 $C_{B31}$ | 与人的心理的互动 $C_{B32}$ | 与人的生理的互动 $C_{B33}$ | 与人的参与的互动 $C_{B34}$ | 权重 |
|---|---|---|---|---|---|
| $C_{B31}$ | [1, 1] | [1, 1] | [1, 1] | [1, 1] | 0.2500 |
| $C_{B32}$ | [1, 1] | [1, 1] | [1, 1] | [1, 1] | 0.2500 |
| $C_{B33}$ | [1, 1] | [1, 1] | [1, 1] | [1, 1] | 0.2500 |
| $C_{B34}$ | [1, 1] | [1, 1] | [1, 1] | [1, 1] | 0.2500 |

表 9-10　三级指标 $C_{A11}$ 所属四级指标的判断矩阵

| 第四层 | 发展管理 $C_{A111}$ | 市民参与 $C_{A112}$ | 建设后期 $C_{A113}$ | 权重 |
|---|---|---|---|---|
| $C_{A111}$ | [1, 1] | [2, 3] | [2, 3] | 0.5508 |
| $C_{A112}$ | [1/3, 1/2] | [1, 1] | [1, 1] | 0.2246 |
| $C_{A113}$ | [1/3, 1/2] | [1, 1] | [1, 1] | 0.2246 |

表 9-11　三级指标 $C_{A12}$ 所属四级指标的判断矩阵

| 第四层 | 宣传力度 $C_{A121}$ | 奖励政策 $C_{A122}$ | 权重 |
|---|---|---|---|
| $C_{A121}$ | [1,1] | [1,1] | 0.5000 |
| $C_{A122}$ | [1,1] | [1,1] | 0.5000 |

表 9-12　三级指标 $C_{A13}$ 所属四级指标的判断矩阵

| 第四层 | 司法保障 $C_{A131}$ | 行政保障 $C_{A132}$ | 资金保障 $C_{A133}$ | 权重 |
|---|---|---|---|---|
| $C_{A131}$ | [1,1] | [1,1] | [1,1] | 0.3333 |
| $C_{A132}$ | [1,1] | [1,1] | [1,1] | 0.3333 |
| $C_{A133}$ | [1,1] | [1,1] | [1,1] | 0.3334 |

表 9-13　三级指标 $C_{A21}$ 所属四级指标的判断矩阵

| 第四层 | 多元化开发 $C_{A211}$ | 管理投资多元 $C_{A212}$ | 权重 |
|---|---|---|---|
| $C_{A211}$ | [1,1] | [1,1] | 0.5000 |
| $C_{A212}$ | [1,1] | [1,1] | 0.5000 |

表 9-14　三级指标 $C_{A22}$ 所属四级指标的判断矩阵

| 第四层 | 多方参与设计 $C_{B221}$ | 设计制度完善 $C_{B222}$ | 问题及时处理 $C_{B223}$ | 竣工与保修 $C_{B224}$ | 权重 |
|---|---|---|---|---|---|
| $C_{B221}$ | [1,1] | [1,1] | [1,1] | [2,3] | 0.2927 |
| $C_{B222}$ | [1,1] | [1,1] | [1,1] | [2,3] | 0.2927 |
| $C_{B223}$ | [1,1] | [1,1] | [1,1] | [2,3] | 0.2927 |
| $C_{B224}$ | [1/3,1/2] | [1/3,1/2] | [1/3,1/2] | [1,1] | 0.1220 |

表 9-15　三级指标 $C_{A23}$ 所属四级指标的判断矩阵

| 第四层 | 单位明确，责任清晰 $C_{B231}$ | 制度完善，执行严明 $C_{B232}$ | 宣传工作重视程度 $C_{B233}$ | 设施设备维修能力 $C_{B234}$ | 权重 |
|---|---|---|---|---|---|
| $C_{B231}$ | [1,1] | [1,1] | [1,1] | [1,1] | 0.2500 |
| $C_{B232}$ | [1,1] | [1,1] | [1,1] | [1,1] | 0.2500 |
| $C_{B233}$ | [1,1] | [1,1] | [1,1] | [1,1] | 0.2500 |
| $C_{B234}$ | [1,1] | [1,1] | [1,1] | [1,1] | 0.2500 |

表 9-16　三级指标 $C_{B11}$ 所属四级指标的判断矩阵

| 第四层 | 自然山水资源 $C_{B111}$ | 公共绿地体系 $C_{B112}$ | 自然休闲景观空间框架 $C_{B113}$ | 权重 |
|---|---|---|---|---|
| $C_{B111}$ | [1,1] | [1/2,1] | [1,2] | 0.3186 |
| $C_{B112}$ | [1,2] | [1,1] | [2,3] | 0.4736 |
| $C_{B113}$ | [1/2,1] | [1/3,1/2] | [1,1] | 0.2078 |

表 9-17 三级指标 $C_{B12}$ 所属四级指标的判断矩阵

| 第四层 | 景观遗迹的原生保护 $C_{B121}$ | 历史文化的时代表达 $C_{B122}$ | 工业遗产地的再生 $C_{B123}$ | 权重 |
|---|---|---|---|---|
| $C_{B121}$ | [1,1] | [1,1] | [1,2] | 0.3659 |
| $C_{B122}$ | [1,1] | [1,1] | [1,2] | 0.3659 |
| $C_{B123}$ | [1/2,1] | [1/2,1] | [1,1] | 0.2682 |

表 9-18 三级指标 $C_{B13}$ 所属四级指标的判断矩阵

| 第四层 | 建设生物过程与栖息地的安全格局 $C_{B131}$ | 城市防灾与防护公园绿地系统 $C_{B132}$ | 城市绿色雨洪管理系统 $C_{B133}$ | 权重 |
|---|---|---|---|---|
| $C_{B131}$ | [1,1] | [1,1] | [1,1] | 0.3333 |
| $C_{B132}$ | [1,1] | [1,1] | [1,1] | 0.3333 |
| $C_{B133}$ | [1,1] | [1,1] | [1,1] | 0.3334 |

表 9-19 三级指标 $C_{B14}$ 所属四级指标的判断矩阵

| 第四层 | 与周边协调 $C_{B141}$ | 土地价格 $C_{B142}$ | 商业设施 $C_{B143}$ | 住宅 $C_{B144}$ | 商业活动收入 $C_{B145}$ | 权重 |
|---|---|---|---|---|---|---|
| $C_{B141}$ | [1,1] | [1,2] | [1,2] | [1,2] | [1,1] | 0.2436 |
| $C_{B142}$ | [1/2,1] | [1,1] | [1,1] | [1,1] | [1/2,1] | 0.1709 |
| $C_{B143}$ | [1/2,1] | [1,1] | [1,1] | [1,1] | [1/2,1] | 0.1709 |
| $C_{B144}$ | [1/2,1] | [1,1] | [1,1] | [1,1] | [1/2,1] | 0.1709 |
| $C_{B145}$ | [1,1] | [1,2] | [1,2] | [1,2] | [1,1] | 0.2436 |

表 9-20 三级指标 $C_{B21}$ 所属四级指标的判断矩阵

| 第四层 | 与周边自然环境的协调程度 $C_{B211}$ | 与周边建筑的协调程度 $C_{B212}$ | 周边环境容量的合理程度 $C_{B213}$ | 权重 |
|---|---|---|---|---|
| $C_{B211}$ | [1,1] | [1,2] | [2,3] | 0.4735 |
| $C_{B212}$ | [1/2,1] | [1,1] | [1,2] | 0.3186 |
| $C_{B213}$ | [1/3,1/2] | [1/2,1] | [1,1] | 0.2078 |

表 9-21 三级指标 $C_{B22}$ 所属四级指标的判断矩阵

| 第四层 | 空间布局的完善程度 $C_{B221}$ | 边界空间的开放程度 $C_{B222}$ | 绿色空间的衔接程度 $C_{B223}$ | 权重 |
|---|---|---|---|---|
| $C_{B221}$ | [1,1] | [1,1] | [1,2] | 0.3659 |
| $C_{B222}$ | [1,1] | [1,1] | [1,2] | 0.3659 |
| $C_{B223}$ | [1/2,1] | [1/2,1] | [1,1] | 0.2682 |

表 9-22　三级指标 $C_{B23}$ 所属四级指标的判断矩阵

| 第四层 | 与周边功能的平面混合程度 $C_{B231}$ | 与周边功能的立体混合程度 $C_{B232}$ | 边界功能配置的完善程度 $C_{B233}$ | 权重 |
|---|---|---|---|---|
| $C_{B231}$ | [1, 1] | [1, 2] | [2, 3] | 0.4909 |
| $C_{B232}$ | [1/2, 1] | [1, 1] | [1, 2] | 0.3294 |
| $C_{B233}$ | [1/3, 1/2] | [1/3, 1/2] | [1, 1] | 0.1797 |

表 9-23　三级指标 $C_{B24}$ 所属四级指标的判断矩阵

| 第四层 | 周边路网结构的完善程度 $C_{B241}$ | 城市公共景观的可达程度 $C_{B242}$ | 交通空间的多样化程度 $C_{B243}$ | 权重 |
|---|---|---|---|---|
| $C_{B241}$ | [1, 1] | [1, 1] | [1, 2] | 0.3659 |
| $C_{B242}$ | [1, 1] | [1, 1] | [1, 2] | 0.3659 |
| $C_{B243}$ | [1/2, 1] | [1/2, 1] | [1, 1] | 0.2682 |

表 9-24　三级指标 $C_{B31}$ 所属四级指标的判断矩阵

| 第四层 | 景观场地的空间尺度 $C_{B311}$ | 景物欣赏的多重尺度 $C_{B312}$ | 适合交往的人际尺度 $C_{B313}$ | 权重 |
|---|---|---|---|---|
| $C_{B311}$ | [1, 1] | [1/2, 1] | [1/2, 1] | 0.2682 |
| $C_{B312}$ | [1, 2] | [1, 1] | [1, 1] | 0.3659 |
| $C_{B313}$ | [1, 2] | [1, 1] | [1, 1] | 0.3659 |

表 9-25　三级指标 $C_{B32}$ 所属四级指标的判断矩阵

| 第四层 | 空间的品质 $C_{B321}$ | 活动场所的丰富多样性 $C_{B322}$ | 边界的多功能性 $C_{B323}$ | 植物配置的欣赏效果 $C_{B324}$ | 高新技术的植入程度 $C_{B325}$ | 权重 |
|---|---|---|---|---|---|---|
| $C_{B321}$ | [1, 1] | [1/2, 1] | [1/2, 1] | [1, 1] | [1/2, 1] | 0.1631 |
| $C_{B322}$ | [1, 2] | [1, 1] | [1, 1] | [1, 2] | [1, 1] | 0.2246 |
| $C_{B323}$ | [1, 2] | [1, 1] | [1, 1] | [1, 2] | [1, 1] | 0.2246 |
| $C_{B324}$ | [1, 1] | [1/2, 1] | [1/2, 1] | [1, 1] | [1/2, 1] | 0.1631 |
| $C_{B325}$ | [1, 2] | [1, 1] | [1, 1] | [1, 2] | [1, 1] | 0.2246 |

表 9-26　三级指标 $C_{B33}$ 所属四级指标的判断矩阵

| 第四层 | 景观材质的生理契合程度 $C_{B331}$ | 符合人体尺度的设施小品 $C_{B332}$ | 场地的安全情况 $C_{B333}$ | 夜间景观照明的安全舒适度 $C_{B334}$ | 权重 |
|---|---|---|---|---|---|
| $C_{B331}$ | [1, 1] | [1, 2] | [1/2, 1] | [1, 1] | 0.2396 |
| $C_{B332}$ | [1/2, 1] | [1, 1] | [1/3, 1/2] | [1/2, 1] | 0.1625 |
| $C_{B333}$ | [1, 2] | [2, 3] | [1, 1] | [1, 2] | 0.3583 |
| $C_{B334}$ | [1, 1] | [1, 2] | [1/2, 1] | [1, 1] | 0.2396 |

表 9-27　三级指标 $C_{B34}$ 所属四级指标的判断矩阵

| 第四层 | 艺术内容的大众化程度 $C_{B341}$ | 艺术形式的大众化程度 $C_{B342}$ | 艺术创作过程的大众参与程度 $C_{B343}$ | 权重 |
|---|---|---|---|---|
| $C_{B341}$ | [1, 1] | [1, 1] | [1, 2] | 0.3659 |
| $C_{B342}$ | [1, 1] | [1, 1] | [1, 2] | 0.3659 |
| $C_{B343}$ | [1/2, 1] | [1/2, 1] | [1, 1] | 0.2682 |

在得到了各层的层内权重后，下面需要进一步根据整个指标体系的递阶层次关系逐层向下递推，逐层求出各级指标的组合权重如表 9-28，最后求出最底层的因子层各指标（四级指标）对最顶层的目标层的全局权重如表 9-29，相关计算过程如下。

表 9-28　一至三级指标对目标层的组合权重表

| 目标层 | 一级指标及权重 | 二级指标及组合权重 | 三级指标 | 三级指标组合权重 |
|---|---|---|---|---|
| 城市公共景观营造的互动性评价 C | 内部运行机制 $C_A$ 0.4168 | 全过程管控的互动 $C_{A1}$ 0.2431 | 控制 $C_{A11}$ | 0.0832 |
| | | | 激励 $C_{A12}$ | 0.0491 |
| | | | 保障 $C_{A13}$ | 0.1108 |
| | | 营造过程管理的互动 $C_{A2}$ 0.1737 | 前期构思与策划 $C_{A21}$ | 0.0579 |
| | | | 中期开发 $C_{A22}$ | 0.0579 |
| | | | 后期维护 $C_{A23}$ | 0.0579 |
| | 外部实践路径 $C_B$ 0.5833 | "城市公共景观-城市"的互动 $C_{B1}$ 0.1564 | 城市公共景观与自然的互动 $C_{B11}$ | 0.0375 |
| | | | 城市公共景观与城市历史文化的互动 $C_{B12}$ | 0.0254 |
| | | | 城市公共景观与城市安全的互动 $C_{B13}$ | 0.0375 |
| | | | 城市公共景观与城市开发的互动 $C_{B14}$ | 0.0560 |
| | | "城市公共景观-周边"的互动 $C_{B2}$ 0.2135 | 与周边环境的互动 $C_{B21}$ | 0.0625 |
| | | | 与周边空间的互动 $C_{B22}$ | 0.0625 |
| | | | 与周边功能的互动 $C_{B23}$ | 0.0625 |
| | | | 与周边交通的互动 $C_{B24}$ | 0.0260 |
| | | "城市公共景观-人"的互动 $C_{B3}$ 0.2134 | 与人的尺度的互动 $C_{B31}$ | 0.0533 |
| | | | 与人的心理的互动 $C_{B32}$ | 0.0533 |
| | | | 与人的生理的互动 $C_{B33}$ | 0.0534 |
| | | | 与人的参与的互动 $C_{B34}$ | 0.0534 |

表 9-29 评价因子层四级指标对目标层的全局权重表

| 目标层 | 一级指标 | 二级指标 | 三级指标 | 评价因子层（四级指标） | 全局权重 |
|---|---|---|---|---|---|
| 城市公共景观营造的互动性评价 C | 内部运行机制 $C_A$ 0.4170 | 全过程管控的互动 $C_{A1}$ 0.2431 | 控制的互动 $C_{A11}$ 0.0832 | 城市公共景观发展的目标和管理办法的合理性 $C_{A111}$ | 0.0458 |
| | | | | 管理部门针对实施对象和使用者制定的信息反馈机制的重视程度 $C_{A112}$ | 0.0187 |
| | | | | 管理部门对建设活动后期管理的有效性 $C_{A113}$ | 0.0187 |
| | | | 激励的互动 $C_{A12}$ 0.0491 | 对城市公共景观建设的宣讲、展出的力度 $C_{A121}$ | 0.0246 |
| | | | | 管理部门对城市公共景观建设做出贡献的人和单位的奖励 $C_{A122}$ | 0.0246 |
| | | | 保障的互动 $C_{A13}$ 0.1108 | 城市公共景观建设法律、法规的明确程度 $C_{A131}$ | 0.0369 |
| | | | | 行政管理机构对城市公共景观建设的监管 $C_{A132}$ | 0.0369 |
| | | | | 资金的筹措与合理运用的有效性 $C_{A133}$ | 0.0369 |
| | | 营造全过程管理的互动 $C_{A2}$ 0.1739 | 前期构思与策划的互动 $C_{A21}$ 0.0580 | 开发驱动的多元化程度 $C_{A211}$ | 0.0290 |
| | | | | 管理与投资模式的多元化程度 $C_{A212}$ | 0.0290 |
| | | | 中期开发的互动 $C_{A22}$ 0.0579 | 多方参与设计的程度 $C_{A221}$ | 0.0169 |
| | | | | 设计制度的健全与完善公平程度 $C_{A222}$ | 0.0169 |
| | | | | 设计、施工以及管理过程中发现的问题与及时处理程度 $C_{A223}$ | 0.0169 |
| | | | | 竣工验收与质量保修措施完善程度 $C_{A224}$ | 0.0072 |
| | | | 后期维护的互动 $C_{A23}$ 0.0580 | 维护管理单位明确，责权清晰 $C_{A231}$ | 0.0145 |
| | | | | 维护管理制度完善，执行严明 $C_{A232}$ | 0.0145 |
| | | | | 后期爱护宣传工作重视程度 $C_{A233}$ | 0.0145 |
| | | | | 道路、绿化、卫生以及设施设备的维护状况 $C_{A235}$ | 0.0145 |
| | 外部实践路径 $C_B$ 0.5833 | "城市公共景观-城市"的互动 $C_{B1}$ 0.1565 | 城市公共景观与自然的互动 $C_{B11}$ 0.0375 | 保护利用城市自然山水资源 $C_{B111}$ | 0.0119 |
| | | | | 衔接自然山水的公共绿地体系 $C_{B112}$ | 0.0178 |
| | | | | 建立亲近宜人的自然休闲景观空间框架 $C_{B113}$ | 0.0078 |
| | | | 城市公共景观与城市历史文化的互动 $C_{B12}$ 0.0254 | 景观遗迹的原生保护 $C_{B121}$ | 0.0093 |
| | | | | 历史文化的时代表达 $C_{B122}$ | 0.0093 |
| | | | | 工业遗产地的再生 $C_{B123}$ | 0.0068 |

续表

| 目标层 | 一级指标 | 二级指标 | 三级指标 | 评价因子层（四级指标） | 全局权重 |
|---|---|---|---|---|---|
| | | | 城市公共景观与城市安全的互动 $C_{B13}$ 0.0375 | 建设生物过程与栖息地的安全格局 $C_{B131}$ | 0.0125 |
| | | | | 城市防灾与防护公园绿地系统 $C_{B132}$ | 0.0125 |
| | | | | 城市绿色雨洪管理系统 $C_{B133}$ | 0.0125 |
| | | | 城市公共景观与城市开发的互动 $C_{B14}$ 0.0560 | 与周边环境功能的协调性 $C_{B141}$ | 0.0136 |
| | | | | 周边土地价格 $C_{B142}$ | 0.0096 |
| | | | | 周边商业设施数 $C_{B143}$ | 0.0096 |
| | | | | 周边住宅数 $C_{B144}$ | 0.0096 |
| | | | | 商业活动收入 $C_{B145}$ | 0.0136 |
| | | "城市公共景观-周边"的互动 $C_{B2}$ 0.2134 | 城市公共景观间的周边环境的互动 $C_{B21}$ 0.0625 | 与周边自然环境的协调程度 $C_{B211}$ | 0.0296 |
| | | | | 与周边建筑的协调程度 $C_{B212}$ | 0.0199 |
| | | | | 周边环境容量的合理程度 $C_{B213}$ | 0.0130 |
| | | | 城市公共景观与周边空间的互动 $C_{B22}$ 0.0625 | 空间布局的完善程度 $C_{B221}$ | 0.0229 |
| | | | | 公共景观边界空间的开放程度 $C_{B222}$ | 0.0229 |
| | | | | 绿色空间的衔接程度 $C_{B223}$ | 0.0168 |
| | | | 城市公共景观与周边功能的互动 $C_{B23}$ 0.0625 | 与周边功能的平面混合程度 $C_{B231}$ | 0.0307 |
| | | | | 与周边功能的立体混合程度 $C_{B232}$ | 0.0206 |
| | | | | 边界功能配置的完善程度 $C_{B233}$ | 0.0112 |
| | | | 城市公共景观与周边交通的互动 $C_{B24}$ 0.0260 | 周边路网结构的完善程度 $C_{B241}$ | 0.0095 |
| | | | | 城市公共景观的可达程度 $C_{B242}$ | 0.0095 |
| | | | | 交通空间的多样化程度 $C_{B243}$ | 0.0070 |
| | | "城市公共景观-人"的互动 $C_{B3}$ 0.2134 | 城市公共景观与人的尺度的互动 $C_{B31}$ 0.0533 | 景观场地的空间尺度 $C_{B311}$ | 0.0143 |
| | | | | 景物欣赏的多重尺度 $C_{B312}$ | 0.0195 |
| | | | | 适合交往的人际尺度 $C_{B313}$ | 0.0195 |

续表

| 目标层 | 一级指标 | 二级指标 | 三级指标 | 评价因子层（四级指标） | 全局权重 |
|---|---|---|---|---|---|
| | | | 城市公共景观与人的心理的互动 $C_{B32}$ 0.0533 | 空间的品质 $C_{B321}$ | 0.0087 |
| | | | | 活动场所的丰富多样性 $C_{B322}$ | 0.0120 |
| | | | | 边界的多功能性 $C_{B323}$ | 0.0120 |
| | | | | 小坐与驻足地点的合理性 $C_{B324}$ | 0.0086 |
| | | | | 植物配置的欣赏效果 $C_{B325}$ | 0.0120 |
| | | | 城市公共景观与人的生理的互动 $C_{B33}$ 0.0534 | 符合人体生理特性的设施材质 $C_{B331}$ | 0.0128 |
| | | | | 符合人体尺度的设施小品 $C_{B332}$ | 0.0087 |
| | | | | 场地的安全情况 $C_{B333}$ | 0.0191 |
| | | | | 夜间景观照明的安全舒适度 $C_{B334}$ | 0.0128 |
| | | | 城市公共景观人的参与的互动 $C_{B34}$ 0.0534 | 艺术内容的大众化程度 $C_{B341}$ | 0.0195 |
| | | | | 艺术形式的大众化程度 $C_{B342}$ | 0.0195 |
| | | | | 艺术创作过程的大众参与程度 $C_{B343}$ | 0.0144 |

下面以准则层的一级评价指标判断矩阵为例来解释详细计算过程（具体数据来源见表9-2），该矩阵为 $2 \times 2$ 的区间数判断矩阵。根据前述区间数判断矩阵定义，首先将表9-2中的判断矩阵拆分为两个矩阵：

$$A_2^- = \begin{pmatrix} 1 & 0.5 \\ 1 & 1 \end{pmatrix} \qquad A_2^+ = \begin{pmatrix} 1 & 1 \\ 2 & 1 \end{pmatrix}$$

然后根据式（9-1）求归一化特征向量 $x_2^- = (0.4167, 0.5833)^{\mathrm{T}}$，$x_2^+ = (0.4167, 0.5833)^{\mathrm{T}}$，再依据式（9-2）求得 $k = 0.9129$，$m_4 = 1.0801$，将其代入式（9-3）计算得到权重 $W_2 = (kx_2^- + mx_2^+)/2 = (0.4152, 0.5813)^{\mathrm{T}}$；最后还需要对该权重向量进行归一化处理，获得最终权重 $W'_2 = (0.4167, 0.5833)^{\mathrm{T}}$。本书利用 Excel 对各判断矩阵分阶定义计算公式，其他判断矩阵计算均可以此类推，限于篇幅不再一一详述。

## 9.2.2　基于 Vague 集的城市公共景观互动性评价方法

由于城市公共景观营造的互动性评价是一个递阶层次多、评价指标复杂的综合性问题，许多评价因子具有主观性强、难以量化的特点，尤其是评价过程中存在数据模糊和信息表达困难的情况，无法进行精确赋值。传统的模糊综合评价法是解决这一问题的较好途径，但因其只考虑正面信息，完全忽略了反面和不确定信息，所以容易导致评价结果失真。为此，高等[176]提出了 Vague 集的概念，它是普通模糊集的一种推广形式，也较普通模糊集信息表达更全面、更灵活，有利于对模糊信息的正确刻画，已广泛应用于模糊控制和人工智能等领域。因此，为了提高对评价因子模糊信息的处理能力，有利于改善评价结果的准确性，本书基于 Vague 集理论，改进了传统模糊综合评价方法，希望能更真实、全面地反映城市公共景观营造的互动性现状。

（1）Vague 集的基本概念

设 $U$ 是一个论域，$x$ 表示其中任一元素，$U$ 中的一个 Vague 集 $A$ 可用一个真隶属函数 $t_A$ 和一个假隶属函数 $f_A$ 表示，$t_A(x)$ 是从支持 $x$ 的证据中所导出的 $x$ 的隶属度下界，$f_A(x)$ 则是从反对 $x$ 的证据中所导出的 $x$ 的否定隶属度下界，不确定部分为 $1-t_A(x)-f_A(x)$，如图 9-1 所示。$t_A(x)$ 和 $f_A(x)$ 将区间 $[0,1]$ 中的实数与 $U$ 中的每一个元素联系起来。即：$t_A(x) : U \to [0,1]$，$f_A(x) : U \to [0,1]$，为了讨论方便，简记 $t_A(x)$ 为 $t_x$，$f_A(x)$ 为 $f_x$。

① 当 $U$ 是连续的时候，Vague 集 $A$ 表示为：

$$A = \int_U [t_A(x), 1-f_A(x)] / x, x \in U$$

② 当 $U$ 是离散的时候，Vague 集 $A$ 表示为：

$$A = \sum_{i=1}^{n} [t_A(x_i), 1-f_A(x_i)] / x_i, x_i \in U$$

上式中：$t_A(x) + f_A(x) \leqslant 1$，令 $\pi_A(x) = 1 - t_A(x) - f_A(x)$。

若 $x \in U$，则称 $[t_A(x), 1-f_A(x)]$ 为 Vague 集 $A$ 在点 $x$ 处的 Vague 值，它从支持和反对两方面同时反映了 $x \in A$ 的隶属度。例如，设 $A$ 在点 $x$ 的 Vague 值 = $[0.4, 0.7]$，则 $t_A(x) = 0.4$，$1-f_A(x) = 0.7$，$f_A(x) = 0.3$。可以这样来理解：元素 $x$ 隶属于 $A$ 的程度为 0.4，不隶属于 $A$ 的程度为 0.3，对 $A$ 的不确定程度为 0.3。不妨用投票模型来加以解释：若 10 人参与投票，其中 4 人赞成，3 人反对，3 人弃权。当 $t_A(x) = 1-f_A(x)$ 时，则 Vague 集退化为普通模糊集；如果 $t_A(x)$ 和 $1-f_A(x)$ 同时为 0 或 1，则 Vague 集退化为普通集合。显然，由于同时考虑了支持、反对和不确定三个方面的证据，Vague 集对模糊信息的刻画较普通模糊集更加全面。同时，Vague 集的元素或 Vague 值也属于区间数，也适用大部分前述区间数计算规则。

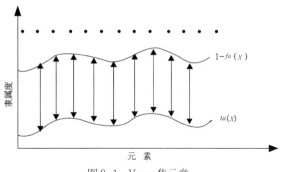

图 9-1　Vague 集示意

（2）专家对城市公共景观营造的互动性做出 Vague 集评价

借鉴传统模糊综合评价的基本思路，然后引入 Vague 集理论加以改进，本书对城市公共景观营造的互动性综合评价步骤如下所示。

① 依据《中华人民共和国城乡规划法》《城市容貌标准》《国家园林城市标准》等相关法律法规和专家的城市公共空间设计经验，本书将城市公共景观营造的互动性评语等级设定为｛很好，较好，一般，不好，很不好｝。

② 令任一评价因子为 $C_{hijk}$（其中 $h=A,B$；$i=1,2,3$；$j=1,2\cdots6$，$k=1,2\cdots10$，$hijk$ 代表评价因子来源所对应的编码），它所对应的评语集为 $V_m$（$m=1,2,3,4,5$），则评价指标体系 $C$ 对应专家的 Vague 集评价矩阵为：

$$R=\begin{pmatrix}
r^1_{A111} & r^2_{A111} & r^3_{A111} & r^4_{A111} & r^5_{A111} \\
r^1_{A112} & r^2_{A112} & r^3_{A112} & r^4_{A112} & r^5_{A112} \\
\cdots & \cdots & \cdots & \cdots & \cdots \\
r^1_{A211} & r^2_{A211} & r^3_{A211} & r^4_{A211} & r^5_{A211} \\
\cdots & \cdots & \cdots & \cdots & \cdots \\
r^1_{B111} & r^2_{B111} & r^3_{B111} & r^4_{B111} & r^5_{B111} \\
\cdots & \cdots & \cdots & \cdots & \cdots \\
r^1_{B365} & r^2_{B365} & r^3_{B365} & r^4_{B365} & r^5_{B365}
\end{pmatrix} \tag{9-4}$$

式中 $r^m_{hijk}$ 表示评价因子 $C_{hijk}$ 相应的 Vague 集评价值，其中 $r^m_{hijk}=[t^m_{hijk},1-f^m_{hijk}]$。

首先，需要组织所有专家针对每个评价因子，根据已设定的评价等级做出选择；其次，为了表示专家的最真实意愿，当其难以抉择时允许其选择不确定或放弃评价；最后，对所有专家的选择结果进行统计归纳，即可得出该评价因子的 Vague 集评价值。例如，共有 10 位专家参与某城市公共景观项目营造的互动性评价，若其中 2 人对 $C_{A111}$（城市公共景观发展管理的合理性）指标选择选了很好，7 人选了较好，1 人选择不确定，则 $r^m_{A111} = (r^1_{A111}, r^2_{A111}, r^3_{A111}, r^4_{A111}, r^5_{A111}) = ([0.2, 0.3], [0.7, 0.8], [0, 0.1], [0, 0.1], [0, 0.1])$，其他评价因子的 Vague 集评价值都可以此类推。

③ 根据前述区间数 AHP 法已经确定的所有评价因子权重 $W_i$, $i = 1, 2, 3 \cdots 79$。

④ 按照 Vague 集运算规则，对整个指标体系进行基于 Vague 集的综合评价，计算公式为：

$$V = W_i \otimes R \tag{9-5}$$

上式中 "$\otimes$" 表示 Vague 集的乘法运算符号，$W_i$ 为所有 79 个最底层评价因子所对应的权重向量，计算过程还需要用到 Vague 集两个基本运算公式。

① 数乘运算，若 $\lambda$ 为常数且 $\lambda \in (0, 1)$，则

$$\lambda \otimes A = [\lambda t_A, \lambda (1 - f_A)] \tag{9-6}$$

② 有限和运算：设 $A$, $B$ 为两个 Vague 值，则

$$A \oplus B = \{ \min (1, t_A + t_B), \min [1, (1 - f_A) + (1 - f_B)] \} \tag{9-7}$$

最后，根据上述公式得到集成所有专家评价信息的最终结果，并可根据结果进一步分析出所评价对象的互动性现状、存在的优点和不足以及需要改进的方向等。

## 9.3　城市公共景观营造的互动性评价实证研究

近年来，湖南省株洲市的城市经济快速发展，公共基础设施不断完善，百姓生活日益丰富，是国家中部崛起发展战略成功实施的城市典范之一。随着 2007 年全国建设资源节约型和环境友好型综合改革试验区的确定，近年来经济发展与城市建设速度保持齐头并进，城市面貌正在历经 "一年一小变" "三年一大变" 的格局。在新的发展背景下，株洲市城市公共景观空间作为城市的核心和主脉也受到影响，进行了大的结构调整和重组，并呈现出一派蓬勃的生机和活力。本次实证研究在株洲市选取了具有一定知名度和影响力的 3 个代表性公共景观项目，并采用前述 Vague 集评价方法对它们所营造的互动性进行科学评价。这 3 个城市公共景观如下所示。

① 神农城位于株洲市高新技术开发区，总占地面积 2970 亩（1 亩 = 666.67 平方米，下同），其中核心区规划面积 1620 亩，拓展区规划面积 1350 亩，是"神农文化展示和传播基地，全球华人炎帝景观中心"，现已成为株洲市民日常生活和休闲娱乐的综合性城市公园，也是整个华南地区的第一大文化广场，如图 9-2 所示。

图 9-2　株洲市神农城

② 湘江风光带西岸位于株洲市的湘江沿岸，其中河西城区段南起凿石山景区，北至石峰大桥，全长 11.3 千米，总投资约 6.9 亿元，总用地面积 100.4381 万平方米，宽 80~200 米不等。湘江风光带西岸充分利用自身良好的自然环境与地域文化资源，将临江而立的山、港湾、寺庙等资源结合起来，形成独具特色的风光带景点，如建宁记忆、曲尺幽径、古刹诗情、芳洲鹭影、动力港湾、红动湘江等。湘江风光带西岸是株洲市主城区的观赏休憩长廊，也是株洲市开放式绿化的一个重要窗口，如图 9-3 所示。

图 9-3　株洲市湘江风光带西岸

③ 神农公园位于株洲市区中心，前临建设路，背倚湘江，是株洲市规划最早、建园时间最长，以炎帝文化为特色的综合性公园。全园占地 483.92 亩，其中森林面积 318 亩，水面 118.69 亩，共有乔木 37500 多株，绿化覆盖率 85%，年接待游客数量超过百万人次。神农公园是一座颇具园林和炎帝文化特色的综合性公园，也是株洲市最大的城市花园，如图 9-4 所示。

图 9-4　株洲市神农公园

## 9.3.1 神农城核心区公共景观项目

株洲市神农城项目以神农文化为主题，神农城核心区在原炎帝广场和天台山公园的基础上，对现有建筑及城市森林带进行提质改造和升级，精心布局与炎帝文化相关的九大建筑与景观，包括神农太阳城、神农广场、神农像、神农塔、神农湖、神农大剧院、神农艺术中心、神农大道、神农坛等。其中神农太阳城体现了炎帝"日中为市"的思想，是集休闲、娱乐和购物于一体的大型商业综合体，分为百货商场、家庭生活、运动潮流和儿童乐园四大主题，总建筑面积达 66300 平方米，屋顶还有大型 LED 屏。神农广场以神农像为中心，由神农太阳城建筑围合，可满足各种大型活动与市民休闲娱乐需要。围绕神农像周边的硬质台地上布置了 148 米 × 168 米的大型旱喷广场，形成壮观的水幕景观。在喷泉广场与神农太阳城建筑之间设置了大面积的斜坡疏林草地，成为雕塑与建筑空间的过渡空间，丰富了广场空间内容与景观层次，是集纪念性、仪式性与生活性等多功能于一体的大型复合性广场。此外，在神农广场还可以通过无线信号及 LED 大屏幕与远方的炎帝陵进行联动。神农城的交通组织注重人文关怀与环境保护，采用人车分流、公交优先的交通体系，鼓励步行和骑行，围绕景点和设施布置的慢行道系统贯穿整个用地。机动车交通基本布置在用地边沿，同时还设置旅游大巴停车场等设施鼓励公共交通。神农湖总面积 330 亩，湖面开阔、景色优美，湖中设置多种亲水、近水平台和丰富的水上运动项目。湖面利用声光电等高新技术，规划建设了水秀、火秀、灯光秀、舞台秀、音乐秀、船秀组合表演以及大型水幕电影来讲述神农故事。游客还可以体验游船、水上自行车、水上行走、水中漫步等项目。神农湖的北侧设置了神农艺术中心，总占地面积 53342 平方米，建筑面积 16013 平方米，是融文化展示与会议等功能于一体的炎帝文化博物馆式综合体。神农坛是祈福祭祀圣地，分别设置了前导区和祭祀大殿。在前导区设置登山游道，登山游道设置成九段。祈福活动以祭天祈福为主，结合神农的各项功绩，与各行业协会合作，按照季节打造清明祭炎帝、茶祭、药祭、蚕祭等综合活动。

除此之外，神农城的另一大亮点便是引入了智慧城市的理念，设计了智能监控系统、3D GIS 空间共享服务系统、停车场引导系统、智慧导览 APP 系统等，还建造了智慧城市体验中心，以未来信息化、数字内容、新业务、新应用、新产品、新服务为主题，可通过多样化的展现方式和丰富的声光电、重力感应、动作识别技术等表现手段，将物联网、智慧城市等所谓的"神秘领域"以一种直观形象和互动体验的表现方式展现在广大市民面前，更加突出神农城的未来之城设计理念。

我们采用德尔菲法并通过电邮和函询相结合的方式，仍然邀请这 10 位专家参与此次评价工作，请他们根据项目实际情况，按照设定的评价等级和 Vague 集要求做出客观评判。经过反复咨询和沟通，所有专家的最终评价结果经归纳整理后如表 9-30 所示。

**表 9-30  专家对神农城项目公共景观营造的互动性 Vague 值评价结果**

| 序号 | 城市公共景观营造的互动性评价指标 | 很好 | 较好 | 一般 | 较差 | 很差 | 全局权重 |
|---|---|---|---|---|---|---|---|
| 1 | 城市公共景观发展的目标和管理办法的合理性 $C_{A111}$ | [0.2,0.3] | [0.7,0.8] | [0,0.1] | [0,0.1] | [0,0.1] | 0.0458 |
| 2 | 管理部门针对实施对象和使用者制定的信息反馈机制的重视程度 $C_{A112}$ | [0,0.1] | [0.4,0.5] | [0.5,0.5] | [0,0.1] | [0,0.1] | 0.0187 |
| 3 | 管理部门对建设活动后期管理的有效性 $C_{A113}$ | [0,0.2] | [0.2,0.4] | [0.6,0.8] | [0,0.2] | [0,0.2] | 0.0187 |
| 4 | 对城市公共景观建设的宣讲、展出的力度 $C_{A121}$ | [0.1,0.2] | [0.6,0.7] | [0.2,0.3] | [0,0.1] | [0,0.1] | 0.0246 |
| 5 | 管理部门对城市公共景观建设做出贡献的人和单位的奖励 $C_{A122}$ | [0,0] | [0.2,0.2] | [0.6,0.6] | [0.2,0.2] | [0,0] | 0.0246 |
| 6 | 城市公共景观建设法律、法规的明确程度 $C_{A131}$ | [0,0.1] | [0.2,0.3] | [0.7,0.8] | [0,0.1] | [0,0.1] | 0.0369 |
| 7 | 行政管理机构对城市公共景观建设的监管 $C_{A132}$ | [0.1,0.1] | [0.2,0.2] | [0.7,0.7] | [0,0] | [0,0] | 0.0369 |
| 8 | 资金的筹措与合理运用的有效性 $C_{A133}$ | [0,0.2] | [0.3,0.5] | [0.5,0.7] | [0,0.2] | [0,0.2] | 0.0369 |

| 序号 | 城市公共景观营造的互动性评价指标 | 很好 | 较好 | 一般 | 较差 | 很差 | 全局权重 |
|---|---|---|---|---|---|---|---|
| 9 | 开发驱动的多元化程度 $C_{A211}$ | [0.2,0.2] | [0.3,0.3] | [0.5,0.5] | [0,0] | [0,0] | 0.0290 |
| 10 | 管理与投资模式的多元化程度 $C_{A212}$ | [0,0.1] | [0.6,0.7] | [0.3,0.4] | [0,0.1] | [0,0.1] | 0.0290 |
| 11 | 多方参与设计的程度 $C_{A221}$ | [0.2,0.2] | [0.5,0.5] | [0.3,0.3] | [0,0] | [0,0] | 0.0169 |
| 12 | 设计制度的健全与完善公平程度 $C_{A222}$ | [0.2,0.3] | [0.5,0.6] | [0.1,0.2] | [0,0.1] | [0,0.1] | 0.0169 |
| 13 | 设计、施工以及管理过程中发现的问题与及时处理程度 $C_{A223}$ | [0.1,0.2] | [0.6,0.7] | [0.2,0.3] | [0,0.1] | [0,0.1] | 0.0169 |
| 14 | 竣工验收与质量保修措施完善程度 $C_{A224}$ | [0.2,0.3] | [0,0.1] | [0.5,0.6] | [0.2,0.3] | [0,0.1] | 0.0072 |
| 15 | 维护管理单位明确，责权清晰 $C_{A231}$ | [0.1,0.1] | [0.6,0.6] | [0.3,0.3] | [0,0] | [0,0] | 0.0145 |
| 16 | 维护管理制度完善，执行严明 $C_{A232}$ | [0.1,0.1] | [0.5,0.6] | [0.3,0.4] | [0,0.1] | [0,0.1] | 0.0145 |
| 17 | 后期爱护宣传工作重视程度 $C_{A233}$ | [0.1,0.1] | [0.6,0.7] | [0.2,0.3] | [0,0.1] | [0,0.1] | 0.0145 |
| 18 | 道路、绿化、卫生以及设施设备的维护状况 $C_{A234}$ | [0.1,0.1] | [0.9,0.9] | [0,0] | [0,0] | [0,0] | 0.0145 |
| 19 | 保护利用城市自然山水资源 $C_{B111}$ | [0,0.2] | [0.1,0.3] | [0.6,0.8] | [0.1,0.3] | [0,0.2] | 0.0119 |
| 20 | 衔接自然山水的公共绿地体系 $C_{B112}$ | [0,0.1] | [0,0.1] | [0.7,0.8] | [0.2,0.3] | [0,0.1] | 0.0178 |
| 21 | 建立亲近宜人的自然休闲景观空间框架 $C_{B113}$ | [0.1,0.2] | [0.3,0.4] | [0.5,0.6] | [0,0.1] | [0,0.1] | 0.0078 |
| 22 | 景观遗迹的原生保护 $C_{B121}$ | [0,0.2] | [0.6,0.8] | [0.2,0.4] | [0,0.2] | [0,0.2] | 0.0093 |
| 23 | 历史文化的时代表达 $C_{B122}$ | [0.2,0.3] | [0.6,0.7] | [0.1,0.2] | [0,0.1] | [0,0.1] | 0.0093 |
| 24 | 工业遗产地的再生 $C_{B123}$ | [0.1,0.1] | [0.6,0.6] | [0.3,0.3] | [0,0] | [0,0] | 0.0068 |
| 25 | 建设生物过程与栖息地的安全格局 $C_{B131}$ | [0,0.1] | [0.4,0.5] | [0.5,0.6] | [0,0.1] | [0,0.1] | 0.0125 |
| 26 | 城市防灾与防护公园绿地系统 $C_{B132}$ | [0,0] | [0,0] | [0.6,0.6] | [0.2,0.2] | [0.2,0.2] | 0.0125 |
| 27 | 城市绿色雨洪管理系统 $C_{B133}$ | [0,0.2] | [0.3,0.5] | [0.5,0.7] | [0,0.2] | [0,0.1] | 0.0125 |
| 28 | 与周边环境功能的协调性 $C_{B141}$ | [0,0] | [0,0] | [0.5,0.5] | [0.5,0.5] | [0,0] | 0.0136 |
| 29 | 周边土地价格 $C_{B142}$ | [0.1,0.2] | [0.6,0.7] | [0.2,0.3] | [0,0.1] | [0,0.1] | 0.0096 |
| 30 | 周边商业设施数 $C_{B143}$ | [0.5,0.5] | [0.5,0.5] | [0,0] | [0,0] | [0,0] | 0.0096 |
| 31 | 周边住宅数 $C_{B144}$ | [0.4,0.5] | [0.4,0.5] | [0.1,0.2] | [0,0.1] | [0,0.1] | 0.0096 |
| 32 | 商业活动收入 $C_{B145}$ | [0.1,0.2] | [0.8,0.9] | [0,0.1] | [0,0.1] | [0,0.1] | 0.0136 |
| 33 | 与周边自然环境的协调程度 $C_{B211}$ | [0,0.1] | [0.2,0.3] | [0.5,0.6] | [0.2,0.3] | [0,0] | 0.0296 |
| 34 | 与周边建筑的协调程度 $C_{B212}$ | [0.1,0.2] | [0.2,0.3] | [0.5,0.6] | [0.1,0.2] | [0,0] | 0.0199 |
| 35 | 周边环境容量的合理程度 $C_{B213}$ | [0,0.1] | [0.1,0.2] | [0.8,0.9] | [0,0] | [0,0] | 0.0130 |
| 36 | 空间布局的完善程度 $C_{B221}$ | [0.1,0.2] | [0.6,0.7] | [0.2,0.3] | [0,0.1] | [0,0.1] | 0.0229 |
| 37 | 公共景观边界空间的开放程度 $C_{B222}$ | [0.3,0.4] | [0.3,0.4] | [0.2,0.3] | [0.1,0.2] | [0,0.1] | 0.0229 |
| 38 | 绿色空间的衔接程度 $C_{B223}$ | [0.3,0.4] | [0.5,0.6] | [0,0.1] | [0.1,0.2] | [0,0] | 0.0168 |
| 39 | 与周边功能的平面混合程度 $C_{B231}$ | [0.3,0.3] | [0.5,0.5] | [0.2,0.2] | [0,0] | [0,0] | 0.0307 |

续表

| 序号 | 城市公共景观营造的互动性评价指标 | 很好 | 较好 | 一般 | 较差 | 很差 | 全局权重 |
|---|---|---|---|---|---|---|---|
| 40 | 与周边功能的立体混合程度 $C_{B232}$ | [ 0.1, 0.2 ] | [ 0.4, 0.5 ] | [ 0.4, 0.5 ] | [ 0, 0.1 ] | [ 0, 0.1 ] | 0.0206 |
| 41 | 边界功能配置的完善程度 $C_{B233}$ | [ 0.1, 0.2 ] | [ 0.4, 0.5 ] | [ 0.4, 0.5 ] | [ 0, 0.1 ] | [ 0, 0.1 ] | 0.0112 |
| 42 | 周边路网结构的完善程度 $C_{B241}$ | [ 0.2, 0.3 ] | [ 0.7, 0.8 ] | [ 0, 0.1 ] | [ 0, 0.1 ] | [ 0, 0.1 ] | 0.0095 |
| 43 | 城市公共景观的可达程度 $C_{B242}$ | [ 0.2, 0.3 ] | [ 0.2, 0.3 ] | [ 0.3, 0.4 ] | [ 0.2, 0.3 ] | [ 0, 0.1 ] | 0.0095 |
| 44 | 交通空间的多样化程度 $C_{B243}$ | [ 0.1, 0.2 ] | [ 0.8, 0.9 ] | [ 0, 0.1 ] | [ 0, 0.1 ] | [ 0, 0.1 ] | 0.0070 |
| 45 | 景观场地的空间尺度 $C_{B311}$ | [ 0, 0.1 ] | [ 0.6, 0.7 ] | [ 0.3, 0.4 ] | [ 0, 0.1 ] | [ 0, 0.1 ] | 0.0143 |
| 46 | 景物欣赏的多重尺度 $C_{B312}$ | [ 0, 0.2 ] | [ 0.6, 0.8 ] | [ 0.2, 0.4 ] | [ 0, 0.2 ] | [ 0, 0.2 ] | 0.0195 |
| 47 | 适合交往的人际尺度 $C_{B313}$ | [ 0.1, 0.2 ] | [ 0, 0.1 ] | [ 0.6, 0.7 ] | [ 0.2, 0.3 ] | [ 0, 0.1 ] | 0.0195 |
| 48 | 空间的品质 $C_{B321}$ | [ 0, 0.2 ] | [ 0.3, 0.5 ] | [ 0.5, 0.7 ] | [ 0, 0.2 ] | [ 0, 0.2 ] | 0.0087 |
| 49 | 活动场所的丰富多样性 $C_{B322}$ | [ 0.2, 0.3 ] | [ 0.7, 0.8 ] | [ 0, 0.1 ] | [ 0, 0.1 ] | [ 0, 0.1 ] | 0.0120 |
| 50 | 边界的多功能性 $C_{B323}$ | [ 0.3, 0.3 ] | [ 0.5, 0.5 ] | [ 0.2, 0.2 ] | [ 0, 0 ] | [ 0, 0 ] | 0.0120 |
| 51 | 植物配置的欣赏效果 $C_{B324}$ | [ 0.2, 0.3 ] | [ 0.5, 0.5 ] | [ 0.3, 0.3 ] | [ 0, 0 ] | [ 0, 0 ] | 0.0086 |
| 52 | 高新技术的植入程度 $C_{B325}$ | [ 0.3, 0.3 ] | [ 0.7, 0.7 ] | [ 0, 0 ] | [ 0, 0 ] | [ 0, 0 ] | 0.0120 |
| 53 | 符合人体生理特性的设施材质 $C_{B331}$ | [ 0, 0.1 ] | [ 0.3, 0.4 ] | [ 0.3, 0.4 ] | [ 0.3, 0.4 ] | [ 0, 0.1 ] | 0.0128 |
| 54 | 符合人体尺度的设施小品 $C_{B332}$ | [ 0, 0 ] | [ 0.5, 0.5 ] | [ 0.5, 0.5 ] | [ 0, 0 ] | [ 0, 0 ] | 0.0087 |
| 55 | 场地的安全情况 $C_{B333}$ | [ 0.2, 0.3 ] | [ 0.4, 0.5 ] | [ 0.3, 0.4 ] | [ 0, 0.1 ] | [ 0, 0.1 ] | 0.0191 |
| 56 | 夜间景观照明的安全舒适度 $C_{B334}$ | [ 0.1, 0.2 ] | [ 0.6, 0.7 ] | [ 0.2, 0.3 ] | [ 0, 0.1 ] | [ 0, 0.1 ] | 0.0128 |
| 57 | 艺术内容的大众化程度 $C_{B341}$ | [ 0.2, 0.3 ] | [ 0.5, 0.6 ] | [ 0.2, 0.3 ] | [ 0, 0.1 ] | [ 0, 0.1 ] | 0.0195 |
| 58 | 艺术形式的大众化程度 $C_{B342}$ | [ 0.2, 0.3 ] | [ 0.5, 0.6 ] | [ 0.2, 0.3 ] | [ 0, 0.1 ] | [ 0, 0.1 ] | 0.0195 |
| 59 | 艺术创作过程的大众参与程度 $C_{B343}$ | [ 0, 0.1 ] | [ 0.4, 0.5 ] | [ 0.4, 0.5 ] | [ 0.1, 0.2 ] | [ 0, 0.1 ] | 0.0144 |

因此，只要根据上一节的式（9-5）~式（9-7）便可分别求出该城市公共景观项目所对应的五个等级的 Vague 集，评价值分别为：$V_1$=[0.0092,0.0137] $\oplus$ [0,0.0019] $\oplus$ [0,0.0037] [0.0025,0.0049] $\oplus$ [0,0] $\oplus$ [0,0.0037] $\oplus$ [0.0037,0.0037] $\oplus$ [0,0.0074] $\oplus$ [0.0058,0.0058] $\oplus$ [0,0.0029] $\oplus$ [0.0034,0.0034] $\oplus$ [0.0034,0.0051] $\oplus$ [0.0017,0.0034] $\oplus$ [0.0014,0.0022] $\oplus$ [0.0015,0.0015] $\oplus$ [0.0015,0.0029] $\oplus$ [0.0015,0.0029] $\oplus$ [0.0015,0.0015] $\oplus$ [0,0.0024] $\oplus$ [0.0000,0.0018] $\oplus$ [0.0008,0.0016] $\oplus$ [0.0000,0.0019] $\oplus$ [0.0007,0.0007] $\oplus$ [0.0007,0.0007] $\oplus$ [0.0000,0.0013] $\oplus$ [0,0] $\oplus$ [0.0000,0.0025] $\oplus$ [0,0] $\oplus$ [0.0010,0.0019] $\oplus$ [0.0048,0.0048] $\oplus$ [0.0038,0.0048] $\oplus$ [0.0014,0.0027] $\oplus$ [0.0030,0.0030] $\oplus$ [0.0020,0.0040] $\oplus$ [0.0000,0.0013] $\oplus$ [0.0023,0.0046] $\oplus$ [0.0069,0.0092] $\oplus$ [0.0050,0.0067] $\oplus$ [0.0021,0.0041]

$\oplus$ [0.0011,0.0022] $\oplus$ [0.0019,0.0029] $\oplus$ [0.0019,0.0029] $\oplus$ [0.0000,0.0014] $\oplus$ [0.0000,0.0039] $\oplus$ [0.0000,0.0039] $\oplus$ [0.0020,0.0039] $\oplus$ [0.0000,0.0017] $\oplus$ [0.0024,0.0036] $\oplus$ [0.0036,0.0036] $\oplus$ [0.0017,0.0017] $\oplus$ [0.0036,0.0036] $\oplus$ [0.0000,0.0013] $\oplus$ [0.0000,0.0000] $\oplus$ [0.0038,0.0057] $\oplus$ [0.0013,0.0026] $\oplus$ [0.0039,0.0059] $\oplus$ [0.0039,0.0059] $\oplus$ [0,0.0014]=[0.1103,0.1970]。

依此类推，可求出 $V_2$=[0.4136,0.4994]，$V_3$=[0.3422,0.4270]，$V_4$=[0.0394,0.1301]，$V_5$=[0.0025,0.0892]。最后，根据 Vague 集的排序规则可知隶属度的大小顺序为：$V_2 \succ V_3 \succ V_1 \succ V_4 \succ V_5$（"$\succ$"是 Vague 集的数学符号，表示优于的意思），所以该公共景观项目营造的互动性状况为较好。

## 9.3.2 株洲市湘江风光带西岸公共景观项目

株洲市湘江风光带西岸公共景观的营造突出了生态、生活、文化、活力的特点，建立了完整的滨江生态系统，运用湾池技术在原有河滩地进行生态修复，形成沿河湿地（水洼或者水泡），营造植物繁茂的鱼虾和鸟类栖息地，木栈道穿梭其间，创造心旷神怡、接近大自然的环境体验，促进人与自然的和谐共生。生态湿地在保障城市水生态安全的同时也增加了宜人的休闲活动空间，为人民群众提供游览、文化生活及体育健身等空间场地，如多级的亲水平台、日光浴场、沙滩球场、下沉式小剧场、地书苑、自行车滑板区等，塑造休闲活动的场所氛围，配备完整的配套设施。其次，有效挖掘和整合那些能够体现城市特色的文化资源，如建宁老码头、鲁班殿、资福寺、分袂亭等，打上工业文明印记的火车、仓库、煤棚、烟囱等，增进市民对湘江风光带的亲切感和满意度。建宁记忆景点通过改造建宁古码头、鲁班殿和重建分袂亭，集中展现建宁历史和株洲本土民俗文化，还设立了株洲故事墙，以浮雕的形式讲述株洲的各种典故，记录株洲市的发展历程。滨江广场上，株洲市的城市精神——"火车头精神"在这里实景展示，用不同时代的火车头、轨道等元素艺术再现了株洲市工业发展进程。

沿岸滨江路采用了绿化、水岸照明为映衬，主要景点建筑用照明的手法，分级别、分层次地运用灯光，使整个景区在夜间呈现出气势恢宏、浓淡有致的灯光效果。在清江映照下，让湘江风光带的夜色更具魅力。株洲市湘江风光带的建成对提高株洲市防洪抗洪能力、改善市民生活环境、推动社会发展等都具有深远意义。遵循前述评价步骤，笔者在经过数轮函询和意见反馈后，所有专家的最终评价值陆续完成，经归纳整理后如表9-31所示。

表 9-31　专家对湘江风光带西岸项目公共景观营造的互动性 Vague 值评价结果

| 序号 | 城市公共景观营造的互动性评价指标 | 很好 | 较好 | 一般 | 较差 | 很差 | 全局权重 |
|---|---|---|---|---|---|---|---|
| 1 | 城市公共景观发展的目标和管理办法的合理性 $C_{A111}$ | [0.2, 0.3] | [0.5, 0.6] | [0.2, 0.3] | [0, 0.1] | [0, 0.1] | 0.0458 |
| 2 | 管理部门针对实施对象和使用者制定的信息反馈机制的重视程度 $C_{A112}$ | [0, 0.2] | [0.3, 0.5] | [0.5, 0.7] | [0, 0.2] | [0, 0.2] | 0.0187 |
| 3 | 管理部门对建设活动后期管理的有效性 $C_{A113}$ | [0, 0.1] | [0.3, 0.4] | [0.7, 0.8] | [0, 0.1] | [0, 0.1] | 0.0187 |
| 4 | 对城市公共景观建设的宣讲、展出的力度 $C_{A121}$ | [0.1, 0.2] | [0.6, 0.7] | [0.2, 0.3] | [0, 0.1] | [0, 0.1] | 0.0246 |
| 5 | 管理部门对城市公共景观建设做出贡献的人和单位的奖励 $C_{A122}$ | [0, 0.1] | [0.2, 0.3] | [0.7, 0.8] | [0, 0.1] | [0, 0.1] | 0.0246 |
| 6 | 城市公共景观建设法律、法规的明确程度 $C_{A131}$ | [0, 0.1] | [0.3, 0.4] | [0.6, 0.7] | [0, 0.1] | [0, 0.1] | 0.0369 |
| 7 | 行政管理机构对城市公共景观建设的监管 $C_{A132}$ | [0.1, 0.2] | [0.2, 0.3] | [0.6, 0.7] | [0, 0.1] | [0, 0.1] | 0.0369 |
| 8 | 资金的筹措与合理运用的有效性 $C_{A133}$ | [0, 0.1] | [0.3, 0.4] | [0.5, 0.6] | [0.1, 0.2] | [0, 0.1] | 0.0369 |
| 9 | 开发驱动的多元化程度 $C_{A211}$ | [0.1, 0.2] | [0.2, 0.3] | [0.5, 0.6] | [0, 0.1] | [0, 0.1] | 0.0290 |
| 10 | 管理与投资模式的多元化程度 $C_{A212}$ | [0, 0.1] | [0.5, 0.6] | [0.4, 0.6] | [0, 0.1] | [0, 0.1] | 0.0290 |
| 11 | 多方参与设计的程度 $C_{A221}$ | [0.2, 0.3] | [0.4, 0.5] | [0.3, 0.4] | [0, 0.1] | [0, 0.1] | 0.0169 |
| 12 | 设计制度的健全与完善公平程度 $C_{A222}$ | [0.1, 0.2] | [0.4, 0.5] | [0.4, 0.5] | [0, 0.1] | [0, 0.1] | 0.0169 |
| 13 | 设计、施工以及管理过程中发现的问题与及时处理程度 $C_{A223}$ | [0.1, 0.1] | [0.6, 0.6] | [0.3, 0.3] | [0, 0] | [0, 0] | 0.0169 |
| 14 | 竣工验收与质量保修措施完善程度 $C_{A224}$ | [0, 0.1] | [0.3, 0.4] | [0.5, 0.6] | [0.1, 0.2] | [0, 0.1] | 0.0072 |
| 15 | 维护管理单位明确，责权清晰 $C_{A231}$ | [0, 0.1] | [0.5, 0.6] | [0.4, 0.5] | [0, 0.1] | [0, 0.1] | 0.0145 |
| 16 | 维护管理制度完善，执行严明 $C_{A232}$ | [0, 0.1] | [0.4, 0.5] | [0.4, 0.5] | [0.1, 0.2] | [0, 0.1] | 0.0145 |
| 17 | 后期爱护宣传工作重视程度 $C_{A233}$ | [0.1, 0.1] | [0.6, 0.6] | [0.3, 0.3] | [0, 0] | [0, 0] | 0.0145 |
| 18 | 道路、绿化、卫生以及设施设备的维护状况 $C_{A234}$ | [0.1, 0.2] | [0.6, 0.7] | [0.2, 0.3] | [0, 0.1] | [0, 0.1] | 0.0145 |
| 19 | 保护利用城市自然山水资源 $C_{B111}$ | [0.3, 0.3] | [0.5, 0.5] | [0.2, 0.2] | [0, 0] | [0, 0] | 0.0119 |
| 20 | 衔接自然山水的公共绿地体系 $C_{B112}$ | [0.3, 0.3] | [0.4, 0.4] | [0.3, 0.3] | [0, 0] | [0, 0] | 0.0178 |
| 21 | 建立亲近宜人的自然休闲景观空间框架 $C_{B113}$ | [0.2, 0.2] | [0.4, 0.4] | [0.4, 0.4] | [0, 0] | [0, 0] | 0.0078 |
| 22 | 景观遗迹的原生保护 $C_{B121}$ | [0.2, 0.3] | [0.4, 0.5] | [0.3, 0.4] | [0, 0.1] | [0, 0.1] | 0.0093 |
| 23 | 历史文化的时代表达 $C_{B122}$ | [0.2, 0.3] | [0.5, 0.6] | [0.2, 0.3] | [0, 0.1] | [0, 0.1] | 0.0093 |
| 24 | 工业遗产地的再生 $C_{B123}$ | [0.1, 0.2] | [0.5, 0.6] | [0.3, 0.4] | [0, 0.1] | [0, 0.1] | 0.0068 |
| 25 | 建设生物过程与栖息地的安全格局 $C_{B131}$ | [0.3, 0.3] | [0.4, 0.4] | [0.3, 0.3] | [0, 0] | [0, 0] | 0.0125 |
| 26 | 城市防灾与防护公园绿地系统 $C_{B132}$ | [0.1, 0.2] | [0.3, 0.4] | [0.3, 0.4] | [0.2, 0.3] | [0, 0.1] | 0.0125 |

| 序号 | 城市公共景观营造的互动性评价指标 | 很好 | 较好 | 一般 | 较差 | 很差 | 全局权重 |
|---|---|---|---|---|---|---|---|
| 27 | 城市绿色雨洪管理系统 $C_{B133}$ | [0, 0.2] | [0.3, 0.5] | [0.5, 0.7] | [0, 0.2] | [0, 0.2] | 0.0125 |
| 28 | 与周边环境功能的协调性 $C_{B141}$ | [0.1, 0.2] | [0.2, 0.3] | [0.5, 0.6] | [0.1, 0.2] | [0, 0] | 0.0136 |
| 29 | 周边土地价格 $C_{B142}$ | [0.1, 0.2] | [0.4, 0.5] | [0.4, 0.5] | [0, 0.1] | [0, 0.1] | 0.0096 |
| 30 | 周边商业设施数 $C_{B143}$ | [0.3, 0.4] | [0.4, 0.5] | [0.2, 0.3] | [0, 0] | [0, 0] | 0.0096 |
| 31 | 周边住宅数 $C_{B144}$ | [0.3, 0.4] | [0.4, 0.5] | [0.2, 0.3] | [0, 0.1] | [0, 0.1] | 0.0096 |
| 32 | 商业活动收入 $C_{B145}$ | [0.1, 0.2] | [0.4, 0.5] | [0.3, 0.4] | [0.1, 0.2] | [0, 0.1] | 0.0136 |
| 33 | 与周边自然环境的协调程度 $C_{B211}$ | [0.1, 0.2] | [0.3, 0.4] | [0.4, 0.5] | [0.1, 0.2] | [0, 0.1] | 0.0296 |
| 34 | 与周边建筑的协调程度 $C_{B212}$ | [0.1, 0.2] | [0.2, 0.3] | [0.5, 0.6] | [0.1, 0.2] | [0, 0.1] | 0.0199 |
| 35 | 周边环境容量的合理程度 $C_{B213}$ | [0, 0.1] | [0.3, 0.4] | [0.6, 0.7] | [0, 0.1] | [0, 0.1] | 0.0130 |
| 36 | 空间布局的完善程度 $C_{B221}$ | [0.1, 0.2] | [0.4, 0.5] | [0.4, 0.5] | [0, 0.1] | [0, 0.1] | 0.0229 |
| 37 | 公共景观边界空间的开放程度 $C_{B222}$ | [0.1, 0.2] | [0.3, 0.4] | [0.4, 0.5] | [0.1, 0.2] | [0, 0.1] | 0.0229 |
| 38 | 绿色空间的衔接程度 $C_{B223}$ | [0.3, 0.4] | [0.5, 0.6] | [0, 0.1] | [0.1, 0.2] | [0, 0.1] | 0.0168 |
| 39 | 与周边功能的平面混合程度 $C_{B231}$ | [0.2, 0.3] | [0.4, 0.5] | [0.2, 0.3] | [0.1, 0.2] | [0, 0.1] | 0.0307 |
| 40 | 与周边功能的立体混合程度 $C_{B232}$ | [0.1, 0.2] | [0.4, 0.5] | [0.4, 0.5] | [0, 0.1] | [0, 0.1] | 0.0206 |
| 41 | 边界功能配置的完善程度 $C_{B233}$ | [0.1, 0.2] | [0.3, 0.4] | [0.5, 0.6] | [0, 0.1] | [0, 0.1] | 0.0112 |
| 42 | 周边路网结构的完善程度 $C_{B241}$ | [0.2, 0.3] | [0.6, 0.7] | [0.1, 0.2] | [0, 0.1] | [0, 0.1] | 0.0095 |
| 43 | 城市公共景观的可达程度 $C_{B242}$ | [0.2, 0.3] | [0.2, 0.3] | [0.3, 0.4] | [0.2, 0.3] | [0, 0.1] | 0.0095 |
| 44 | 交通空间的多样化程度 $C_{B243}$ | [0.2, 0.3] | [0.7, 0.8] | [0, 0.1] | [0, 0.1] | [0, 0.1] | 0.0070 |
| 45 | 景观场地的空间尺度 $C_{B311}$ | [0, 0.1] | [0.6, 0.7] | [0.3, 0.4] | [0, 0.1] | [0, 0.1] | 0.0143 |
| 46 | 景物欣赏的多重尺度 $C_{B312}$ | [0, 0.1] | [0.6, 0.7] | [0.3, 0.4] | [0, 0.1] | [0, 0.1] | 0.0195 |
| 47 | 适合交往的人际尺度 $C_{B313}$ | [0.1, 0.2] | [0.6, 0.7] | [0.1, 0.2] | [0.1, 0.2] | [0, 0.1] | 0.0195 |
| 48 | 空间的品质 $C_{B321}$ | [0.3, 0.3] | [0.6, 0.6] | [0.1, 0.1] | [0, 0] | [0, 0] | 0.0087 |
| 49 | 活动场所的丰富多样性 $C_{B322}$ | [0.2, 0.3] | [0.6, 0.7] | [0.1, 0.2] | [0, 0.1] | [0, 0.1] | 0.0120 |
| 50 | 边界的多功能性 $C_{B323}$ | [0.1, 0.2] | [0.5, 0.6] | [0.2, 0.3] | [0.1, 0.2] | [0, 0] | 0.0120 |
| 51 | 植物配置的欣赏效果 $C_{B324}$ | [0.2, 0.2] | [0.5, 0.5] | [0.3, 0.3] | [0, 0] | [0, 0] | 0.0086 |
| 52 | 高新技术的植入程度 $C_{B325}$ | [0, 0.2] | [0.3, 0.5] | [0.5, 0.7] | [0, 0.2] | [0, 0.2] | 0.0120 |
| 53 | 符合人体生理特性的设施材质 $C_{B331}$ | [0, 0.1] | [0.3, 0.4] | [0.3, 0.4] | [0.3, 0.4] | [0, 0.1] | 0.0128 |
| 54 | 符合人体尺度的设施小品 $C_{B332}$ | [0, 0] | [0.5, 0.5] | [0.5, 0.5] | [0, 0] | [0, 0] | 0.0087 |
| 55 | 场地的安全情况 $C_{B333}$ | [0.1, 0.2] | [0.3, 0.4] | [0.5, 0.6] | [0, 0.1] | [0, 0.1] | 0.0191 |
| 56 | 夜间景观照明的安全舒适度 $C_{B334}$ | [0.1, 0.2] | [0.4, 0.5] | [0.2, 0.3] | [0.2, 0.3] | [0, 0.1] | 0.0128 |
| 57 | 艺术内容的大众化程度 $C_{B341}$ | [0.2, 0.3] | [0.5, 0.6] | [0.2, 0.3] | [0, 0.1] | [0, 0.1] | 0.0195 |
| 58 | 艺术形式的大众化程度 $C_{B342}$ | [0.2, 0.3] | [0.5, 0.6] | [0.2, 0.3] | [0, 0.1] | [0, 0.1] | 0.0195 |
| 59 | 艺术创作过程的大众参与程度 $C_{B343}$ | [0, 0.1] | [0.3, 0.4] | [0.4, 0.5] | [0.2, 0.3] | [0, 0.1] | 0.0144 |

同理，还是根据式（9-5）～式（9-7）便可分别求出该项目对应每个等级的 Vague 集，评价值分别为：$V_1=[0.1071, 0.2008]$，$V_2=[0.3991, 0.4927]$，$V_3=[0.3627, 0.4563]$，$V_4=[0.0398, 0.1325]$，$V_5=[0.0000, 0.0901]$。最后，根据 Vague 集的排序规则可知隶属度的大小顺序为：$V_2 \succ V_3 \succ V_1 \succ V_4 \succ V_5$，所以该公共景观项目营造的互动性状况为较好。

## 9.3.3　神龙公园公共景观项目

神龙公园内含株洲市的标志性建筑——神农阁，它建于 1992 年，高 52.5 米，共 9 层，建筑面积 2715 平方米。其外观巍峨挺拔、明快潇洒；内部装饰典雅，阁内敬奉着中华民族始祖之一的炎帝——神农氏，是弘扬炎帝文化的重要场所。经过多年建设，神农公园不但有"神农阁"这样的建筑，而且园林景观日益丰富，布局合理，环境质量有了极大改善。2008 年的公园建设路围墙"拆围还绿"行动实现了"城市融于公园，公园融入城市"的规划理念，体现了人与自然和谐相处的理念；2009 年的神农阁美化、亮化与文化内涵建设，使神农阁进一步成为名副其实的株洲市文化名片。神农公园最大的特点是将园林景观与自然景观有机地融为一体，取得了艺术上的高度协调。主景神农阁雄踞奔龙山顶，游龙湖则以山为襟，以阁为袖，自然隔离南北。建园以来，神龙公园在改善市民生活质量、提高城市知名度等方面都发挥了积极作用。同样经过了数轮函询和意见反馈后，所有专家的评价结果经归纳整理后如表 9-32 所示。

表 9-32　专家对神农公园项目公共景观营造的互动性 Vague 值评价结果

| 序号 | 城市公共景观营造的互动性评价指标 | 很好 | 较好 | 一般 | 较差 | 很差 | 全局权重 |
|---|---|---|---|---|---|---|---|
| 1 | 城市公共景观发展的目标和管理办法的合理性 $C_{A111}$ | [0, 0.1] | [0.5, 0.7] | [0.3, 0.5] | [0, 0.1] | [0, 0.1] | 0.0458 |
| 2 | 管理部门针对实施对象和使用者制定的信息反馈机制的重视程度 $C_{A112}$ | [0, 0.1] | [0.1, 0.2] | [0.6, 0.7] | [0.2, 0.3] | [0, 0.1] | 0.0187 |
| 3 | 管理部门对建设活动后期管理的有效性 $C_{A113}$ | [0, 0.2] | [0.2, 0.4] | [0.6, 0.8] | [0, 0.2] | [0, 0.2] | 0.0187 |
| 4 | 对城市公共景观建设的宣讲、展出的力度 $C_{A121}$ | [0.1, 0.2] | [0.5, 0.6] | [0.3, 0.4] | [0, 0.1] | [0, 0.1] | 0.0246 |
| 5 | 管理部门对城市公共景观建设做出贡献的人和单位的奖励 $C_{A122}$ | [0, 0] | [0.1, 0.2] | [0.6, 0.7] | [0.2, 0.3] | [0, 0] | 0.0246 |
| 6 | 城市公共景观建设法律、法规的明确程度 $C_{A131}$ | [0, 0.1] | [0.2, 0.3] | [0.7, 0.8] | [0, 0.1] | [0, 0.1] | 0.0369 |
| 7 | 行政管理机构对城市公共景观建设的监管 $C_{A132}$ | [0.1, 0.1] | [0.2, 0.2] | [0.7, 0.7] | [0, 0] | [0, 0] | 0.0369 |
| 8 | 资金的筹措与合理运用的有效性 $C_{A133}$ | [0, 0.2] | [0.3, 0.5] | [0.5, 0.7] | [0, 0.2] | [0, 0.2] | 0.0369 |

| 序号 | 城市公共景观营造的互动性评价指标 | 很好 | 较好 | 一般 | 较差 | 很差 | 全局权重 |
|---|---|---|---|---|---|---|---|
| 9 | 开发驱动的多元化程度 $C_{A211}$ | [0, 0.2] | [0.1, 0.3] | [0.3, 0.5] | [0.4, 0.6] | [0, 0] | 0.0290 |
| 10 | 管理与投资模式的多元化程度 $C_{A212}$ | [0, 0.1] | [0, 0.1] | [0.6, 0.7] | [0.3, 0.4] | [0, 0.1] | 0.0290 |
| 11 | 多方参与设计的程度 $C_{A221}$ | [0, 0.1] | [0.4, 0.5] | [0.3, 0.4] | [0.2, 0.2] | [0, 0] | 0.0169 |
| 12 | 设计制度的健全与完善公平程度 $C_{A222}$ | [0.1, 0.2] | [0.3, 0.4] | [0.5, 0.6] | [0, 0.1] | [0, 0.1] | 0.0169 |
| 13 | 设计、施工以及管理过程中发现的问题与及时处理程度 $C_{A223}$ | [0.1, 0.2] | [0.6, 0.7] | [0.2, 0.3] | [0, 0.1] | [0, 0.1] | 0.0169 |
| 14 | 竣工验收与质量保修措施完善程度 $C_{A224}$ | [0, 0.1] | [0.1, 0.2] | [0.6, 0.7] | [0.2, 0.3] | [0, 0.1] | 0.0072 |
| 15 | 维护管理单位明确，责权清晰 $C_{A231}$ | [0.7, 0.7] | [0.3, 0.3] | [0, 0] | [0, 0] | [0, 0] | 0.0145 |
| 16 | 维护管理制度完善，执行严明 $C_{A232}$ | [0.5, 0.5] | [0.5, 0.5] | [0, 0] | [0, 0] | [0, 0] | 0.0145 |
| 17 | 后期爱护宣传工作重视程度 $C_{A233}$ | [0.1, 0.2] | [0.5, 0.6] | [0.2, 0.3] | [0.1, 0.2] | [0, 0.1] | 0.0145 |
| 18 | 道路、绿化、卫生以及设施设备的维护状况 $C_{A234}$ | [0.1, 0.2] | [0.5, 0.6] | [0.2, 0.3] | [0.1, 0.2] | [0, 0.1] | 0.0145 |
| 19 | 保护利用城市自然山水资源 $C_{B111}$ | [0.6, 0.6] | [0.4, 0.4] | [0, 0] | [0, 0] | [0, 0] | 0.0119 |
| 20 | 衔接自然山水的公共绿地体系 $C_{B112}$ | [0.3, 0.4] | [0.4, 0.5] | [0.2, 0.3] | [0, 0.1] | [0, 0.1] | 0.0178 |
| 21 | 建立亲近宜人的自然休闲景观空间框架 $C_{B113}$ | [0.1, 0.2] | [0.5, 0.6] | [0.3, 0.4] | [0, 0.1] | [0, 0.1] | 0.0078 |
| 22 | 景观遗迹的原生保护 $C_{B121}$ | [0.2, 0.4] | [0.6, 0.8] | [0, 0.2] | [0, 0.2] | [0, 0.2] | 0.0093 |
| 23 | 历史文化的时代表达 $C_{B122}$ | [0.2, 0.3] | [0.4, 0.5] | [0.3, 0.4] | [0, 0.1] | [0, 0.1] | 0.0093 |
| 24 | 工业遗产地的再生 $C_{B123}$ | [0.1, 0.1] | [0.3, 0.3] | [0.6, 0.6] | [0, 0] | [0, 0] | 0.0068 |
| 25 | 建设生物过程与栖息地的安全格局 $C_{B131}$ | [0.3, 0.4] | [0.4, 0.5] | [0.2, 0.3] | [0, 0.1] | [0, 0.1] | 0.0125 |
| 26 | 城市防灾与防护公园绿地系统 $C_{B132}$ | [0, 0] | [0, 0] | [0.6, 0.6] | [0.2, 0.2] | [0.2, 0.2] | 0.0125 |
| 27 | 城市绿色雨洪管理系统 $C_{B133}$ | [0, 0.2] | [0.3, 0.5] | [0.3, 0.5] | [0.2, 0.4] | [0, 0.2] | 0.0125 |
| 28 | 与周边环境功能的协调性 $C_{B141}$ | [0.1, 0.2] | [0.2, 0.3] | [0.4, 0.5] | [0.2, 0.3] | [0, 0] | 0.0136 |
| 29 | 周边土地价格 $C_{B142}$ | [0.1, 0.2] | [0.5, 0.6] | [0.3, 0.4] | [0, 0.1] | [0, 0.1] | 0.0096 |
| 30 | 周边商业设施数 $C_{B143}$ | [0.3, 0.4] | [0.4, 0.5] | [0.2, 0.3] | [0, 0.1] | [0, 0.1] | 0.0096 |
| 31 | 周边住宅数 $C_{B144}$ | [0.2, 0.3] | [0.5, 0.6] | [0.2, 0.3] | [0, 0.1] | [0, 0.1] | 0.0096 |
| 32 | 商业活动收入 $C_{B145}$ | [0.1, 0.3] | [0.5, 0.7] | [0.2, 0.4] | [0, 0.2] | [0, 0.2] | 0.0136 |
| 33 | 与周边自然环境的协调程度 $C_{B211}$ | [0.1, 0.2] | [0.4, 0.5] | [0.3, 0.4] | [0.1, 0.2] | [0, 0] | 0.0296 |
| 34 | 与周边建筑的协调程度 $C_{B212}$ | [0.2, 0.3] | [0.5, 0.6] | [0.2, 0.3] | [0, 0.1] | [0, 0] | 0.0199 |
| 35 | 周边环境容量的合理程度 $C_{B213}$ | [0.1, 0.3] | [0.1, 0.3] | [0.5, 0.7] | [0.1, 0.3] | [0, 0.2] | 0.0130 |
| 36 | 空间布局的完善程度 $C_{B221}$ | [0.1, 0.2] | [0.2, 0.3] | [0.6, 0.7] | [0, 0.1] | [0, 0.1] | 0.0229 |
| 37 | 公共景观边界空间的开放程度 $C_{B222}$ | [0.1, 0.2] | [0.3, 0.4] | [0.2, 0.3] | [0.3, 0.4] | [0, 0.1] | 0.0229 |
| 38 | 绿色空间的衔接程度 $C_{B223}$ | [0.4, 0.5] | [0.3, 0.4] | [0.2, 0.3] | [0, 0.1] | [0, 0.1] | 0.0168 |
| 39 | 与周边功能的平面混合程度 $C_{B231}$ | [0.1, 0.2] | [0.2, 0.3] | [0.5, 0.6] | [0.1, 0.2] | [0, 0.1] | 0.0307 |
| 40 | 与周边功能的立体混合程度 $C_{B232}$ | [0.1, 0.2] | [0.4, 0.5] | [0.4, 0.5] | [0, 0.1] | [0, 0.1] | 0.0206 |
| 41 | 边界功能配置的完善程度 $C_{B233}$ | [0.2, 0.2] | [0.3, 0.3] | [0.5, 0.5] | [0, 0] | [0, 0] | 0.0112 |
| 42 | 周边路网结构的完善程度 $C_{B241}$ | [0.2, 0.3] | [0.4, 0.5] | [0.3, 0.4] | [0, 0.1] | [0, 0] | 0.0095 |
| 43 | 城市公共景观的可达程度 $C_{B242}$ | [0.2, 0.2] | [0.5, 0.5] | [0.3, 0.3] | [0, 0] | [0, 0] | 0.0095 |
| 44 | 交通空间的多样化程度 $C_{B243}$ | [0.3, 0.4] | [0.5, 0.6] | [0, 0.1] | [0, 0.1] | [0, 0.1] | 0.0070 |
| 45 | 景观场地的空间尺度 $C_{B311}$ | [0, 0.1] | [0.5, 0.6] | [0.2, 0.3] | [0, 0.1] | [0, 0.1] | 0.0143 |
| 46 | 景物欣赏的多重尺度 $C_{B312}$ | [0, 0.1] | [0.5, 0.6] | [0.4, 0.5] | [0, 0.1] | [0, 0.1] | 0.0195 |
| 47 | 适合交往的人际尺度 $C_{B313}$ | [0.1, 0.2] | [0.4, 0.5] | [0.3, 0.4] | [0.1, 0.2] | [0, 0.1] | 0.0195 |

| 序号 | 城市公共景观营造的互动性评价指标 | 很好 | 较好 | 一般 | 较差 | 很差 | 全局权重 |
|---|---|---|---|---|---|---|---|
| 48 | 空间的品质 $C_{B321}$ | [0，0] | [0.3，0.3] | [0.6，0.6] | [0.1，0.1] | [0，0] | 0.0087 |
| 49 | 活动场所的丰富多样性 $C_{B322}$ | [0.1，0.2] | [0.3，0.4] | [0.5，0.6] | [0，0.1] | [0，0.1] | 0.0120 |
| 50 | 边界的多功能性 $C_{B323}$ | [0，0.1] | [0.3，0.4] | [0.5，0.6] | [0.1，0.2] | [0，0.1] | 0.0120 |
| 51 | 植物配置的欣赏效果 $C_{B324}$ | [0.6，0.6] | [0.3，0.3] | [0.1，0.1] | [0，0] | [0，0] | 0.0086 |
| 52 | 高新技术的植入程度 $C_{B325}$ | [0，0.2] | [0，0.2] | [0.5，0.7] | [0.3，0.5] | [0，0.2] | 0.0120 |
| 53 | 符合人体生理特性的设施材质 $C_{B331}$ | [0.3，0.4] | [0.3，0.4] | [0.3，0.4] | [0，0.1] | [0，0.1] | 0.0128 |
| 54 | 符合人体尺度的设施小品 $C_{B332}$ | [0.1，0.2] | [0.5，0.6] | [0.3，0.4] | [0，0.1] | [0，0.1] | 0.0087 |
| 55 | 场地的安全情况 $C_{B333}$ | [0，0.1] | [0.4，0.5] | [0.3，0.4] | [0.2，0.3] | [0，0.1] | 0.0191 |
| 56 | 夜间景观照明的安全舒适度 $C_{B334}$ | [0，0.1] | [0.2，0.3] | [0.5，0.6] | [0.2，0.3] | [0，0.1] | 0.0128 |
| 57 | 艺术内容的大众化程度 $C_{B341}$ | [0.2，0.3] | [0.5，0.6] | [0.2，0.3] | [0，0.1] | [0，0.1] | 0.0195 |
| 58 | 艺术形式的大众化程度 $C_{B342}$ | [0.2，0.3] | [0.5，0.6] | [0.2，0.3] | [0，0.1] | [0，0.1] | 0.0195 |
| 59 | 艺术创作过程的大众参与程度 $C_{B343}$ | [0，0] | [0.2，0.2] | [0.5，0.5] | [0.2，0.2] | [0.1，0.1] | 0.0144 |

同理，该项目对应每个等级的 Vague 集评价值分别为：$V_1=[0.1134,0.2105]$，$V_2=[0.3269,0.4310]$，$V_3=[0.3731,0.4772]$，$V_4=[0.0794,0.1773]$，$V_5=[0.0039,0.0942]$。最后，根据 Vague 集的排序规则可知隶属度的大小顺序为：$V_3 \succ V_2 \succ V_1 \succ V_4 \succ V_5$，所以该公共景观项目营造的互动性状况为一般。

## 9.3.4　评价结果分析

从上述三个城市公共景观项目营造的互动性最终评价结果来看，神农城和湘江风光带西岸的互动性程度属于较好，而神农公园得分为一般。首先，这说明前两者的公共景观项目营造的互动性情况总体还是令人满意的，而后者还需要加以认真改进。其次，虽然前两者的互动性情况总体较好，但是在某些环节仍差强人意，存在一定的不足，而后者虽总体得分偏低，但在某些指标中得分却比较高，同样值得前两者加以借鉴，具体分析如下。

（1）城市公共景观营造内部运行机制的互动性评价结果分析

在"内部运行机制"这项一级指标中，神农城的专家评价最高，其次是湘江风光带西岸，而神农公园的得分最低。内部运行机制的评价主要涉及全过程管控的互动性以及营造全过程管理的互动性两个部分，分别包括了控制、激励、保障，以及前期构思与策划、中期开发和后期维护等方面的具体内容，进一步分析如下所示。

① 神农城和湘江风光带西岸都位于株洲市中心地带，属于近几年建设的大型公共景观项目，它们在项目的前期构思策划、中期开发与后期维护方面都得到了多数专家较好的评价，

而神农公园则相对差了很多。这说明随着政府在类似项目中经验的不断积累，项目管理知识体系的更新，公共管理部门对大型公共景观项目的运作日趋成熟，多元化运营模式深入人心，尤其是"互动性"在城市公共景观营造过程中得到了充分重视。例如，在神农城项目中创新地采取了多元开发驱动以及 BT 融资模式，很好地解决了大型公共景观项目资金紧缺的问题。而在中期开发过程中，"互动的重要性"更是越加突显。首先强调了政府、投资方、开发商和设计师等多方参与设计，其次在公众参与方面也表现出很好的互动性，非常重视对公众的调研和意见反馈，在专家论证和政务公开等诸多方面也相对透明。例如，在湘江风光带西岸项目规划方案公示期间，通过网络平台真实地反映了市民的各种想法，政府与设计师也充分考虑了公众意见进行改进。正因为景观营造过程中与公众紧密互动的运行机制，使得后期维护中公共空间利用合理，道路、绿化、环境和设施维修等都得到了专家的充分肯定，这些都是神农城与湘江风光带西岸的成功、公众对项目赞誉有加的重要因素。与之相对比，神农公园为20世纪70年代建设的城市公园，虽然公园的行政管理体制已经进行了改革，但管理效率、市场化运作能力还是相对偏低，互动性明显不足，在多数专家的主要指标评价结果中得分偏低。这说明神农公园的公共空间提质改造工程应首先健全管理运行机制，加强市场化的多元化运作，减少过多行政干预，加强与公众的互动，提升公共空间使用性能和景观品质。

② 虽然神农城和湘江风光带西岸在营造过程管理的互动性中获得了较好的评价，但是在全过程管控的互动性上专家的评价结果只是一般。例如，神农城和湘江风光带西岸项目中，有 6 位专家在管理部门对项目使用者制定的信息反馈机制的重视程度指标中给出了一般，还有 2 位选择了不确定，而在管理部门对城市公共景观建设做出贡献的人和单位的奖励指标评价结果中，6 位专家选择了一般，甚至还有 2 位专家认为较差。同样，对于城市公共景观建设法律法规的明确程度和行政管理机构对城市公共景观建设的监管等评价指标，大多数专家也给出了一般的评价值。这充分说明虽然政府与相关部门在城市公共景观建设管理水平上有了很大提高，使项目中前期与公众有了较好的互动，但在相关法律法规的制定上还存在一定欠缺，尤其是明确专门的城市公共景观法律体系是政府的当务之急。另外，管理部门对公共景观从业单位或个人的奖励不足，甚至被部分专家认为较差，这将打击优秀人才和企业进入本行业的积极性，设计有效的激励机制或配套政策势在必行。而且管理部门对公共景观项目的建设过程较为重视，但对后期使用者的信息反馈机制重视程度不够，应加强这方面的制度建设以便有效总结项目在使用过程中出现的问题，及时反馈给规划、设计单位，提高政府未来在类似项目中的管理水平。

（2）城市公共景观营造外部实践路径的互动性评价结果分析

在"外部实践路径"这项一级指标中，神农城的综合得分依然最高，湘江风光带西岸与神农公园次之。外部实践路径的互动性评价由"城市公共景观-城市"的互动、"城市公共景观-周边"的互动和"城市公共景观-人"的互动三个方面构成，进一步分析如下。

①"城市公共景观-城市"的互动性评价结果。在"城市公共景观-城市"的互动性评价二级指标中，尽管专家对神农城的评价仍最高，但由于"城市公共景观-城市"的互动性评价需从自然资源、历史文化、城市安全以及城市开发四个三级指标综合考量，故神农城有些地方表现得并不尽人意。例如，在城市公共景观与自然的互动性三级指标中，湘江风光带西岸和神农公园得分都较神农城更高。这是因为在评价城市公共景观与自然的互动时，专家主要考虑了城市自然资源的保护、合理利用以及人们的休闲空间是否与自然空间相互关联等。湘江风光带西岸拥有得天独厚的山水资源，而项目在景观的营造中突出了生态特点，采用生态技术建立了完整的滨江生态系统，对原有河滩进行了生态修复后形成沿河湿地，营造植物繁茂的鱼虾和鸟类栖息地，实现了城市公共景观与自然的和谐互动。而神农公园则充分利用了山体优势资源，在建设过程中有效保护了城市的自然山水，全园占地 483.92 亩，其中森林面积 318 亩，水面 118.69 亩，共有乔木 37500 多株，绿化覆盖率达 85%，真正营造出"绿色海洋"的氛围。与前两者相反，神农城属于综合性的大型城市公共景观，由于缺乏足够的先天自然资源可用，虽然人工挖掘了湖面并营造了山林，花费巨大，但与周边自然环境缺乏柔性连接，因相对独立而造成景观格局略显突兀。

在城市公共景观与城市历史文化的互动性评价三级指标中，湘江风光带西岸的得分最高，其次是神农城，而神农公园的得分最低。公共景观与历史文化互动评价主要涉及对景观遗迹、工业遗产的保护和历史文化的时代表达。湘江风光带西岸和神农城在营造中非常注重历史文化品位，充分考虑了城市的历史文脉，既展现了人文历史的时空传承性，又体现了株洲市的工业城市时代特点，而神农公园在这方面除了神农阁以外，其他项目在历史人文的表现力上明显偏弱，许多四级指标得分偏低，评价结果为中。这说明神农公园在公共空间营造时需合理提升文化品位，塑造历史形象，满足人们对城市的历史文化情感依附，提高人们对城市的认同感和归属感。需要注意的是，虽然神农城拥有较强的历史主题性和文化感染力，但在工业遗产的再生方面相对不足，有三位专家给出了一般的评价，这方面需要适当加强。

在城市公共景观与城市安全的互动性评价三级指标中，湘江风光带西岸和神农公园得分较高，神农城最低。与城市安全的互动涉及生态格局、防灾绿地公园系统以及城市雨洪管理三个方面。由于株洲市并没有编制专门的绿地避灾避险规划，加上人们在这方面意识较差，专家在这一指标对三个项目的评价都不高，需要我们在未来的规划建设中予以重视。通过进一步梳理可知，湘江风光带西岸因其临江的特殊位置，是城市生态格局和雨洪管理的重要保障，也是项目营造中首要考虑的问题，并在实践中取得了很好的成效。神农公园大面积的山体森林是许多生物的栖息地以及重要迁徙通道，项目在营造过程中极为重视这一点，很好地保护了城市生态格局。神农城北部的神农湖建成伊始就吸引了成群的白鹭来此栖息停留，而且神农湖还可以大量汇集周边雨水，并通过湖中湿地起到一定的净化作用，但重视程度仍显不够。

在城市公共景观与城市开发的互动性评价三级指标中，三个项目都比较好，其中神农城在经济互动性方面最高。城市公共景观与城市开发的互动主要体现在周边环境功能协调性、周边土地价格、住宅和商业设施数及其收入上。城市公共景观对城市空间带来了显著的聚集规模、边际效益和土地利用，三个项目的评价结果大都出于较好水平，这充分说明城市公共景观能有效聚集和合理配置周边布局，提高土地利用价值，提振城市经济活力。神农城的经济互动性较其他两者更强，这可能与其处于城市发展新中心，周边配置了大型购物中心等有很大关联。

②"城市公共景观–周边"的互动性评价结果。在"城市公共景观–周边"的互动性评价二级指标中，神农城的得分最高，其次是湘江风光带西岸和神农公园。"城市公共景观–周边"的互动性评价具体包括了城市公共景观与周边环境的互动、城市公共景观与周边空间的互动、城市公共景观与周边功能的互动以及城市公共景观与周边交通的互动四个方面。

城市公共景观与周边环境的互动性评价中，湘江风光带西岸、神农城和神农公园得分均较高。湘江风光带西岸通过不同层级的平台与道路设计以及种植设计，很好地将滨水空间中的各部分自然形态与功能整合起来，相互呼应。神农城在规划设计上也通过对原有场地地形和植被的利用，较好地实现了场地的整合。神农公园属于城市山体公园，将园林景观与自然景观有机地融为一体，体现了人与自然和谐相处的理念，山顶的神农阁是城市的标志性建筑，为名副其实的株洲市文化名片。

城市公共景观与周边空间的互动性评价中，湘江风光带得分最高，其次是神农公园，神农城最低。城市公共景观布局结构的互动性主要体现在其与城市绿地规划的协调程度、与周边景观空间的连续程度以及与周边城市肌理的衔接程度上。湘江风光带西岸沿湘江布置，覆盖面积较大，是城市绿地系统的重要廊道，并且沿河具有很强的纵向连通性，同时通过横向的周边道路与邻近公共景观以及城市的其他部分紧密相连，这可能是其在该指标得分较高的原因。神农公园绿化面积400余亩，是城市绿地系统中的重要版块，且与湘江风光带东岸相邻，在"拆围还绿"改造后进一步加强了与周边城市景观的互动性，实现了"城市融于公园，公园融入城市"的营造初衷。这进一步说明神农城由于大量人工造景，故与周边绿地连通性不强且周边公园绿地布局不够均衡，需要在今后的营造中加强与周边公共景观的联系，形成有机网络，完善项目的均衡性。

城市公共景观与周边功能的互动性评价中，神农城、湘江风光带西岸和神农公园都属于较好。城市公共景观布局功能交混的互动性评价体现在功能配置的完善程度、功能的平面混合程度、功能的立体混合程度以及绿色空间的衔接程度上。神农城之所以具有较高的功能互动性与其多功能的设计定位分不开，在其规划之时就是以多功能为目标，集休闲、娱乐、购物、展示、集会、祭祀等于一体，功能配置较为丰富，平面合理并呈多种形态的布局，但绿色空间分布较集中，对不同功能空间的衔接有限。湘江风光带西岸是人们开放的生态休憩长廊，在功能上主要以散步、健身、生态、文化展示等日常休闲功能为主，相互穿插，同时某些独立的不同功能通过多层次的绿色植物空间的过渡起到了很好的衔接效果，颇受市民喜爱。神农公园是株洲市的综合性公园，游人络绎不绝，老年人主要是散步、健身为主，公园里的大型游戏设施如过山车、大摆锤、恐怖屋等深受年轻人的喜爱，定期举办的画展、艺术展览等丰富了市民的文化休闲生活。

城市公共景观与周边交通的互动性评价中，湘江风光带西岸得分最高，其次是神农城，神农公园最低。该指标评价涉及城市尺度与人性尺度、车行尺度与人行尺度、公共尺度与私密尺度、硬质景观与软质景观四个方面。湘江风光带西岸以其开放性与城市相协调，又适于市民活动。在风光带外侧有连续的滨江路，可以俯瞰整个风光带的风景，风光带中的交通方式以步行和自行车为主，某些局部地段兼有电瓶车，多样的便利交通方式不仅吸引了大量的市民，也为市民提供了多样的景观感受。同时利用滨江原有的大量植物，营造出很多满足不同需求的或公共或私密的绿色空间。神农城作为城市的综合性景观中心纪念性很强，空间尺度大气磅礴，小尺度的人性空间相对较弱。由于园区面积较大所以配备了电瓶车，神农湖里也有游船，方便游人的游览。但其在公共尺度与私密尺度一项得分较低，可能是因为空间都较为开敞公共，相对私密的空间营造较少，人们较难找到便于坐下来聊天的场所。

③"城市公共景观-人"的互动性评价结果。在"城市公共景观-人"的互动性评价二级指标中，湘江风光带西岸、神农城、神农公园的微观互动都较好。"城市公共景观-人"的互动性评价是人对城市公共景观的使用与体验，具体涵盖了城市公共景观与人的尺度、心理、生理和参与的互动四个方面。

在景观尺度的互动性评价中，三个地方都为较好，说明在现代的城市公共景观营造中，决策者、设计者以及实施者都对景观尺度的营造十分重视，合适的景观尺度能让身处其中的人感觉到舒适，愿意停留，加强人与景观的互动。

在人的心理感受的互动性评级中得分都较高，这说明神农城、神农公园和湘江风光带西岸在建设中加强了对于活动场所、边界功能、植物配置等能够激发公共景观活力的元素营造。但是，神农公园在空间品质这一项的评价结果为一般。这说明其在今后的建设改造过程中，应重视建筑设施与自然环境的协调性，促成两者达到整体上的和谐，提升空间品质。在高新技术的植入评价中，神农城得分为很好，而湘江风光带西岸和神农公园为一般。神农城的得分较高说明神农城的大型 LED 电子屏，神农湖中的水秀、火秀、灯光秀、舞台秀、音乐秀、船秀组合表演、激光水幕电影，以及智慧城市体验中心都丰富了公共景观的多元性，赋予了市民不一样的感官体验，对市民产生了极大的吸引力，有效地强化了市民与公共景观的互动。而神农公园与湘江风光带西岸更多的是在生态技术上的应用，对多媒体技术、信息技术、数字技术的运用有待加强。

在人的生理互动性的评价中，神农城和湘江风光带西岸均为一般，都存在一定的安全隐患，如缺少护栏、缺少无障碍坡道，以及设施小品材质的应用不是很合理等，如神农城中长期暴露于阳光下的亭子和座椅采用的是玻璃和钢结构的材料，很不实用。在景观细节的人性化方面神农公园为较差，特别是在夜景照明上存在很大的安全隐患。

在人的参与互动性的评价中神农城和湘江风光带西岸评价为很好，神农公园为较好。在神农城和湘江风光带西岸中有很多反映株洲市城市文化生活的雕塑，如神农像、火车头、人物雕塑等。并且，雕塑方案的确定经过网上公示以及报纸的采访报道等，让市民也当了一回专家，参加到城市公共景观的营造中来。

## 9.3.5 对策与建议

从三个城市公共景观项目的综合评价结果可知，神农城和湘江风光带西岸的专家综合评价结论虽为较好，但并没有达到很好的程度，仍存在改进的余地。另外，神农城和湘江风光带西岸的隶属度较低，与一般的隶属度较为接近，部分二级和三级指标都隶属于一般，甚至还有部分专家给出了较差的评价，而神农公园的综合评价值更是隶属于一般，许多指标的专家评价值都比较低，这些充分说明上述项目营造的互动性还存在着明显不足，很多方面还有提升空间和完善必要。因此，针对这些存在的实际问题，笔者提出如下对策和建议。

① 加快专门的城市公共景观法律体系建设，强化城市公共景观营造与法律保障的互动。根据上一节的分析可知，目前国内在城市公共景观相关法律法规的制定上还存在不足，这容易造成城市公共景观营造的法律保障缺失，使城市公共景观营造的某些不确定性被放大，影响城市公共景观项目获得成功。

② 完善城市公共景观从业人员激励机制，强化城市公共景观营造与行业管理的互动。成功的城市公共景观项目离不开优秀的人才，而目前管理部门对公共景观从业单位或个人的奖励明显不足，采取有效的激励机制不仅能够吸引更多优秀人才进入本行业，而且能够对现有从业人员产生倒逼和激励作用，通过竞争使其不断提高自身专业技术能力，从而带动整个企业与行业的整体水平不断提高。

③ 重视城市公共景观项目的后评价制度，强化城市公共景观营造与公共管理的互动。目前政府部门对公共景观项目建设过程的重视程度，明显超过公众在项目投入使用后提出的意见和信息反馈，如果能够重视城市公共景观项目的后评价机制，便能有效总结项目中出现的各种问题，反馈给规划、设计和施工单位，提高政府在城市公共景观项目中的决策管理水平。

④ 加强城市公共景观规划的整体性，注重新建城市公共景观营造与既有公共景观的互动。根据上节分析可知，类似于神农城的综合性大型城市公共景观，由于人工造景的体量较大，所以与周边环境缺乏柔性连接，造成景观格局略显突兀，与周边绿地连通性不强，需要在今后的营造中通过绿色景观的织补和点、线、面空间的交织来加强与周边公共景观的联系，形成有机网络，完善项目的均衡性。

⑤ 合理提升文化品位，塑造历史形象，强化城市公共景观营造与城市历史文化和人的互动。通过年代肌理的保留、空间演绎、情景再现与历史文化符号的现代表达，在城市公共景观营造时有效提升文化品位，塑造城市地域文化特征，满足人们对城市的历史文化情感依附，提高人们对城市的认同感和归属感。

⑥ 发展多功能的公共景观空间，合理进行商业开发。公共景观空间功能的多样性既是保持空间活力的源泉，也是商业开发的重要载体。因此，在公共景观空间的营造过程中，首先要从总体结构上对已有功能进行选择性的功能重组，实现空间的合理利用。其次要利用公共景观对周边土地的"提质"作用，带来周边地域的"升值"，通过相关的商业定位和设施布局增强城市公共景观与城市经济的互动。

⑦ 加强景观空间秩序的建立，突出空间的可识别性，强化城市公共景观空间与人的互动。神农公园由于面积较大，空间序列不够明晰，且环境品质的建设和维护都有待提升，在

后期的提制改造中应系统梳理公园浏览路径，分级规划游览路线，合理组织活动空间分布，加强景观空间意境的营造，并重视日常的景观维护管理。

⑧ 强调以人为本，营造舒适的感官感受。良好的城市公共景观材质能给人带来更舒适的感官享受。因此在城市公共景观营造时，应从贴近使用者生理需要的角度出发，一是考虑公共景观空间周围的建（构）筑物与绿化景观的相互融合与渗透绿化，以创造丰富的绿色视觉景观；二是在未来城市公共景观空间的设计和建设过程中，采用贴合人类视觉、触觉习惯的材质，减少不适感。

⑨ 引入新的设计语汇，倡导高科技的应用。以 LED 为代表的高新材料和技术，集图、文、影像、声音为一体的新型多媒体技术，携带着时时可更新调整的多重感官隐喻，成为一种新的设计语汇，充分提升了整体环境效应，激发了市民的参与乐趣，成为现代城市的标志性景观。这些新材料和新技术能使公共景观的结构和功能突破原有水平的限制，在给人们提供更加安全、舒适的环境的同时，往往还能带来新的感官体验，从而开辟了新的城市公共景观与人的互动。

## 9.4　本章小结

为了保证城市公共景观项目的公共属性，需要加强参与方的沟通交流，在城市公共景观营造参与主体和各部门之间建立起一种系统、动态、合作的高效互动关系网络，完善既有的法律法规，改进原来的旧体制，提高政策的实施效果，从而持续和逐步地营造良好的城市人居环境。因此，通过有效的评价方法发现营造过程中互动性存在的不足，是城市公共景观项目获得成功必不可少的条件之一。本章主要研究了基于互动视角的城市公共景观营造评价指标体系构建，以及相应的互动性评价方法实证分析。

考虑到专家在对指标进行两两比较时评判的不精确性，首先采用了区间数 AHP 进行评价指标的赋权；然后根据 Vague 集理论构建了城市公共景观营造的互动性评价模型，改进了传统的模糊综合评价方法，更加全面地刻画了专家的评价信息；最后，通过大量的实际数值和量化数据，客观地描述了株洲市三个不同公共景观项目的现状，真实地反映出它们在城市公共景观环境营造过程中的互动情况，并针对存在的问题提出了相应的政策建议。本章的研究成果既是对前述理论研究的实证检验，也为城市公共景观的科学营造实际工作提供了有效支持，对提高城市公共景观项目的策划、设计、施工和维护的全过程建设管理水平，使得城市公共景观更好地服务于广大市民具有重要的现实意义。

# 后 记

　　城市公共景观作为城市生态、社会、经济、文化和生活的重要载体，不断地与城市各要素间相互影响、相互依存、相互促进。在这种思想的启发下，本书通过深入剖析城市公共景观和互动两者概念的内涵与外延，分析、总结、归纳了营造参与主体之间、城市公共景观与城市、城市公共景观与周边以及城市公共景观与人之间的各种相互依存、相互支撑、相互联系、多元共生关系和多元互动的发展趋势，旨在从中能够更加全面系统地窥得城市公共景观营造的新思路。

　　本书的研究虽然取得了初步的成果，但是基于互动视角的城市公共景观的多样化、复杂性、系统性、综合性、复合性、包容性和开放性等特征，使得全面系统地构建各种互动关系的研究工作依然任重道远。当前中国城市公共性景观的蓬勃发展为研究提供了一个千载难逢的好时机，引导我们不断反思和发现新问题并提出新的研究方向，检验和反馈新的理论成果和实践方法使之不断完善。关于基于互动视角的城市公共景观营造研究尚有许多有待进一步深入和延续的研究工作，择其要者简要讨论如下。

　　① 基于互动视角的理论研究框架体系有待进一步完善。城市公共景观系统的各部分之间相互联系、相互影响和相互耦合的关系纷繁复杂，基于互动视角的城市公共景观营造的理论框架虽然涵盖了景观营造的众多方面，但难免对有的条件有所遗漏，影响到理论研究框架的逻辑性和完整性，在日后的项目中要理论联系实践，进一步在实际项目中验证理论研究框架的可行性，并完善评价的指标体系。

　　② 基于互动视角的内部运行机制的提出还有许多值得仔细推敲、积极补充和不断完善的地方。在城市公共景观建设实际项目中出现的许多问题并非规划设计不当，而是由于城市公共景观内部运行机制中，如管理环节的薄弱造成的。分析当前学科的理论建构，中国城市公

共景观营造的法制建设和管理层面的研究处起步阶段，哪些是该管的，怎么管，什么阶段采取什么措施等一系列的问题都在书中通过互动视角得到了初步的探讨，提出了基于互动视角的城市公共景观内部运行机制的概念，包括法律、行政和市场的调节机制，但是并没有结合实例提出中国景观法规体系建设、景观行政管理完善和景观资源市场配置方面的具体可行的措施，仍尚待深入研究。

③ 基于互动视角的外部实践路径策略的提出应该在更大范围内具有可应用价值。虽然本书偏重于公共景观外部实践路径的研究，但书中的城市公共景观具体研究对象为单个城市，当公共景观营造的理论、方法与策略被运用于更大的时空范围时，又将需要进行怎样的发展和具体调整呢？至少，区域发展理论的进一步引入是必不可少的，这将给予城市公共景观营造更多的机遇和更大的挑战。

④ 互动性评价方法的科学性和准确性有待进一步改善。限于时间、精力等方面的原因，本书虽然从互动的角度提出了城市公共景观营造的评价指标和方法，并进行了实证研究，但评价指标的设计多为主观评价，评价得分上难免因为个人社会经历、教育背景等的差异有所偏差，因此，在数据的获得和评价方法的应用上有待进一步完善。

# 参考文献

[1] 尼格尔·泰勒.1945年后西方城市规划理论的流变[M].李白玉,陈贞,译.北京:中国建筑工业出版社,2006.

[2] 徐磊青,杨公侠.环境知觉和行为[M].上海:同济大学出版社,2002.

[3] Rem Koolhaas.S,M,L,XL[M].New York: Monacelli Press,1995.

[4] 麦克哈格.设计结合自然[M].黄经纬,译.天津:天津大学出版社,2007.

[5] 戈登·卡伦.简明城镇景观设计[M].王珏,译.北京:中国建筑工业出版社,2009.

[6] 童寯.童寯文集[M].北京:中国建筑工业出版社,2001.

[7] 鲍世行.钱学森论山水城市[M].北京:中国建筑工业出版社,2010.

[8] 针之谷钟吉.西方(西洋)著名园林[M].章敬三,编译.上海:上海文化出版社,1991.

[9] Roger Turner.Capability Brown: And the Eighteenth-Century English Landscape [M]. London:The History Press,2014.

[10] 王向荣,林菁.西方现代景观设计的理论与实践[M].北京:中国建筑工业出版社,2002.

[11] 刘滨谊.现代景观规划设计[M].3版.南京:东南大学出版社,2010.

[12] 朱建宁.西方园林史[M].3版.北京:中国林业出版社,2008.

[13] 曾伟.西方艺术视角下的当代景观设计[M].南京:东南大学出版社,2014.

[14] 张纵.中国园林对西方现代景观艺术的借鉴[D].南京:南京艺术学院,2005.

[15] 刘晓光.景观美学[M].北京:中国林业出版社,2012.

[16] 王昕皓,等.生态美学在城市规划与设计中的意义[C].全球视野中的生态美学与环境美学.长春:长春出版社,2011.

[17] 秦嘉远.景观与生态美学——探索符合生态美之景观综合概念[D].南京:东南大学,2006.

[18] 杨世雄.环境美学下的城市公园景观设计研究[D].西安:西安建筑科技大学,2010.

[19] 李哲.生态城市美学的理论建构与应用性前景研究[D].天津:天津大学,2005.

[20] 俞孔坚.回到土地[M].北京:生活·读书·新知三联书店,2009.

[21] 俞孔坚.足下文化与野草之美[M].北京:中国建筑工业出版社,2003.

[22] 董晓龙.景观美学思想演变与生态美学[J].科技情报开发与经济,2009,19(31): 138-141.

[23] 柏拉图.理想国[M].张竹明,译.北京:译林出版社,2012.

[24] L.贝纳沃罗.世界城市史[M].薛钟灵,等译.北京:科学出版社,2000.

[25] 维特鲁威.建筑十书[M].陈平,译.北京:北京大学出版社,2012.

[26] 计成.园冶注释[M].北京:中国建筑工业出版社,2007.

[27] 刘庭风.日本小庭园[M].上海:同济大学出版社,2001.

[28] 齐康.城市的形态(研究提纲初稿)[J].城市规划,1982(06):16-25.

[29] 胡俊.中国城市:模式与演进[M].北京:中国建筑工业出版社,1995.

[30] 唐子来.西方城市空间结构研究的理论和方法[J].城市规划汇刊,1997(06):1-12.

[31] 谷凯 . 城市形态的理论与方法——探索全面与理性的研究框架 [J]. 城市规划 ,2001, 25(12)：36-41.

[32] 杨永春 . 西方城市空间结构研究的理论进展 [J]. 地域研究与开发 ,2003,22(4)：1-5.

[33] 段进 . 城市空间发展论 [M]. 南京：江苏科技出版社 ,2007.

[34] 顾朝林 . 集聚与扩散：城市空间结构新论 [M]. 南京：东南大学出版社 ,2000.

[35] 王建国 . 城市设计 [M]. 北京：中国建筑工业出版社 ,2009.

[36] 刘滨谊 , 刘谯 . 景观形态之理性建构思维 [J]. 中国园林 ,2010(04)：61-65.

[37] 刘谯 . 景观形态之感性建构思维 [J]. 南京艺术学院学报（美术与设计版）,2010(05)：139-143.

[38] 吴伟 , 林磊 . 美国景观形态规范概述 [J]. 南京艺术学院学报（美术与设计版）,2008(05)：140-143.

[39] Ernst Haeckel.Biographien hervorragender Naturwissenschaftler,Techniker und Mediziner（German Editio）[M]. Wiesbaden：Vieweg+Teubner Verlag,1987.

[40] 王如松 . 转型期城市生态学前沿研究进展 [J]. 生态学报 ,2000,20(5)：830-840.

[41] Bart R . Johnson,Kristina Hill.Ecology and Design： Frameworks for Learning [M]. Washington,DC：Island Press,2002.

[42] Elizabeth Barlow Rogers.Landscape Design：A Cultural and Architectural History [M].New York：Harry N. Abrams,2001.

[43] Sim Van der Ryn,Stuart Cown.Ecological Design [M].Washington.D.C;Island Press,1996.

[44] 俞孔坚 , 李迪华 , 等 . 景观与城市的生态设计：概念与原理 [J]. 中国园林 ,2001(06)：3-10.

[45] 刘滨谊 . 现代景观规划设计 [M]. 3 版 . 南京：东南大学出版社 ,2010.

[46] 王向荣 , 林箐 . 艺术、生态与景观设计 [J]. 建筑创作 ,2003(07)：30-35.

[47] 俞孔坚 , 李迪华 , 等 . "反规划"途径 [M]. 北京：中国建筑工业出版社 ,2005.

[48] 俞孔坚 . 定位当代景观设计学：生存的艺术 [M]. 北京：中国建筑工业出版社 ,2006.

[49] 刘海龙 . 从当代多元 "生态" 视角反观风景园林的生态基础 [C]. 中国风景园林学会 2009 年会论文集 . 北京：中国风景园林学会 ,2009：9.

[50] 凯文 · 林奇 . 城市意象 [M]. 方益萍 , 等译 . 北京：华夏出版社 ,2001.

[51] 诺伯舒兹 . 场所精神：迈向建筑现象学 [M]. 施植明 , 译 . 武汉：华中科技大学出版社 ,2010.

[52] 阿摩斯 · 拉普卜特 . 建成环境的意义：非言语表达方法 [M]. 黄兰谷 , 等译 . 北京：中国建筑工业出版社 ,2003.

[53] Edward T. Hall.The Hidden Dimension [M].New York：Anchor,1990.

[54] 扬 · 盖尔 . 交往与空间 [M]. 何人可 , 译 . 北京：中国建筑工业出版社 ,2002.

[55] 扬 · 盖尔 . 人性化的城市 [M]. 欧阳文 , 等译 . 北京：中国建筑工业出版社 ,2010.

[56] 克莱尔 · 库珀 · 马库斯 , 等 . 人性场所：城市开放空间设计导则 [M]. 俞孔坚 , 王志芳 , 孙鹏 , 等译 . 北京：中国建筑工业出版社 ,2001.

[57] Albert J . Rutledge.A Visual Approach to Park Design [M].New York：Wiley-Interscience,1985.

[58] 李道增 . 环境行为学概论 [M]. 北京：清华大学出版社 ,2006.

[59] 常怀生 . 环境心理学与室内设计 [M]. 北京：中国建筑工业出版社 ,2003.

[60] 徐磊青 , 杨公侠 . 环境与行为研究和教学所面临的挑战及发展方向 [J]. 华中建筑 ,2000,18(04)：134-136.

[61] 徐磊青 , 刘宁 , 孙澄宇 , 等 . 广场尺度与空间品质——广场面积、高宽比与空间偏好和意象关系的虚拟研究 [J]. 建筑学报 ,2012(02)：74-78.

[62] Richard T. LeGates, Frederic Stout (Ed.),The City Reader (second edition) [M]. New York：Routledge Press,2000.

[63] 胡云 . 论我国城市规划的公众参与 [J]. 城市问题 ,2005(04)：74-78.

[64] 刘宛 . 公众参与城市设计 [J]. 建筑学报 ,2004(05)：10-13.

[65] 郭美锋 . 一种有效推动我国风景园林规划设计的方法——公众参与 [J]. 中国园林 ,2004(01)：81-83.

[66] 申洁 , 淳涛 . 城市化背景下城市景观公共空间的公众参与问题 [C]. 中国风景园林学会 . 中国风景园林学会 2013 年会论文集（上册）. 北京：中国风景园林学会 ,2013：4.

[67] 朱祥明 , 赵铁铮 . 让市民参与园林建设，让公众发表园林评论 [C]. 第 8 届中日韩国际风景园林学术研讨会 论文集 . 中国风景园林学会、日本造园学会、韩国造景学会 ,2005：7.

[68] 夏祖煌 . 风景园林实践中（城市绿地规划）公众参与的对策研究 [C]. 中国风景园林学会 . 中国风景园林学 会 2013 年会论文集（下册）. 北京：中国风景园林学会 ,2013：3.

[69] 陈煊 . 公众参与在现代景观中的实践——以西雅图滨水地区景观设计为例 [J]. 中外建筑 ,2005(04)：78-81.

[70] 崔云兰 , 赵佩佩 . 国内外城市景观控制研究综述及其借鉴意义 [J]. 江苏建筑 , 2011(05)：31-33.

[71] 陶伟 , 汤静雯 , 等 . 西方历史城镇景观保护与管理：康泽恩流派的理论与实践 [J]. 国际城市规划 ,2010(05)：108-114.

[72] 尹海林 . 城市景观规划管理研究：以天津市为例 [M]. 武汉：华中科技大学出版社 ,2005.

[73] 吴涛 , 况荣发 . 城市景观规划管理研究 [J]. 绿色科技 ,2011(03)：24-26.

[74] 刘夕瑶 . 我国城市景观规划管理探讨 [J]. 经济论坛 , 2009(09)：52-53.

[75] 赵佩佩 , 章圣冶 , 等 . 面向规划管理的城市景观控制实践与思考 [R]. 昆明：中国城市规划年会 ,2012.

[76] 魏向东 , 宋言奇 . 城市景观 [M]. 北京：中国林业出版社 ,2005.

[77] 文丘里 , 等 . 向拉斯维加斯学习 [M]. 徐怡芳 , 等译 . 北京：知识产权出版社 ,2006.

[78] 玛格丽丝 , 等 . 生命的系统：景观设计材料与技术创新 [M]. 朱强 , 等译 . 大连：大连理工大学出版社 ,2009.

[79] 陈启新 . 景观设计中的材料调适研究 [D]. 哈尔滨：哈尔滨工业大学 ,2013.

[80] 史永高 . 材料呈现 [M]. 南京：东南大学出版社 ,2008.

[81] 王萃 . 新材料在当代景观中的应用 [D]. 南京：南京林业大学 ,2011.

[82] 徐措宜 . 现代景观设计中的硬质景观材料选择与应用 [D]. 南京：南京林业大学 ,2009.

[83] 刘滨谊 . 现代景观规划设计 [M]. 3 版 . 南京：东南大学出版社 ,2010.

[84] 诸智勇 . 建筑设计的材料语言 [M]. 北京：中国电力出版社 ,2007.

[85] 埃德加·莫兰 . 方法：天然之性 [M]. 吴泓缈 , 冯学俊 , 译 . 北京：北京大学出版社 ,2002.

[86] Donald Miller,Gert De Roo.Urban Environmental Planning [M].Aldershot：AshgatePubLtd, 2005.

[87] 王鹏 . 城市公共空间的系统化建设 [M]. 南京：东南大学出版社 ,2002.

[88] Ball M. The built environment and the urban question[J]. Environmental and Planning D：Society and Space,1986(04)：447-464.

[89] 孙施文 , 殷悦 . 西方城市规划中公众参与的理论基础及其发展 [J]. 国外城市规划 ,2004(01)：15-20.

[90] 唐萌 . 迈向互动式公众参与理念——环境法中公众参与制度化研究 [D]. 长春：吉林大学 ,2009.

[91] 伊利尔·沙里宁 . 城市：它的发展、衰败与未来 [M]. 顾启源 , 译 . 北京：中国建筑工业出版社 ,1986.

[92] Camillo Sitte.The Art of Building Cities[M].Eastford：Martino Fine Books,2013.

[93] 刘易斯·芒福德.城市发展史 [M]. 宋俊岭，倪文彦，译.北京：中国建筑工业出版社 ,2005.

[94] 李志明.从"协调单元"到"城市编织"——约翰·波特曼城市设计理念的评析与启示 [J]. 新建筑 ,2004( 05 )：82-85.

[95] 卢济威.论城市设计整合机制 [J]. 建筑学报 ,2004(01)：24-27.

[96] 刘婕.城市形态的整合 [M]. 南京：东南大学出版社 ,2004.

[97] 权伟.明初南京山水形势与城市建设互动关系研究 [D]. 西安：陕西师范大学 ,2007.

[98] 克里斯塔勒.德国南部中心地原理 [M]. 常正文，等译.北京：商务印书馆 ,2010.

[99] G. E. Hutchings, C. C. Fagg.An Introduction to Regional Surveying[M].Cambridge：Cambridge University Press,2013.

[100] Sir Frederick Gibberd.Town Design[M].London：Architect. Press,1967.

[101] 金广君.美国的城市设计教育 [J]. 世界建筑 ,1991(05)：71-74.

[102] 齐康，金俊，等.理想景观：城市景观空间系统建构与整合设计 [M]. 南京：东南大学出版社，2003.

[103] 刘定华,应旦阳.城市道路景观与市民的"共生、融合、互动"——上海市金山区中央大道道路景观设计 [J]. 中国园林 ,2008(01)：53-57.

[104] 黄木易.快速城市化地区景观格局变异与生态环境效应互动机制研究 [D]. 杭州：浙江大学 ,2008.

[105] Patrick Geddes.Cities in Evolution[M].London：Williams &Norgate,1915.

[106] Zube E H, Sell J L, Taylor J G. Landscape Perception：Research Application and Theory [J]. Landscape Planning,1982(01)：1-33.

[107] 蒋涤非.城市形态活力论 [M] 南京：东南大学出版社 ,2007.

[108] 姚雪艳.我国城市住区互动景观营造研究——构建"人—人""人—植物""人—动物"互动共生的和谐景观 [D]. 上海：同济大学 ,2007.

[109] 李斌.环境行为学的环境行为理论及其拓展 [J]. 建筑学报 ,2008(02)：30-33.

[110] 覃阳.城市公共开放空间与行为塑造的互动性研究 [D]. 西安：西安建筑科技大学 ,2004.

[111] 杨静伟.突破观赏走向互动——现代城市互动景观设计探析 [D]. 西安：陕西师范大学 ,2010.

[112] 刘洋,曹永正.互动式人文景观研究 [J]. 新西部（理论版）,2011(10)：115.

[113] 范霞.城市景观的文化内涵——基于城市景观演变的分析 [J]. 城市问题 ,2005(01)：21-24.

[114] 俞孔坚，李迪华.城乡与区域规划的景观生态模式 [J]. 国外城市规划 ,1997(03)：27-31.

[115] 傅伯杰.景观生态学原理及应用 [M]. 2 版.北京：科学出版社 ,2011.

[116] 侯晓蕾.生态思想在美国景观规划发展中的演进历程 [J]. 风景园林 ,2008(02)：84-87.

[117] 罗伯特·戈尔曼."新马克思主义"传记辞典 [M]. 赵培杰，等译.重庆：重庆出版社 ,1990.

[118] Christiane Crasemann Collins.The Birth of Modern City Planning[M].London：Dover Publications,2006.

[119] Ivor de Wolfe.The Italian Townscape[M].New York：George Braziller,1966.

[120] 柯林·罗，等.拼贴城市 [M]. 童明，译.北京：中国建筑工业出版社 ,2003.

[121] Grady Clay.Close-Up：How to Read the American City[M].Chicago：University of Chicago Press,1980.

[122] 凯文·林奇.城市意象 [M]. 方益萍，等译.北京：华夏出版社 ,2001.

[123] 波德莱尔.景观社会 [M]. 王昭风，译.南京：南京大学出版社 ,2007.

[124] 于雷.空间公共性研究 [M]. 南京：东南大学出版社 ,2005.

[125] 曹康,林雨庄,焦自美.奥姆斯特德的规划理念——对公园设计和风景园林规划的超越 [J].中国园林 ,2005(08): 37-42.

[126] MacMillan Publishers.Macmillan Contemporary Dictionary[M].New York：Macmillan Pub Co.,1979.

[127] Longman.Longman Dictionary of English Language and Culture[M]. London：Longman, 2005.

[128] 曹焰,张德才,等.英汉双解综合英语用法大词典 [M].北京:中国人民大学出版社 ,2006.

[129] 赵飞,邹为诚.互动假说的理论建构 [J].外语教学理论与实践,2009(02): 78-87.

[130] 黄寿祺,张善文,译.周易译注 [M].上海:上海古籍出版社,2007.

[131] 石新国.社会互动的理论与实证研究评析 [D].济南:山东大学,2013.

[132] 崔蒙.互动体验设计在现代展示空间中的运用与研究 [D].西安:西安建筑科技大学,2012.

[133] 胡铨.互动管理 [M].广州:广东经济出版社,2004.

[134] 王瑞芸.激浪派 FLUXUS[M].北京:人民美术出版社,2004.

[135] Ludwig Von Bertalanffy.General System Theory：Foundations,Development, Applications[M].New York：George Braziller Inc.,1969.

[136] 周干峙.城市及其区域——一个典型的开放的复杂巨系统 [J].城市发展研究, 2002(01): 1-2.

[137] 宁玲.城市景观系统优化原理研究 [D].武汉:华中科技大学,2011.

[138] Ludwig Von Bertalanffy.General System Theory： Foundations,Development, Applications[M].New York：George Braziller Inc.,1969.

[139] Jos Bosman etc.Team 10[M].Rotterdam：NAi Publishers,2006.

[140] Christopher Alexander. A city is not a tree[J].Design,1996(02).

[141] 赫尔曼·哈肯.协同学：大自然构成的奥秘 [M].凌复华,译.上海:上海译文出版社 ,2005.

[142] Edelenbos, Jurian, Nienke van Schie, Lasse Gerrits. Organizing interfaces between government institutions and interactive governance[J]. Policy Sciences, 2010(03): 73-94.

[143] 陈旸,金广君,徐忠.快速城市化下城市综合体的触媒效应特征探析 [J].国际城市规划 ,2011,26(03): 97-104.

[144] 韦恩·奥图,唐·洛干.美国都市建筑：城市设计的触媒 [M].王劭芳,译.中国台北:创新出版社,1995.

[145] 陈旸.城市综合体与周边环境的互动效应及适应策略研究 [D].哈尔滨:哈尔滨工业大学,2011.

[146] 段进.城市空间发展论 [M].南京:江苏科学技术出版社,2006.

[147] J.Friedmann.Regional development policy：A case study of Venezuela [M].Cambridge：The MIT Press,1966.

[148] 彭飞.新经济地理学论纲:原理、方法及应用 [M].北京:中国言实出版社,2007.

[149] 彭继增.商业集群：集聚动因及发展机理研究 [D].成都:西南财经大学,2008: 69.

[150] 崔功豪,魏清泉,陈宗兴.区域分析与规划 [M].北京:高等教育出版社,2001.

[151] 萨林加罗斯.空间研究3：空间句法与城市规划方法 [M].吴秀洁,译.北京:中国建筑工业出版社,2010.

[152] 闫卫阳,王发曾,等.城市空间相互作用理论模型的演进与机理 [J].地理科学进展,2009(07): 511-517.

[153] 许学强,周一星,宁越敏.城市地理学 [M].北京:高等教育出版社,2003.

[154] 张杰,刘岩,霍晓卫."织补城市"思想引导下的株洲旧城更新 [J].城市规划,2009(01): 51-56.

[155] 王招林,何昉.试论与城市互动的城市绿道规划 [J].城市规划,2012(10): 34-39.

[156] 黑川纪章.新共生思想 [M].覃力,等译.北京:中国建筑工业出版社,2009.

[157] MOORE G T. Environment and behavior research in North America：History, developments, and unresolved issues[M].New York：John Wiley and Sons，1987.

[158] 胡正凡, 林玉莲. 环境心理学 [M]. 3 版 . 北京：中国建筑工业出版社，2012.

[159] H.M.Proshansky etc.Environmental Psychology： Man and His Physical Setting[M].Toronto：Holt,Rinehart & Winston of Canada Ltd,1970.

[160] 宋美臻. 试论环境心理学及其研究技术 [J]. 西南师范大学学报 ,2005,31(03)：71-74.

[161] 毕恒达. 环境心理学研究资料引介 [J]. 中国台北：台湾大学建筑与城乡研究学报 ,1989(04)：115-136.

[162] 相马一郎. 环境心理学 [M]. 李曼曼，译 . 北京：中国建筑工业出版社 ,1986.

[163] Christopher Alexander. A city is not a tree[J].Design,1996(02).

[164] 凯文·林奇. 城市意象 [M]. 方益萍，等译 . 北京：华夏出版社 ,2001.

[165] Albert J. Rutledge.A Visual Approach to Park Design[M].New York：Wiley-Interscience.1985.

[166] 克莱尔·库珀·马库斯，等 . 人性场所：城市开放空间设计导则 [M]. 俞孔坚，孙鹏，王志芳，等译 . 北京：中国建筑工业出版社 .2001.

[167] 扬·盖尔，等 . 新城市空间 [M]. 何人可，等译 . 北京：中国建筑工业出版社 ,2003.

[168] 扬·盖尔，等 . 公共空间·公共生活 [M]. 汤羽扬，等译 . 北京：中国建筑工业出版社 ,2003.

[169] Edelenbos, Jurian, Nienke van Schie, and Lasse Gerrits.Organizing interfaces between government institutions and interactive governance [J]. Policy Sciences, 2010(03)： 73-94.

[170] Gao,Xiaolu, Asami,Yasushi.Effect of urban landscapes on land prices in two Japanese cities [J].Landscape and Urban Planning,2007(81)：155-166.

[171] Jim, C.Y., Chen, Wendy Y.. External effects of neighborhood parks and landscape elements on high-rise residential value [J].Land Use Policy,2010(27)：662-670.

[172] 邱慧, 蒋涤非, 易欣. 城市公共景观对周边住宅价格影响——以株洲神农城为例 [J]. 经济地理 ,2011(12)：2105-2110.

[173] E. S. Savas.Privatization and Pubic Private Partnerships [M].New York：Chatham House,2000.

[174] 周成芬. 大连的旅游经济和吸引外资的环境因子修正系数的探讨 [J]. 环境保护科学 ,2003(04)：50-52.

[175] Le Corbusier.When the Cathedrals were White[M].New York：McGraw-Hill,1964.

[176] Gau Wen-Lung,Buehrer Daniel J.Vague sets［J］.IEEE Transactions on Systems Man and Cybernetics. 1993(23)：610-614.